设计科学前沿丛书

发育设计：理论基础和算法

Developmental Design: Foundations and Algorithms

侯悦民　季林红　著

科学出版社
北京

内 容 简 介

本书系统阐述发育设计理论基础及算法。发育设计借鉴生物发育机理，研究具有生物自生长发育特性的设计原理，其本质是探索结构形成的内在规律，更加精确地解释和描述产品的形成过程，并使产品具有一定程度自行发育能力，从而实现设计过程自治或半自治。本书的核心是提出六阶段发育设计框架以及三个发育机制，并从亚里士多德科学分类、哈肯的协同学，以及动态系统多个层面论述发育设计的理论基础。全书结构框架以发育设计理论基础和算法为中心，阐述从产品需求到结构形成六个阶段的状态，以及从一个阶段到另一个阶段的发育机制，并建立各个阶段发育机制的数学模型。为了便于阅读，每章附有摘要和总结，书后附有中英文名词对照。

本书可供大专院校和科研机构的设计学科相关研究人员及研究生参考。

图书在版编目(CIP)数据

发育设计：理论基础和算法＝Developmental Design：Foundations and Algorithms/侯悦民，季林红著．—北京：科学出版社，2015.6

(设计科学前沿丛书)

ISBN 978-7-03-044555-1

Ⅰ.①发…　Ⅱ.①侯…②季…　Ⅲ.①机械学-研究　Ⅳ.①TH11

中国版本图书馆 CIP 数据核字(2015)第 126270 号

责任编辑：牛宇锋　乔丽维 / 责任校对：郭瑞芝

责任印制：张　倩 / 封面设计：蓝正设计

科学出版社 出版

北京东黄城根北街 16 号

邮政编码：100717

http://www.sciencep.com

三河市骏杰印刷有限公司 印刷

科学出版社发行　各地新华书店经销

*

2015 年 6 月第　一　版　　开本：720×1000 1/16

2015 年 6 月第一次印刷　　印张：17　3/4

字数：330 000

定价：95.00 元

(如有印装质量问题，我社负责调换)

作 者 简 介

侯悦民，毕业于清华大学，工学博士，作为第一作者和独立作者发表相关学术论文50余篇，在中国、日本、美国、德国、意大利、法国等国际会议做英文报告20余次，被邀请担任“设计认知和设计计算”系列国际会议（先后在美国麻省理工学院、荷兰代尔夫特工业大学、美国佐治亚理工大学、德国斯图加特大学、美国德克萨斯T&M大学、英国伦敦大学院召开）国际顾问委员会成员及项目委员会成员（DCC08、DCC10、DCC12和DCC14），担任TMCE2010（意大利）、TMCE2012（德国）、TMCE2014（匈牙利）分会主席和审稿，发起和组织系列国际会议ADCP2011（北京）、ADCP2012（德国卡斯鲁厄）、ADCP2013（北京）、ADCP2014（德国斯图加特），担任多个国际会议和国际英文学术期刊审稿和客座编辑，承担国际会议组织者、秘书、分会主席，多次赴美国乔治梅森大学和荷兰代尔夫特工业大学进行合作研究，完成及在研10余个研究项目。主要研究领域：生物激发的设计理论和算法、设计认知和计算、神经网络控制、智能系统、动力学及优化。目前在研项目为生物激发的设计方法和算法及IC装备工艺腔室多场建模、仿真、优化及设计（国家重大专项、国家自然科学基金、北京市教委科研计划资助）。目前主要研究方向集中在生物激发的设计方法及算法。于2013年获国家科学技术进步一等奖。

季林红，毕业于日本东京大学，工学博士，现担任清华大学机械系教授、系副主任、机械工程实验教学中心主任、摩擦学国家重点实验室智能与生物机械实验分室主任，清华大学机械、光学及仪器分学位委员会委员。社会兼职：中国康复医学学会常务理事及康复医学工程专业委员会主任委员，残疾人康复协会常务理事及康复工程专业委员会副主任委员，《机械工程学报》董事等。研究领域：机械设计及理论（机械性能分析及系统优化设计）、康复医学工程（人体运动协调检测与评价、神经康复训练技术与装备、运动辅助技术及装备）。已负责并完成了863、973、国家自然科学基金、国家科技支撑计划课题等20余项课题研究工作。10余年来在国内外杂志上发表学术论文140余篇，其中SCI收录30余篇，EI收录50余篇，已公开和获授权国家发明专利27项、实用新型专利5项。目前主持的在研项目包括国家重大科技专项、国家自然科学基金、国家科技支撑计划课题等，研究方向有IC装备工艺腔室多场建模、仿真、设计和优化，人体协调运动机理，智能化康复机器人设计技术及产业化开发等。2002年获得北京市第九届教学名师奖。

前　言

发育设计属于生物激发的设计。生物激发的设计一般指由生物的特性启发的设计思想和方法。在生物激发的设计领域，目前的研究侧重于借鉴生物功能原理实现产品功能结构，即研究模拟生物功能结构的产品，其本质是探索功能载体的结构。与此不同，发育设计借鉴生物发育机理，以此为启发研究设计机理，即研究具有生物自生长发育特性的设计原理，其本质是探索结构形成的内在规律。发育设计是在设计科学语境下进行的科学探索，可以定义为：模拟生物发育机制，具有自治生长特性的设计原理和算法。在发育设计领域，目前研究侧重于模拟生物发育过程以及生物发育机制探究设计机理，建立可计算的生长型设计过程模型，更加精确地解释和描述产品的形成过程，并使产品或者系统具有一定程度的自行发育能力，从而实现设计过程自治或半自治。设计过程是一个从需求到结构、从抽象概念到详细结构的渐进过程，与生物发育过程具有相似性，因此发育的思想从认知上体现了工程设计的本质。发育设计是实现自治设计的极具潜力的研究方向，可为新一代开放、自治、智能设计建立理论和算法框架。

本书的核心是提出六阶段发育设计框架以及三个发育机制，并从亚里士多德科学分类、哈肯的协同学以及动态系统多个层面论述发育设计的理论基础，这均为本书作者提出的原创性研究成果。

全书结构框架以发育设计理论基础和算法为中心，阐述从产品需求到结构形成六个阶段的状态以及从一个阶段到另一个阶段的发育机制，并建立各个阶段以及发育机制的数学模型。第1章是全文的研究背景，论述近50年设计研究从优化走向自治的发展轨迹，以技术系统进化模式为分析框架论述发育设计的研究意义。第2章阐述生物激发的设计，并论述进化设计、仿生设计与发育设计的核心思想以及差异。第3章以亚里士多德的科学分类为分析框架，论述设计的科学属性，提出宏观设计框架，论述从发育观点研究设计过程的理论依据。第4章阐述发育设计理论基础，论述可资借鉴的发育生物学原理和概念，总结生物发育原理以及生物发育机制。第5章论述抽象特性阶段演变过程，从功能到特性的演变及建模。第6章论述抽象特性的物化过程，从特性到结构的演变及建模。第7章论述发育设计数学建模及算法。第8章是发育设计应用实例，以小卫星多功能结构系统设计为例，示例发育设计过程。第9章论述发育设计系统框架，以宏观设计框架为系统框架，以发育生物学发育原理为借鉴，论述发育设计、发育阶段以及发育机制，给出发育设计应用实例；以系统观点论述发育设计宏观变量；以动态的观点论述发育设计动态设计过程,包括传递函数和测量函数。第10章总结发育设计的思想、方法以及算法,并论述发育设计研究以及应用前景。本书各章内容基于作者十余年的研究成果,核心内容已经发表于期刊及国际会议,第1章和第2章基于作者本人的“现代设计理论和方法”课程的讲稿。为了便于阅读,每章附有摘要和总结,书后附有中英文名词索引。

本书涉及的研究成果由国防科工委航天支撑技术基金、国家自然科学基金(51175284)、国家重大专项基金(2011ZX02403)、北京市教委科学计划基金(SQKM201211232002)资助,本书出版由国家自然科学基金(51175284)资助,特此致谢。

本书所涉及研究始于2001年作者攻读博士学位期间,衷心感谢作者的博士生导师、清华大学金德闻教授多年来的指导、支持、关心和帮助。

侯悦民

2015年5月

于清华园

Preface

This book presents foundations and algorithms of a new design field: developmental design.

Four dimensions are used to this research. ① Macro-level. Design is categorized as Productive Science by philosophizing the nature of design. ② Systematical level. The concepts in Synergetics and embryogenesis are used to explain and describe the design process. This approach results in a Six Stage Design Model. Three developmental mechanisms in Embryogenesis are used to map functions onto structures, and the Order Parameters in Synergetics are used to describe the key factors that govern the growth of the structure. ③ Methodology level. To model the design concepts at different stages and to formularize the transformation of design concepts between stages, matrix theory, graph theory, induction rules, neural networks, game theory and optimization theory are used to represent design concepts and to develop the design concepts step by step. ④ Application level. A multidisciplinary (including vibration control and attitude control) design framework for the structure system of small satellite is presented to illustrate the application of the Six Stage Design Model.

The outcomes of the research can be summarized as three points and one model. Firstly, design can be categorized as Productive Science. Secondly, the design can be described as a developmental process using concepts from embryogenesis. Thirdly, the Order Parameters of the design of artifacts are the properties and property relationship. The model is a Six Stage Design Model, named as Developmental Design. The Six Stage model encompasses 6 stages: Function stage, Surrogate state, Property stage, Specification stage, Feature stage, and Parameter stage. Design concepts are developed from abstract properties to concrete structural parameters step by step. The control of the system is achieved using neural networks and it is concurrently generated with the structural development. Two basic neural network patterns are proposed based on neural pathways of organisms: Reflex Arc Model and Four Loop Control Model (the cerebellum loop, the basal ganglia loop, the thalamus loop, and the spinal cord loop) .

There are four features of the proposed design model. ① The design process is formalized and formulized so that the design process can be analyzed using mathematics. ② The boundary of design stage is clear so that it serves teamwork and computer design agent. ③ Control systems and structures are concurrently generated. ④ The growth form information representation of this model benefits the interaction of multiple design agents.

This research distinguishes itself by transforming design concepts from abstract concepts to concrete structural parameters step by step by simulating the developmental process of organisms, and representing the design process using graph theory and game theory. This research lays foundation for autonomous design as well as autonomous artifact.

The book is arranged as follows. Chapter 1 reviews and analyzes the design research in the past half century and discusses the importance of a new design research pattern based on systems evolution theory. Chapter 2 discusses the difference between biology inspired design and the developmental design. Chapter 3 investigated the nature of design in terms of Aristotle' s science classification. Chapter 4, 5, 6 and Chapter 7 present foundations and algorithms of developmental design and advance a six stage design model. The model represents the design process at six stages and transform the design concepts between them using three developmental mechanisms. Chapter 8 presents a design case of a small satellite. Chapter 9 systematically summarizes the six stage design model and algorithms. Finally, Chapter 10 presents a summary and discussion for the future research.

目　录

前言
第1章　现代设计:从优化走向自治 …… 1
1.1　引言 …… 1
1.2　设计研究的发展过程 …… 2
1.3　设计研究方法 …… 3
1.3.1　优化:从参数优化到多学科协同优化 …… 3
1.3.2　功能结构匹配:从归纳工程实践到探究自然原理 …… 7
1.3.3　生物激发的设计 …… 15
1.3.4　设计模式 …… 18
1.3.5　设计表述 …… 21
1.3.6　设计代理 …… 23
1.3.7　基于代理的多学科协同优化 …… 26
1.4　研究对象:物理结构→虚拟→智能 …… 28
1.5　技术工具 …… 30
1.6　设计进化 …… 30
1.6.1　系统进化理论 …… 30
1.6.2　未来的设计需求:开放+个性+通信+自治 …… 32
1.6.3　设计系统进化 …… 32
1.7　总结 …… 34
第2章　生物激发的设计 …… 36
2.1　生物激发的设计 …… 36
2.2　生物激发设计的基本方法 …… 37
2.3　发育设计 …… 39
2.3.1　发育设计起源和基本思想 …… 39
2.3.2　基于细胞自动机的发育设计 …… 39
2.3.3　发育设计研究内容和研究方法 …… 40
2.4　总结 …… 41
第3章　宏设计框架 …… 42
3.1　设计定义 …… 42
3.2　设计的科学属性 …… 44

3.2.1 设计是人工科学 ······ 44
3.2.2 设计作为创制科学 ······ 44
3.2.3 设计方法学与科学研究方法 ······ 45
3.2.4 设计过程与科学研究过程 ······ 46
3.3 设计的三重性 ······ 47
3.3.1 人工制品二重性 ······ 47
3.3.2 设计的三重性 ······ 47
3.4 设计作为创制科学的内涵 ······ 48
3.5 一般设计过程分析 ······ 50
3.6 作为创制科学的宏设计框架 ······ 51
3.7 概述和结论 ······ 52
第4章 发育设计理论基础 ······ 54
4.1 协同学基本思想 ······ 54
4.1.1 系统相似性 ······ 54
4.1.2 序参量的概念 ······ 54
4.1.3 序参量的数学描述 ······ 55
4.2 物理系统和生物系统的相似性和序参量 ······ 56
4.3 生物胚胎发育的基本要素 ······ 58
4.3.1 胚胎发育过程 ······ 58
4.3.2 胚胎发育特点 ······ 62
4.3.3 胚胎发育机制 ······ 63
4.4 生物神经系统特点 ······ 64
4.4.1 神经系统简述 ······ 64
4.4.2 神经系统特点 ······ 64
4.5 设计早期阶段与胚胎发育过程相似性 ······ 67
4.6 生物胚胎发育对设计过程建模的启示 ······ 69
4.6.1 全能结构—多能结构—专能结构的演化 ······ 69
4.6.2 诱导 ······ 70
4.6.3 基因逐渐补充 ······ 70
4.6.4 创造性设计 ······ 70
4.7 生物神经系统对控制模型的启示 ······ 71
4.8 设计过程建模 ······ 71
4.8.1 设计过程建模原则 ······ 72
4.8.2 神经模型建模原则 ······ 72
4.9 生长型设计模型 ······ 74

4.9.1　生长过程 …… 74
4.9.2　发育模式 …… 75
4.9.3　结构级层 …… 76
4.9.4　遗传和转决定 …… 76
4.9.5　序参量 …… 77
4.10　总结 …… 77
第5章　基于代理阶段的功能—特性映射 …… 79
5.1　功能阶段 …… 79
5.1.1　功能 …… 79
5.1.2　功能分解和功能结构 …… 79
5.1.3　基本功能结构 …… 80
5.1.4　功能阶段表述和发育模式 …… 81
5.2　代理阶段 …… 82
5.2.1　代理阶段依据 …… 82
5.2.2　代理阶段的概念 …… 82
5.2.3　界面特性的提取 …… 82
5.2.4　代理阶段表述 …… 85
5.3　人工制品基因 …… 86
5.4　诱导 …… 86
5.4.1　产生式系统基本结构 …… 87
5.4.2　基本术语 …… 87
5.4.3　诱导基本原则 …… 88
5.4.4　子结构诱导规则 …… 89
5.4.5　计算机实现 …… 91
5.4.6　神经诱导—控制设计 …… 92
5.5　特性阶段 …… 94
5.5.1　表述 …… 95
5.5.2　原基分布图和自治程度 …… 95
5.5.3　与一般功能—行为映射模式的比较 …… 95
5.6　实例 …… 95
5.6.1　支撑载荷 …… 96
5.6.2　运动控制 …… 97
5.6.3　振动控制 …… 100
5.6.4　程序设计 …… 102
5.7　总结 …… 103

第 6 章 特性—结构映射 ………… 104
6.1 定型阶段 ………… 104
6.2 部件特性 ………… 108
6.3 神经网络模型 ………… 109
6.4 反射运动 ………… 110
6.4.1 反射弧结构 ………… 110
6.4.2 神经反射弧神经网络数理模型 ………… 110
6.4.3 反射弧神经网络模型 ………… 111
6.4.4 学习算法 ………… 112
6.5 4 回路控制网络 ………… 113
6.5.1 神经元分类 ………… 113
6.5.2 神经网络 ………… 114
6.5.3 原型网络 ………… 116
6.5.4 变形网络 ………… 116
6.5.5 神经元数理模型 ………… 116
6.5.6 网络学习和训练 ………… 117
6.5.7 网络特点 ………… 118
6.6 特征阶段 ………… 121
6.6.1 子结构特征表述 ………… 121
6.6.2 建立映射关系 ………… 122
6.6.3 构型和材料设计方程 ………… 122
6.6.4 博弈论基本概念和模型 ………… 123
6.6.5 结构和材料博弈模型 ………… 124
6.6.6 连接特征 ………… 126
6.7 参数阶段 ………… 126
6.8 总结和讨论 ………… 127
第 7 章 发育设计建模:数学表述和特点 ………… 128
7.1 图论基本概念 ………… 128
7.2 代理阶段和特性阶段表述 ………… 128
7.3 测试平面性 ………… 129
7.4 特征阶段—对偶图 ………… 130
7.5 子结构迁移 ………… 132
7.6 子结构特征表述 ………… 133
7.7 多功能结构表述 ………… 133
7.7.1 点边赋权图 ………… 133
7.7.2 点边面赋权图 ………… 135

7.8　参数化模型表述 …… 137
7.9　发育设计特点 …… 138
7.10　序参量分析 …… 140
7.11　与其他设计模型的比较 …… 140
7.12　总结 …… 142
第8章　小卫星结构系统发育设计 …… 143
8.1　小卫星多学科设计特性 …… 143
8.1.1　小卫星技术发展对多学科设计的需求 …… 143
8.1.2　定义 …… 144
8.1.3　基本组成 …… 145
8.1.4　运行环境 …… 147
8.1.5　小卫星主要失效形式 …… 149
8.1.6　在支持技术方面 …… 150
8.1.7　小卫星材料和 Smart 结构 …… 150
8.1.8　多学科设计 …… 152
8.2　发育设计过程 …… 153
8.3　产品特性分析 …… 154
8.4　功能阶段、代理阶段和特性阶段 …… 155
8.4.1　运动控制 …… 155
8.4.2　振动控制 …… 156
8.4.3　特性阶段 …… 157
8.5　定型 …… 160
8.5.1　刚度特性计算 …… 160
8.5.2　振动信号处理器转换系数计算 …… 161
8.5.3　姿态信号处理器转换系数计算 …… 165
8.5.4　效应器能量转换系数计算 …… 171
8.5.5　感受器能量转换系数计算 …… 173
8.5.6　传感结构和致动结构特性计算 …… 174
8.5.7　连接刚度特性计算 …… 174
8.5.8　驱动特性和能源特性计算 …… 174
8.6　特征阶段 …… 175
8.6.1　子结构和特性连接关系的消失和衍生 …… 175
8.6.2　对偶图表征特征 …… 176
8.6.3　子结构迁移形成初始布局 …… 179
8.7　赋权图 …… 179
8.7.1　面权 …… 179

8.7.2　边权 …… 186
8.7.3　面权 …… 187
8.7.4　点权 …… 187
8.7.5　布局图 …… 188
8.8　参数化模型 …… 189
8.9　总结 …… 190
第9章　发育设计系统框架 …… 191
9.1　设计属性 …… 191
9.2　设计空间 …… 192
9.3　数学模型 …… 193
9.4　发育过程 …… 194
9.5　发育机制算法 …… 195
9.5.1　基于规则的诱导 …… 196
9.5.2　基于规则和推理的基因转录 …… 197
9.5.3　仿生算法 …… 199
9.5.4　基于对偶理论的基因转录 …… 206
9.5.5　定型 …… 210
9.6　设计过程宏观变量 …… 212
9.7　设计过程控制 …… 216
9.8　总结 …… 218
第10章　总结与展望 …… 219
10.1　总结 …… 219
10.2　研究概述 …… 220
10.3　本书特点 …… 221
10.4　展望 …… 222
参考文献 …… 226
附录A　博弈论基本概念和术语 …… 242
A.1　效用 …… 242
A.2　博弈论基本术语 …… 242
附录B　图论基本术语 …… 246
B.1　图论基本术语 …… 246
B.2　平面性算法 …… 247
附录C　单纯形法 …… 249
附录D　名词汉英对照 …… 251
附录E　名词英汉对照 …… 257

Contents

Preface

Chapter 1 Modern Design: From Optimization to Autonomy ······ 1

1.1 Introduction ······ 1

1.2 Design Studies ······ 2

1.3 Design Research Methods ······ 3

1.3.1 Optimization: from Parametric Optimization to Multidisciplinary Optimization ······ 3

1.3.2 Mapping Functions and Structures: from Engineering Rules to Science Principles ······ 7

1.3.3 Biology Inspired Design ······ 15

1.3.4 Design Ways ······ 18

1.3.5 Design Representation ······ 21

1.3.6 Agents ······ 23

1.3.7 Agent Based Multidisciplinary Optimization ······ 26

1.4 Objects Designed: Physical structures→Virtual object→Intelligent products ······ 28

1.5 Design Tools ······ 30

1.6 Design Evaluation ······ 30

1.6.1 System Evolution theory ······ 30

1.6.2 Design Requirements in the Future: Open+Personality+Communication+Autonomy ······ 32

1.6.3 Design Evaluation ······ 32

1.7 Summary ······ 34

Chapter 2 Biology Inspired Design ······ 36

2.1 Biology Inspired Design ······ 36

2.2 Methodology ······ 37

2.3 Developmental Design ······ 39

2.3.1 Origin and Principles ······ 39

2.3.2 Cellular Automate ······ 39

2.3.3 Research Goals and Methods ······ 40

2.4 Summary ······ 41

Chapter 3 Macro Design Framework …… 42
3.1 Definition of Design …… 42
3.2 The Nature of Design as Science …… 44
3.2.1 Artificial Science …… 44
3.2.2 Production Science …… 44
3.2.3 Design Methodology and Science Research Methods …… 45
3.2.4 Design Process and Science Research Process …… 46
3.3 Triple Nature of Design …… 47
3.3.1 Duan Nature of Artifacts …… 47
3.3.2 Triple Nature of Design …… 47
3.4 Implication of Design as Production Science …… 48
3.5 Typical Design Process …… 50
3.6 Macro Design Framework …… 51
3.7 Summary …… 52
Chapter 4 Fundations of Developmental Design …… 54
4.1 Synergetics …… 54
4.1.1 Similarity of Systems …… 54
4.1.2 Order Parameters …… 54
4.1.3 Equations of Order Parameters …… 55
4.2 Similarity Between Physical Systems and Biology Systems …… 56
4.3 Basics of Embryogenesis …… 58
4.3.1 Developmental Process …… 58
4.3.2 Developmental Characteristics …… 62
4.3.3 Developmental Mechanisms …… 63
4.4 Charateristics of Neurogenesis …… 64
4.4.1 Development of Neural Systems …… 64
4.4.2 Characteristics …… 64
4.5 Similarity Between the Early Stage of Design and the Early Development of Embryo …… 67
4.6 Implication for the Design Process …… 69
4.6.1 Totipotent Cells-Pluripotent Cells-Specialized Cells …… 69
4.6.2 Induction and Cell Differentiation …… 70
4.6.3 Gene transcription …… 70
4.6.4 Creative Design …… 70
4.7 Implication for the Design of Control System …… 71
4.8 Modelling Design Process …… 71

4. 8. 1 Principles of Modelling the Design Process ······ 72
4. 8. 2 Principles of Neural Systems ······ 72
4. 9 Growth Form Design Model ······ 74
4. 9. 1 Growth Process ······ 74
4. 9. 2 Developmental Modes ······ 75
4. 9. 3 Hierarchy ······ 76
4. 9. 4 Inheritance and Transdetermination ······ 76
4. 9. 5 Order Parameters ······ 77
4. 10 Summary ······ 77
Chapter 5 Developing Functions into Properties through Surrogate Model ······ 79
5. 1 Function Stage ······ 79
5. 1. 1 Function ······ 79
5. 1. 2 Function Decomposition ······ 79
5. 1. 3 Basic Functional Structure ······ 80
5. 1. 4 Representation and Development Modes ······ 81
5. 2 Surrogate stage ······ 82
5. 2. 1 Simulating the Development of Biology ······ 82
5. 2. 2 Concept ······ 82
5. 2. 3 Extraction ······ 82
5. 2. 4 Representation ······ 85
5. 3 Genes of Artifacts ······ 86
5. 4 Induction ······ 86
5. 4. 1 Production Rules ······ 87
5. 4. 2 Terminology ······ 87
5. 4. 3 Basic Rules of Induction ······ 88
5. 4. 4 Induction Rules of Substructure ······ 89
5. 4. 5 Implementation in Computers ······ 91
5. 4. 6 Neural induction-Control Design ······ 92
5. 5 Property stage ······ 94
5. 5. 1 Representation ······ 95
5. 5. 2 Fate Map ······ 95
5. 5. 3 Comparison and Discussion ······ 95
5. 6 Examples ······ 95
5. 6. 1 Supporting Structure ······ 96
5. 6. 2 Motion Control ······ 97
5. 6. 3 Vibration Control ······ 100

5.6.4 Programming Design …… 102
5.7 Summary …… 103
Chapter 6 Mapping Properties-Structures …… 104
6.1 Specification Stage …… 104
6.2 Part Property …… 108
6.3 Neural Network Model …… 109
6.4 Reflex Motion …… 110
6.4.1 Reflex Arc …… 110
6.4.2 Mathematic Model …… 110
6.4.3 Neural Network Model …… 111
6.4.4 Learning Algorithms …… 112
6.5 Four Loop Control Network …… 113
6.5.1 Classification of Neurons …… 113
6.5.2 Configuration of the Neural Network …… 114
6.5.3 Prototype of the Neural Network …… 116
6.5.4 Modified Network …… 116
6.5.5 Mathematic Models of Neurons …… 116
6.5.6 Learning and Training of the Neural Networks …… 117
6.5.7 Characteristics of the Neural Network …… 118
6.6 Feature Stage …… 121
6.6.1 Representation of Substructures …… 121
6.6.2 Mapping Properties onto Feature …… 122
6.6.3 Design Equations …… 122
6.6.4 Basics of Game Theory …… 123
6.6.5 Game Model of Structures and Materials …… 124
6.6.6 Connection Feature …… 126
6.7 Parameter stage …… 126
6.8 Summary …… 127
Chapter 7 Modelling Developmental Design Process …… 128
7.1 Basics of Graph Theory …… 128
7.2 Representation of the Surrogate and Property Stages …… 128
7.3 Test of the Planar Graph …… 129
7.4 Duality Based Mapping-Feature Stage …… 130
7.5 Movement of Substructures …… 132
7.6 Feature Representation …… 133

7.7 Multifunctional Structure Representation …… 133
7.7.1 Graph with Weighted Vertex-Edge …… 133
7.7.2 Graph with Vertex-Edge-Face …… 135
7.8 Representation of Parameter Stage …… 137
7.9 Characteristics of Developmental Design …… 138
7.10 Analysis of Order Parameters …… 140
7.11 Comparision with Current Models …… 140
7.12 Summary …… 142
Chapter 8 Developmental Design of Structures of Small Satellites …… 143
8.1 Multidisciplinary Characteristics of Small Satellites …… 143
8.1.1 Design Requirements …… 143
8.1.2 Definition of Small Satellite …… 144
8.1.3 Configuration …… 145
8.1.4 Working Environments …… 147
8.1.5 Failure Types …… 149
8.1.6 Supporting Technology …… 150
8.1.7 Materials and Smart Structures …… 150
8.1.8 Multidisciplinary Design …… 152
8.2 Developmental Design Process …… 153
8.3 Product Analysis …… 154
8.4 The Function, Surrogate and Property Stage …… 155
8.4.1 Motion Control …… 155
8.4.2 Vibration Control …… 156
8.4.3 Property Stage …… 157
8.5 Specification …… 160
8.5.1 Calculation of Rigidness …… 160
8.5.2 Transfer coefficient of Vibration Signal Processing …… 161
8.5.3 Transfer Coefficient of Attitude Singal Processing …… 165
8.5.4 Transfer Coefficient of Effectors …… 171
8.5.5 Transfer Coefficient of Sensors …… 173
8.5.6 Properties of Sensor and Effector Structures …… 174
8.5.7 Calculation of Connection Rigidness …… 174
8.5.8 Drive Property and Energy Property …… 174
8.6 Feature Stage …… 175
8.6.1 Derivation and Deletion of Substructures and Property Relations …… 175
8.6.2 Dual Graph Representation of Feature …… 176
8.6.3 Layout resulting from the Movement of Substructures …… 179

8.7 Weighted Graph …… 179
8.7.1 Face Weight …… 179
8.7.2 Edge Weight …… 186
8.7.3 Face Weight …… 187
8.7.4 Vertex Weight …… 187
8.7.5 Layout …… 188
8.8 Parameter Stage …… 189
8.9 Summary …… 190
Chapter 9 Developmental Design Systematic Framework …… 191
9.1 Design Nature …… 191
9.2 Design Space …… 192
9.3 Mathematical Model …… 193
9.4 Developmental Process …… 194
9.5 Developmental Mechanisms …… 195
9.5.1 Rule-based Induction …… 196
9.5.2 Gene Transcription Based on Rules and Reasoning …… 197
9.5.3 Biology Inspired Algorithms …… 199
9.5.4 Gene Transcription Based on Duality …… 206
9.5.5 Commitment …… 210
9.6 Key Parameters in Designing …… 212
9.7 Control of Designing …… 216
9.8 Summary …… 218
Chapter 10 Conclusion and Future Work …… 219
10.1 Summary …… 219
10.2 Research Summary …… 220
10.3 Characters of This Book …… 221
10.4 Future Work …… 222
Reference …… 226
Appendix A Concept and Terminology of Game Theory …… 242
A.1 Utility …… 242
A.2 Terminology …… 242
Appendix B Concept and Terminology of Graph Theory …… 246
B.1 Terminology …… 246
B.2 Algorithms for Planar Graph …… 247
Appendix C Simplex method …… 249
Appendix D Glossary (Chinese-English) …… 251
Appendix E Glossary (English-Chinese) …… 257

第1章　现代设计:从优化走向自治

本章以设计的研究方法、研究对象以及技术工具为脉络,论述现代设计从优化设计朝向自治设计的发展历程,以技术系统进化模式为依据阐述发育设计的研究意义。

1.1　引　　言

设计是复杂的系统工程,不仅表现在其所涉及的学科领域广泛,更为主要的是体现在其本质的不明确性。如同 Herbert Simon 所言,常规设计的许多内容是软性的和直觉的、非形象化的,而学术研究题目必须是智力上硬性的、分析性的、可形式化的、可传授的[1]。

在设计科学领域最著名的文献可推以有限理性选择理论获得诺贝尔奖的Simon的《人工科学》(*The Sciences of the Artificial*)[1]。Simon 明确地定义了设计是人工科学,并提出了设计的核心要素是优化和决策。这一思想在工程设计研究领域占主导地位。但是 Cross 指出这种思想没有抓住设计的整体复杂性[2]。

结构是如何产生的,是什么力量在起作用? 物理学家、协同学的创立者哈肯认为,结构的形式服从普遍有效的规律性[3,4]。那么如何探索这种规律性? 哈肯认为,生物、化学、物理等系统的支配原理是相同的。哈肯同时回答了两个问题:设计过程具有规律性;这种规律性可以通过考察其他系统的支配原理获得。

科学研究主要有两种体系:笛卡儿体系和亚里士多德体系。目前的科学体系建立在笛卡儿体系之上,即还原论和分析法。这种研究体系为现代科学作出了巨大的贡献,三百年来一直占据科学研究的主导地位,机械学、设计学等学科也建立在此基础之上。这种思想体现在设计研究中就是将设计科学分化为众多学科,如机构学、机械学、摩擦学、控制学等,将设计方法研究归类为设计学,其体系结构包括了几十个以上的子学科[5]。这种学科分化所构成的设计方法可以概括为Popper的 C/A 模式,即猜想—分析—验证研究方法[6,7]。这种研究方法为机械工程技术的发展作出了奠基性的贡献。然而,随着各个学科理论和算法的日益完善,设计活动成为一个由众多学科构成的庞大的系统工程,各个学科高度独立又彼此相关、交叉和耦合,采用 C/A 模式则受到了限制。C/A 模式的局限主要表现为:局部特性优化而非系统层次特性优化、反复迭代导致的计算量膨胀甚至没有协调解[8,9]。特别是当设计计算和评价涉及流体计算时,一个设计方案的 CFD 分析可能就需要几天甚至更长的时间,因此猜想—分析—验证模式方法本身就决定了设计过程的反复迭代导致的高计算和时间成本。

目前在学术界,特别是在设计科学领域升起了另一种声音,即回归亚里士多德体系。现代科学的发展使得设计日益成为多学科高度交叉耦合的复杂系统,虽然采用还原论方法有利于每个独立学科的深入研究,但是在系统层次上,在还原论所带来的现代计算技术、试验技术、制造技术的成果基础上,需要一个综合的体系,使各个独立的学科纳入一个易于掌握的框架之下。发育设计即为探索方向之一。

设计研究文献浩如烟海,然而考察具有影响力的刊物最近几年发表的文献以及博士论文选题,可以大致概括当前设计研究的主流。本章从设计研究方法、研究对象、技术工具以及社会需求层面简要论述近 50 年设计研究的发展历程,并依据技术系统进化模式论述发育设计的研究意义。

1.2 设计研究的发展过程

与许多学科的发展起源相似,设计学科的发展起源于运筹学的发展及在学术会议的讨论。1962 年在伦敦召开了第一次“设计方法”会议[10],这次会议标志着设计方法作为一门科学研究的学科正式诞生,此后开始了设计理论和方法研究的第一个高峰,涌现出一大批文献,对设计方法进行科学探究。研究方向主要集中在系统和科学方法在设计过程中的应用,主流是将第二次世界大战后涌现的新型学科“优化理论和方法”应用到工程设计中。1969 年 Simon 的《人工科学》出版[1],将设计的核心问题归纳为优化和决策。这一时期的设计理论称为第一代设计理论和方法。然而,在 20 世纪 70 年代,设计理论和方法作为学科遭到质疑[11]。主要质疑集中在将设计这样高度个性化、非逻辑化、具有高度随机性的活动置于逻辑框架下的不现实性。第二个高峰是在 20 世纪 80 年代,这个时期的经典文献可推 Hubka 的《工程设计原理》以及 Pahl 和 Beitz 的《工程设计》。这个时期的设计理论和方法的特点是:在归纳工程实践的基础上系统化阐述设计步骤,其核心是还原论,即将设计任务分解为分功能,寻找分功能的工作原理以及工作结构,再将各个分功能的子结构集成为整体结构。美国机械工程师学会的年会“设计理论和方法学”即起始于 20 世纪 80 年代。其后,设计理论和方法作为学科一直处于持续上升的趋势,1990 年 Suh 的《设计原理》出版,奠定了公理化设计的研究分支,Gero 的“设计原型:设计的知识表述方案”[12]一文建立了设计认知和计算的研究分支。Suh 和 Gero 成为建立科学设计体系的领军人物。同时,Hubka 的《工程设计原理》进一步发展为域理论以及面向 X 设计理论。在技术层面,计算机技术、集成制造技术、多学科优化、人工智能以及遗传算法的发展推动了虚拟设计、自动设计、协同设计、并行设计、多学科协同设计、反求设计、开放设计、进化设计等众多研究分支的发展。另一方面，基于概率模型的可靠性设计、鲁棒设计、概率设计、试验设计，基于环保和制造模型的绿色设计，基于生物模型的生物激发的设计等涌现出来，并发展为独立的研究分支。

近 50 年设计发展历程可以简单概括为：1960 年设计优化；1970 年回归传统工程设计；1980 年归纳设计原理；1990 年设计过程抽象和自动化设计并进；2000 年设计原理和设计自治。

1.3　设计研究方法

设计科学可以归纳为三大类：设计认知、设计计算和设计理论（John Gero 于 2006 年在清华大学演讲）。设计认知主要从哲学、认知科学和心理学角度进行研究。对设计进行哲学分析主要侧重对设计、设计过程、人工制品、功能、特性、行为等概念进行澄清，研究人员主要来自哲学领域，其目的在于对设计的属性以及设计的本源思考。如同一个建筑物的高度和稳定性取决于地基的深度和牢固性，设计科学这座大厦的高度和坚实程度建立在深入缜密的哲学分析的基础之上。从认知科学和心理学角度研究设计，主要侧重在设计过程中设计者与设计对象的交互过程，分析设计过程的情景相关性、设计者的思维活动和心理活动、创造性设计的形成。最新的研究包括借助电磁振荡扫描仪等设备研究设计过程中的脑神经活动等。主要研究方法是应用心理学、神经科学、认知科学、实验心理学等理论框架，用计算机作为工具建立设计过程中诸多要素对设计的影响模型。设计过程涉及设计者、设计对象以及环境多种要素，因此设计认知是设计科学不可缺少的一个环节。设计计算主要侧重于建立设计参数的数学模型以及计算机模型，主要研究方法是建立公理、定理，设定猜想并加以验证，如进化计算、相似性计算、类比和转化方法等。设计理论主要侧重功能与结构的匹配原理以及设计过程中综合、分析、评价和决策方法，主要研究方法是利用其他领域的理论和方法建立设计过程模型或参数模型。发育设计是上述三个学科的交叉学科：以设计认知为基础，建立功能结构演变模型和计算模型，建立系统设计理论。以下论述设计理论研究方法的发展。

1.3.1　优化：从参数优化到多学科协同优化

1）优化设计

优化设计是将设计纳入科学体系的第一步。第二次世界大战以后，最优化理论和方法蓬勃发展，成长为独立的学科体系。优化设计是将最优化理论和方法应用于设计过程，用严谨的数学模型表述设计目标、设计变量和设计约束，再辅助以计算机编程实现优化迭代。优化设计有效提高了设计效率以及评价方法。早期的优化设计主要局限于参数优化，即针对给定方案计算最优取值。随着有限元技术以及均匀化材料设计方法商业软件的普及，优化设计进一步扩展为构型优化。

2）构型优化

构型优化也称为拓扑优化。将优化技术、计算机技术、计算机图形学技术、有限元分析技术等集成，从而实现构型优化。构型优化问题可以表述为：给定作用力、材料容量限制和边界、变形或应力约束等，求出材料的最佳分布。构型优化可采用均匀化方法，也可用基因算法和模拟退火法。主要思想是将结构的设计转化为复合材料的分布，材料由微结构构成，微结构可以是软材料和硬材料组合，也可以是空心材料，计算关键是确定微结构材料特性和宏观连续方程[13~35]。构型优化主要是在零件层次进行形状优化。

3）大系统设计和优化

随着产品功能结构日趋复杂，需要在系统层次优化。复杂系统进行优化的突出矛盾是难以建模，因此针对大系统的优化设计方法逐渐发展为独立的分支。这个领域的研究集中在如何将大系统分解为互不耦合的子系统，分解技术的关键是灵敏度分析，确定子系统耦合程度以及解耦的方法。目前研究集中在分解法[36~40]。

4）多学科设计

传统的机械设计是将结构、控制、材料等分别设计，然后集成为系统。为了更好地利用系统之间的耦合收益，减少耦合负效应，多学科设计成为一个研究方向。例如，结构和材料一体化设计，控制和结构并行设计。

（1）结构和材料一体化设计。结构和材料一体化设计在结构构型设计时，同时设计材料的组成，材料和结构布局以及电子器件集成化，实现多功能结构和结构轻量化。其基础是均匀化方法。均匀化方法认为，由复合材料组成的宏观结构由微结构元在空间中周期性重复堆积而成，宏观结构的性能参数是微结构的平均值。均匀化方法既能从细观尺度分析材料的等效模量和变形，又能从宏观尺度分析结构的响应[41~45]，成为拓扑优化常用的手段之一。例如，改变密度进行构型优化[13]，在给定量材料下最小化结构的柔性[14]，形状和拓扑优化[15]，多目标结构优化[16]，考虑柔性的结构拓扑优化[17]，材料微结构和结构构型优化[18~21]，不同体设计和自由制造的表达[17]及方法学[41]。国内研究集中在：梯度功能材料优化设计方法[22]，单向复合材料刚度的双重均匀化方法[23]，微小型柔性结构拓扑优化的敏度分析[24]，多孔板弯曲问题[25]，复合材料本构数值模拟及力学特性数值研究[26~29]，特定弹性性能材料的细观结构设计优化[30]，预测编织复合材料等效弹性模量[31~34]等。

（2）控制和结构并行设计。目前主要采用两种方法实现：一是建立控制和结构设计单个决策模型，如将直流电机和镗杆远程位置调节器的控制和结构设计问题建立一个整体的决策模型[36]，简化结构设计过程，提高系统性能[37,38]；二是分别建立模型,交互式求解[39]。

5）多学科优化

多学科优化问题形式是多目标优化问题,但由于子系统优化问题交叉耦合,用传统优化方法求解计算模型维数高,计算成本高昂且通常没有可行解。为了解决这个问题,将优化理论、计算分析工具等各种相关方法学统称为多学科优化。

美国国家航空航天局(NASA)对多学科优化的定义是:子系统设计过程中,必须考虑所涉及的各门学科之间的相互影响和耦合作用,并且设计者应同时在多门学科中进行设计以使系统综合性达到最优的一种设计方法[46]。美国政府已经将多学科优化纳入美国国家关键发展计划。多学科主要应用于航天、航空和舰船设计。

多学科优化的主要问题是降低维数和计算时间,研究集中在建立近似模型和算法、计算工具的管理[47]。多学科优化主要思想是充分利用各个学科(子系统)之间的相互作用所产生的协同效应,获得系统的整体最优设计结果[48],如控制和结构的多学科优化[49,50]。算法是将优化方法与数据包络分析、层次分析法等集成或采用GA(genetic algorithm)算法。一个新的研究方向是替代模型方法,首先求出目标函数的初始数据样本,然后寻找与数据样本匹配的替代B样条函数模型,再用算法寻找下一个能够改进替代模型的点[51]。B样条曲线具有连续导数,而且,局部控制点移动只影响局部曲线形状,也容易实现优化过程可视化[52]。多学科优化的关键技术是协同设计。

6）协同设计

协同设计是在计算机协同工作环境中,通过对复杂结构产品设计过程的重组、建模优化,建立产品协同设计开发流程,并利用现代PDM、CAD/CAM/CAPP、虚拟设计等集成技术与工具,进行系统化的协同设计工作模式。

协同设计由流程、协作和管理三类模块构成。设计、校审和管理等不同角色人员利用该平台中的相关功能实现各自工作。流程类主要是根据设计人员的设计习惯完成常规的设计和校审工作;协作类负责解决设计过程中的信息交流、共享和合作等问题;管理类可帮助相关人员及时了解和掌握设计过程的详细情况。

在算法上,主要集中在基于网络或设计团队的协同设计模型和算法、基于博弈的设计[53]、基于团队的设计[54~58]。应用博弈论构造几个决策者并行设计的协调模型[59~63]。

在计算机实现上,早期的协同设计有两类:①将CAD应用软件包含在协同工具中;②在CAD软件基础上进行二次开发,加入网络通信功能,使之具有通过Internet交互数据的能力。近年基于代理Agent的协同设计系统迅猛发展。基于网络服务Web service实现的联邦集成架构FLA及联邦执行支撑系统FEI实现设计协同。一个实例是采用数据文件(DDF)实现优化与仿真的数据交换,采用联邦智能产品环境(federate intelligent product environment,FIPER)的分布、合作智能产品环境,使进行中的设计工作通过网络准确地访问存储在模型数据库里的数据,使参加综合设计的成员在不同的工作地点能够交互进行合作,通过知识工程接口有效实现CAD产品建模过程、CAE工程分析过程和CAO优化设计过程的关联[64]。国外在协同设计协同仿真平台领域有基于WWW的协同仿真平台技术,以及基于面向对象的协同仿真平台。

7) 并行概念设计

将概念设计阶段的产品信息管理纳入基于产品数据管理系统的并行化产品设计环境中,建立以产品结构树为中心的产品信息管理方式,构造并行化概念设计的产品信息管理模式[65,66]。

并行设计是一种对产品及其相关过程(包括设计制造过程和相关的支持过程)进行并行和集成设计的系统化工作模式。

与传统的串行设计相比,并行设计更强调在产品开发的初期阶段,要求产品的设计开发者从一开始就要考虑产品整个生命周期(从产品的工艺规划、制造、装配、检验、销售、使用、维修到产品的报废)的所有环节,建立产品寿命周期中各个阶段性能的继承和约束关系及产品各个方面属性间的关系,以追求产品在寿命周期全过程中的性能最优。

通过产品每个功能设计小组,使设计更加协调,使产品性能更加完善,从而更好地满足客户对产品综合性能的要求,并减少开发过程中产品的反复,进而提高产品的质量、缩短开发周期并大大降低产品的成本。

8) 博弈设计

博弈论目前主要是将多个设计准则转化为单个目标问题的工具,或者构造一个能够约束几个不同的设计者达到协调解的机制,如结构优化设计[67],复合材料结构设计[68],基于博弈论的进化算法[69],结构应力、位移、重量最小化[70],元件或组件设计博弈模型[71,72],求解约束优化[73],基于博弈论和GA的优化设计[74]。将博弈论应用于设计求解的主要问题在于各种算法仅限于解决具有完全信息的决策问题。真实的工程设计问题既不具备完全信息也难以建立严谨的数学模型,因此,如何将算法拓展为解决具有实际复杂程度的真实工程问题是今后需要解决的问题。

9) 多学科优化技术集成

传统的设计过程是分段进行的,优化过程是彼此独立的;多学科优化是多任务并行进行,优化参数是互相耦合的,即每个子系统的变量需要由其他系统的公式计算获得,也即系统A的性能取决于系统B或更多系统的性能,而系统B及其他系统的性能反过来取决于系统A的性能。因此进行多学科优化的关键是能够进行并行和协同设计。多学科优化目标分为系统层次目标和子系统层次目标。各个子

系统优化并行进行,在系统层次各个子系统层目标协同求优。多学科优化问题可以表述为以下形式[75]:

$$\min_{z_{SL}, y_{SL}} f(z_{SL}, y_{SL})$$

s. t.

$$J_i^*(z_{SL}, z_i^*, y_{SL}, y_i^*(x_i^*, y_i^*, z_i^*)) \leqslant \varepsilon, \qquad i,j=1,2,\cdots,n; j \neq i$$

函数 f 是系统层优化目标,J_i^* 是第 i 个子系统变量的约束函数,ε 是约束容差 $\varepsilon \geqslant 0$,z 是全局变量,y 是耦合变量(一个子系统的变量需要由其他系统的公式计算获得),是子系统变量 x 的函数。

常用的系统层次优化目标可以构造为求系统层目标和子系统层目标方差最小之和。例如,对于两个子系统耦合的系统,可以构造为以下形式[75]:

$$\min_{z_i, y_i, y_j, x_i,} J_i = \sum (z_{SL_i} - z_i)^2 + \sum (y_{SL_j} - y_j)^2 + \sum (y_{SL_i} - y_i)^2$$

$$\text{s. t.} \quad g_i(x_i, z_i, y_i(x_i, y_j, z_i)) \leqslant 0$$

复杂工程系统设计涉及多个学科的分析和优化,目前实施上述各种优化设计策略及方法的途径是建立多学科技术集成框架。针对工程应用领域,将多个优化、设计、分析、计算、绘图和管理等多种软件,集成为多学科技术集成框架作为产品研发和试验平台,是当前航天、航空、航海、汽车工业等提升生产效率和产品质量的主要措施。这种软件本身包含通用及专用优化算法,并设置开放性接口可以调用诸如 ProE/Solidworks/UG 等 3D 绘图软件、MATLAB 工具箱、ANSYS/NASTRAN、CFD、FLUENT 等通用分析软件,以定义工作流的方式设置分析、计算、绘图等任务流程实现优化迭代,进行优化设计以及产品测试,如 Optimus。主要用于具有确定构型的产品的多学科性能和结构参数优化。

1.3.2　功能结构匹配:从归纳工程实践到探究自然原理

1. 功能结构定义

设计的本质是匹配功能和结构。功能是行为的结果;行为描述事物对其所处的环境的反应;目的是依据人的价值和效用考虑人工制品的功能;结构是构成一个物体的组织安排。因此,结构是人工制品在给定物理环境下的状态,在此环境下结构展现特定行为,这些行为产生各种各样的功能,功能依照特定社会-文化环境的价值被诠释为实现特定目的[12]。对功能的描述通常采用动词加名词的结构,如"增加压力"、"传递扭矩"、"减速"等。对结构的描述是几何描述,包括尺寸以及形位公差,一般用图纸表述。如图 1.1 为对椅子的功能和机构描述。

2. 概念设计

设计可分为两个主要阶段:概念设计和详细设计。概念,即抽象的想法,是完

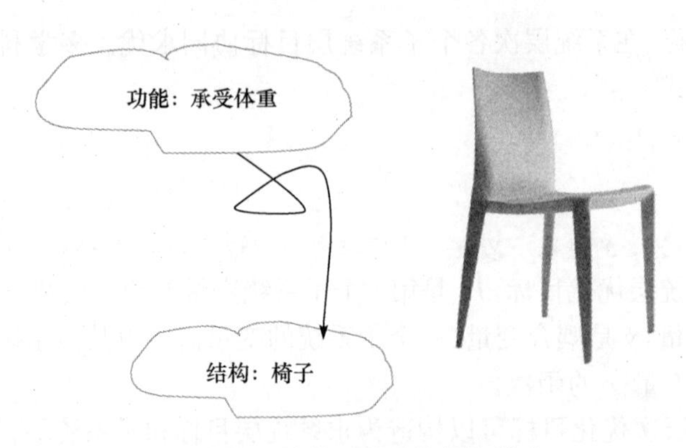

图 1.1 椅子的功能结构描述

成解决特定设计问题的任务的基本方式[76]。概念设计目前没有明确的定义。列出几种定义如下。

概念设计是一个从多量的可行概念中找出最具潜力概念的过程。定义为：问题定义—设计目标—规格—设计约束—概念设计—选择设计概念—设计—分析—原型制作与测试—制造图样[76]。另一种定义为：明确任务—概念设计—设计实现—详细设计 [77]。其中概念设计内容为：明确设计要求、建立功能结构、原理方案求解、优选等[78]。第三种定位为：概念设计—结构设计—详细设计[79]，设计过程不是顺序过程而是反复循环迭代的过程。其中概念设计是建立满足设计需求的概念；结构设计是将概念细化为产品组织结构和零件结构，确定关键设计特征的主要设计参数；详细设计是确定详细参数，如尺寸、公差等，即加工图纸。

概念设计的一种边界更宽的定义为："在对预设目标充分理解后，确定设计理念，构想实现目标的途径和方法，采用适合预设目标的表达形式，构成多种可行方案、评价和决策最优方案，作为详细设计依据的一种设计过程[80]"。概念设计过程为：功能分析—工艺动作过程构思—执行动作选择—执行机构类型和综合。同一执行动作可以采用不同的机构来实现，因此确定机构是这种机器概念设计的关键[81]。

一种侧重于创新的定义为："设想采用过去没有用过的新原理、新技术、新材料、新工艺"解决现有知识无法解答的部分结构新的解。这些解决矛盾的设想称为概念，设计的这个阶段称为概念设计[82]。

由上述可见，"概念设计"具体指设计过程的哪一阶段尚无明确定义。基本表述为设计的早期阶段，有的限定为方案定性描述，有的包括原理设计和优化设计，部分地涉及定量描述。

设计的核心是概念设计。目前设计理论研究的重点是概念设计。

3. 技术系统理论

Hubka的技术系统理论[83]是工程设计方法经典理论，一般称为哥本哈根学派。技术系统理论将技术制品视为一个系统，通过输入输出将技术系统与环境连接为一体。系统进一步被分为子系统，通过子系统的边界子系统传递输入输出。子系统是上一层系统的组成部分，在设计的每一个阶段可以划分为不同的子系统。域理论[84,85]视设计为三个域：活动域为推理和创造综合的过程；元件域解释产品功能和特性；部件域解释产品的物质和结构构成。基于域理论的工作平台由三个要素组成：设计语言、设计模型和设计操作。

在部件域的设计过程[84,85]可以表述为：①设计综合，选定能够实现预期行为的元件域（功能和特性）和部件域（结构）；②分析元件域和部件域行为。

技术系统设计评价考虑一系列指标：实现预定功能，工作原理产生预定的效应，满足需要的强度、刚度、摩擦磨损、稳定性等性能要求，人机界面符合人体特征，生产工艺分析，质量控制，装配分析，运输分析，操作分析，维护分析，回收分析，成本分析，交货分析等。技术系统理论重点放在技术系统的构成、分解以及评价准则。

面向某项指标的设计发展为面向装配的设计、面向质量的设计、面向成本的设计等，即面向X的设计。但是面向X的重点是在产品设计阶段为设计者提供支持工具，使得设计者能够综合考虑产品生命周期中的加工制造、装配、检测、维护等多种成本因素，通过对产品技术经济性评价，设计者根据成本及时修改设计，从而达到降低产品成本的目的[66]。

以鲁棒设计为例。鲁棒设计[86]强调使用统计设计方法来设计一种对加工变化不敏感且成本最低的产品或工艺。首先生成固定数量的方案样本，然后进行评价[87~89]。

4. 工程设计系统方法

工程设计系统方法是Pahl和Beitz通过深入考察工程设计过程总结多种设计理论和方法提出的[90]，一般称为德国学派，其核心是将功能分解为子功能，寻找实现子功能的原理解（工作原理、工作结构、工作表面、工作物质、工作状态、工作力等），再将原理解合成为结构解，对结构解进行分析和评价，经过反复迭代，确定初始结构布局，这个过程称为概念设计。在概念设计的基础上，进一步进行具体设计和详细设计。具体过程如下。

明确任务（clarifying the task），包括产品描述、功能、性能、成本限制、时间限制；概念设计（conceptual design），包括提炼关键问题、建立功能结构、寻找工作原理、将工作原理结合为工作结构；具体设计（embodiment design），设计任务包括结构布局、初始形状和材料、工艺以及辅助功能，设计规则为实现技术功能、经济可行性、人和环境安全性，设计原则包括最小化成本、空间、重量、最小损失、最优化操作；详细设计(detail design)，包括完成技术产品描述，包括形状、尺寸、表面特性、材料，审查生产方法、加工过程、成本，零件图、装配图、零件明细表、说明书(装配、测量、养护、维修)。

概念设计是设计的核心，包括：明确任务需求—抽象化—建立功能结构(分解总功能为分功能)—寻找分功能作用原理—将功能原理组合为作用结构—选择合适的组合—具体化为原理解的变量—评价(依据技术准则和经济准则)—确定原理解。

工程设计系统方法是一般工程设计活动的归纳总结。功能—结构匹配的桥梁是物理效应。

5. TRIZ

TRIZ 是英文 theory of inventive problem solving 的俄语缩写，苏联 Altshuller等提出，面向创新或创造设计[91]。其基本思想是建立问题空间和原理空间，二者之间利用冲突矩阵建立映射关系。冲突分为两类：技术冲突和物理冲突。技术冲突指一个行为同时导致有利和有害效应。物理冲突指一个元件或系统同时具有相反的特性。利用冲突矩阵将问题空间的工程参数与原理空间的原理建立对应关系。求解方法是 11 种规范化方案，例如，分离原理，在时间、空间上分离冲突的双方，或条件分离、层次分离，后发展为 40 种发明原理。设计过程描述为：分析现有产品，发现冲突，将冲突抽象为技术或物理冲突，依据冲突矩阵求原理解，将原理解还原为领域解。即利用冲突矩阵寻找行为—结构的匹配。

TRIZ 理论将设计过程归纳为发明原理，将设计问题归纳为技术冲突和物理冲突，将问题空间和原理空间纳入矛盾矩阵系统化寻找发明原理。发明原理可以作为创新设计的原理。

40 个发明原理包括：分割(segmentation)、提取(extraction)、局部质量(local quality)、反对称(asymmetry)、结合和集成(combining and integration)、多用性(university)、嵌套(nesting)、抵消重力(counterweight)、预先抵消作用(prior counteraction)、预先作用(prior action)、预防(cushion in advance)、等势(equipotentiality)、反向(inversion)、球面化(spheroidality)、动态化(dynamicity)、局部作用或过作用(partial or overdone action)、移向新维度(moving to new dimension)、机械振动(mechanical vibration)、周期作用(periodic action)、重复作用(continuity of useful action)、冲过(rushing through)、变害为利(covert harm into benefit)、反馈(feedback)、中介(mediator)、自服务(self-service)、复制(copying)、廉价替代品(an inexpensive short-lived object instead of an expensive durable one)、取代机械

系统(replacement of a mechanical system)、气压或液压原理(use a pneumatic or hydraulic construction)、柔性薄膜(flexible film or thin membranes)、有孔材料(use of porous material)、改变颜色(changing the color)、均质化(homogeneity)、可废弃和再生的部件(rejecting and regenerating parts)、物理化学状态转换(transformation of physical and chemical states of an object)、相转换(phrase transition)、热膨胀(thermal expansion)、强氧化剂(strong oxidizer)、插入环境(insert environment)、合成材料(composite materials)。

TRIZ 理论将设计方法建立在对已有产品要素的转化和互换。发明原理可以用来辅助构思设计方案,是对设计原理的归纳和提炼。然而 TRIZ 的发明原理过于抽象,如分段、转化等,更适宜用于解释发明或创新设计。

6. 公理化设计

1990 年麻省理工学院(MIT)的 Suh 提出了公理化设计理论(axiomatic design)[92,93]。公理化设计理论主要包括几个基本概念:域和映射、独立性公理和信息公理。公理化理论设计空间由域组成,Suh 将设计过程概括分为四个域:①用户域,包含用户对产品的要求或用户所期望的产品属性;②功能域,由一组功能要求组成,以功能要求的形式反映出用户域中的用户要求;③物理域,确定主要设计参数来满足功能要求;④工艺域,确定相应的工艺,从而生产出符合要求的产品。独立性公理:保持功能要求的独立性,即在功能域中每一层分解得到的功能相互独立;信息最小化公理:在满足独立性公理前提下,信息量最小的设计是最优设计。按照公理化设计思想,产品设计是从一个域向另一个域的映射过程,在映射过程中必须遵守"独立性公理",而在所有满足独立性公理的设计中,满足"信息公理"的设计为最好的设计[94,95]。公理化设计已经形成了专门的研究领域[96~98]。公理化设计的核心是提供设计决策和评价的依据,将功能分解的过程纳入科学分析框架之下。公理化设计的核心是建立子功能和子结构匹配关系,因此需要首先有若干方案选项。公理化设计解释已有的方案是否合理(子结构最少耦合和互相依赖),但是并没有对结构的本源进行解释。因而,有的学者并不将公理化设计列入设计理论,而是将其视为评价设计方案的分析方法。

7. FBS(function-behavior-structure)框架

功能—行为—结构模型由 Gero 提出[12],后被广泛应用。功能:描述目标的目的,即为什么。行为:描述结构期望具有的属性,即做什么。结构:描述目标的组成及相互关系,即是什么。基本框架包括 8 个过程:

(1) 表述设计需求,将功能(F)转化为行为(Be);

(2) 综合,将行为(Be)转化为具体的结构(S);

(3) 分析,分析求解结构(S)的行为(Bs);

(4) 评价,比较 Bs 与 Be,是否满足要求;

(5) 文档,用于加工制造的详细设计描述文档(D);

(6) 修改类型 1,结构行为特性不满意时则修改结构变量;

(7) 修改类型 2,结构行为特性不满意时则修改行为变量;

(8) 修改类型 3,结构行为特性不满意时则修改功能变量。

参见图 1.2。Gero 及其同事进一步将上述框架扩展为基于情景框架,包括 20 个过程,主要是基于情景代理(situated agents)细化了过程[99]。

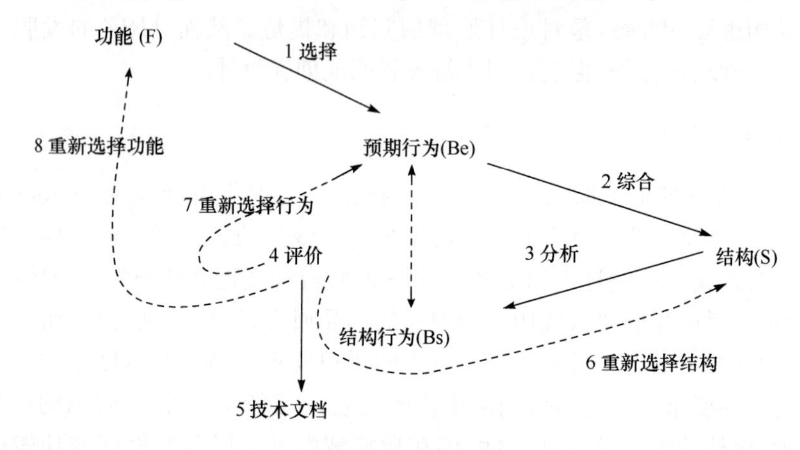

图 1.2 FBS 框架

各个阶段的映射过程依据设计者的领域知识或经验或知识库。一个应用实例是功能—运动行为—结构的映射模式[100]。模型包括基本知识库和领域知识库。基本知识库包括原理库、运动行为库和结构库;领域知识库包括本体库和样体库。功能—运动行为映射由原理库和本体库支持;运动行为—结构的映射在结构库、样体库和行为库支持下实现。库的知识来源于目前已有的机械运动系统。将机构运动形式存储于结构库中,对应的结构行为描述存储于行为库中,原理库储存原理,对应于同一种功能的各种结构形式存储于样体库,对样体知识抽象得到本体库。在使用中,不断更新补充新的知识。单个知识库用多层知识加以表达,如运动行为库由两部分组成:运动行为对应的机构和机构表现出的运动行为。

多层映射模型。此框架综合了目前主要的功能—结构映射模型[101]。基本映射单元包括:功能—载体映射(依据功能直接获得实现功能载体);功能—行为映射(在行为层次对功能求解);功能—子功能映射(将功能分解为简单的子功能,形成功能层次结构);行为—载体映射(依据功能实现的行为方式提供载体);行为—子功能映射(依据行为约束导出下一层次子功能);行为—子行为映射(无法将行为向任何层次映射时,行为继续分解为子行为);载体—子功能映射(载体无法实现需要辅助功能时)。实质是在功能—行为—载体之间重复循环逐渐分解任务,直至实现具体结构。映射方法为基于知识库推理。这个模型是对相同抽象层次的各种映射模型集成。

FBS模型的核心是设计过程的知识表述,将设计过程中综合、分析和评价方法形式化。综合方法可以是基因算法、神经网络、细胞自动机、优化方法、已有结构的结合和插值等。例如,横梁截面设计,对矩形截面和工字形截面插值可获得介于二者之间的截面形状,见图1.3;分析方法主要是基于物理方程、化学方程、数学方程及制造等约束分析预计行为的可达性;评价方法主要采用数学方法计算实际结构行为与期望行为的差异。FBS模型是从人工智能角度表达用计算机实现设计的过程,其本身并不涉及功能—行为—结构匹配算法,因此有学者认为FBS模型是设计知识表述方法而非设计方法。从上述各种映射模型实例也反映出,在FBS框架下,设计实现过程是在已有的结构方案中搜索和匹配的过程,不涉及结构本源。

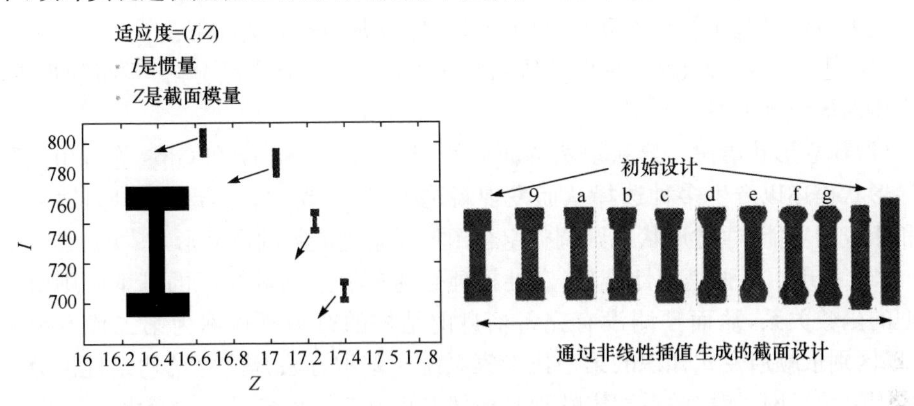

图1.3　通过插值获得新的构型[102]

8. 激励设计模型

Shai和Reich[103]提出infused design,可理解为激励设计。激励设计的基本思想是建立不同学科的知识交换平台,将一个学科的知识和解决方法移植到另一个不同的学科,从而激发不同学科的设计人员和工程师的集体才能。其核心是建立知识交换的规范化模式,即涵盖多种学科的一般表达。激励设计用序列活动描述:①用公式表述问题;②建立模型和表达;③求解;④产品分析。在公式表述问题阶段,将问题信息p转化为产品信息ps。在问题表达阶段,将各个相关学科领域的多样表达转化为通用表达,这是激励设计的核心。对不同学科相同的元件对不同的目的在不同的时间有不同的表达方式,同时不同的元件可能有相同的表达。例如,有m个元件n种表达,在此阶段将每个元件的n种表达集成为第$n+1$个表达。不同学科的集成通过通用表达库实现。通用表达库可容纳所有原始表达,以类型和术语识别。通用表达与原始表达之间具有已知的数学关系，因此问题转化为组合数学问题，各个问题表达之间建立数学关系。在求解阶段，各个学科的设计可以借用其他学科的求解思想。例如，当一个问题 m^0 在某个学科难于求解时，将问题转换到其他学科如 m^1 的表达，求解后再逆转换回 m^0，对应原始问题解 S^0。激励设计的实质是 TRIZ 理论的转化概念：一个领域的物理概念、作用域及求解方法等转化到另一个领域。

9. 功能结构匹配方法

设计的核心是功能结构匹配，20 世纪 70 年代至 80 年代的研究集中在工程实践归纳，提出了技术系统理论和域理论、工程设计系统方法、FBS 模型、公理化设计，20 世纪 90 年代至 21 世纪前十年集中在基于计算机技术的各种规则和推理方法，如形状语法、遗传算法等。

主要方法是基于知识库和规则的推理。比较典型的方法如下。

(1) 建立产品知识库。采用遗传和变异的方法对现有产品分解、重组和重用，以产生新的设计方案[104]。

(2)建立形状语法。形状语法的研究始于 1971 年(Stiny 和 Gips 等)，用规则推导形状描述以产生多种选择从而发现新选择[105]。或建立图形数据库，输入图形和相应的功能，通过形状规则调整组合图形元素生成新的产品形式[106]。

(3) 推理。一种是定性推理，定性推理是通过表达领域知识的基本原则解释模型的函数关系，从而预测没有完备信息的结构的行为[107]，称为第二代专家系统，以区别依赖启发式知识的第一代专家系统。基本方法是建立结构定性微分方程和因果关系网，依据关系网定性预测局部变化引起的系统行为的变化[108]。另一种是基于知识库的推理。建立物理元件的定性模型，应用事例推理(CBR)和模型推理(NBR)，在设计仿真中检索应用[109]。具体实现方法：用功能精确描述法(输入输出用力矩表示)表达实现功能的输入与输出，采用编码技术(特征编码、约束编码)细分组件库，从组件库中寻找满足部分问题的解，反复修改直至部分问题全部解决[110]。用 Freeman 和 Newell 方法表述结构，以结构和规则的形式传递设计信息[111]。

综上所述，基于计算机的功能结构匹配方法可以概括为基于知识库通过搜索或定性推理寻找功能和行为之间的映射关系。有关知识库和推理方法的研究可以归纳为知识工程或人工智能领域。其主要宗旨是建立功能—结构匹配计算机辅助搜索或推理工具。

10. 设计模型比较

FBS 模型比 Pahl 和 Beitz 模型更为精练，抽象层次更高。Pahl 和 Beitz 模型比 FBS 模型更具有操作性。公理化设计理论可以作为 Pahl 和 Beitz 模型中功能分解过程的评价依据。Pahl 和 Beitz 模型中的功能分解和寻找原理解可以作为 FBS 中综合活动的详细注解。TRIZ 的发明原理以及矛盾矩阵可以用来辅助 Pahl 和 Beitz 模型中的寻找原理解步骤。Hucka 的技术系统理论是 Pahl 和 Beitz 模型中功能分解的基础以及评价指标的指南。FBS 模型是域理论的提炼和概括，将元件域和部件域以及综合和分析步骤纳入系统描述框架下。Infused design 则提供在多学科之间传递信息的表达方式。各种方法提供过程框架，但是不涉及具体功能结构匹配方法。一般是建立知识库和规则通过推理实现功能结构匹配。几种典型设计理论和方法的关系见图 1.4。

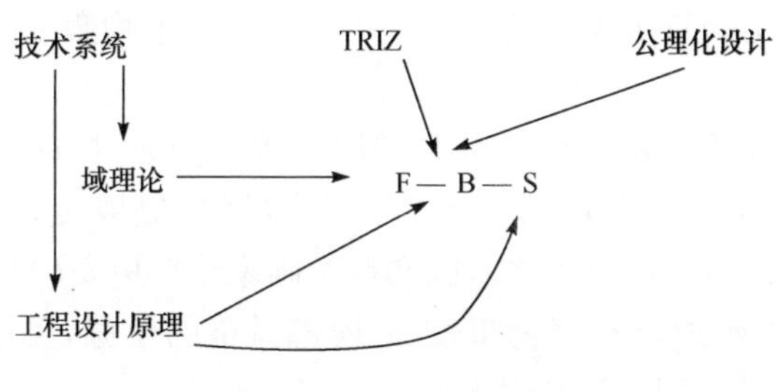

图 1.4　设计方法比较

1.3.3　生物激发的设计

生物激发的设计意为由生物的特性激发的设计思想和方法。生物激发的工程设计使用类比方法，借鉴生物系统发育规律，寻找工程问题的解答[112]。生物激发的设计起源于早期的仿生设计，后逐渐发展为多学科融合、以生物特点为主要启发的设计研究领域。生物激发的设计分为四大类。第一类是人工制品结构仿生，如仿昆虫飞行器、仿生物机器人等。第二类是功能原理仿生。第三类是设计过程仿生物发育过程，如依据胚胎发生学，将设计过程类比为胚胎发育过程，建立设计模型；又如依据生物进化原理形成方案种群，优胜劣汰形成进化方案，即进化设计。第四类是控制系统仿生，即神经网络。进化设计和神经网络已发展成为单独的研究领域。从 21 世纪开始，基于自然原理的功能结构匹配方法逐渐发展成为一个新的研究领域。研究集中在从自然生物的机能获得启发提出新的功能结构原理。

1. 进化设计

在进化设计研究领域，Rechenberg 率先开始在工程领域采用进化计算[113]，文献[114]介绍了早期的研究文献。Gero 借鉴相转换、分叉、基因突变、拟表型等生物学概念和原理拓展设计的多样性和探索创造性设计原理[115,116]。另一方面，在计算胚胎学领域 Bentley 等将研究外延到自动设计计算领域，探索基于胚胎发育表述的 3D 形态进化[117~119]。

遗传算法(genetic algorithm,GA)是进化设计的核心。一般将进化算法和其他方法结合以克服传统算法鲁棒性差、局部解等问题[120~124]。例如,设计中的进化模型[125,126],基于GA构型优化[127],采用基因算法进行结构设计[128,129],GA与有限元结合生成构型设计协调解种群[130,131],用遗传算法与罚函数法结合进行形状优化[132],设计方案作为基因用进化策略寻求优良方案[133],基于GA的设计平台[134],基于GA的系统优化[135],用矛盾准则形成设计种群,采用GA算法寻找设计空间和改进解[136],基于GA的系统可靠性分配[137],将大型模糊优化问题通过规则转换表转化为一系列小型问题[138],GA与模拟退火法结合寻找优化方案[139],GA与神经元网络结合解决模型选择问题[140~142]等。生物激发的算法也有蜂群算法[143]等。

进化设计领域最有挑战性的研究是基因工程。例如,提取不同人工制品的基因,并将不同基因结合生成新的品种。一个实例是提取美国建筑学家劳埃德(Frank Lloyd Wright)的建筑风格基因和荷兰画家蒙德里安(Mondrian)的绘画基因,并结合两种基因生成具有蒙德里安-劳埃德风格的绘画,见图1.5。目前也有学者致力于机电产品基因谱研究[144]。

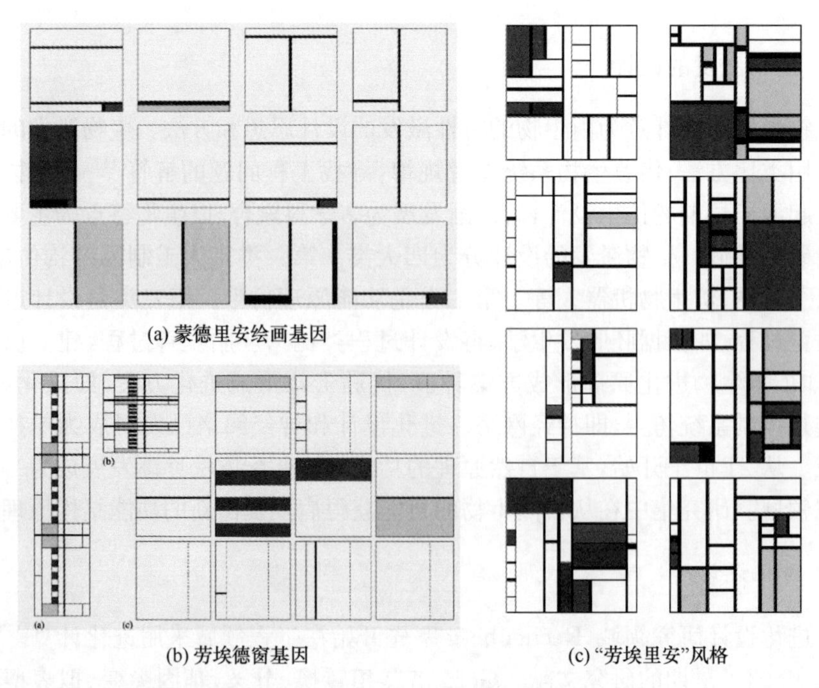

(a) 蒙德里安绘画基因

(b) 劳埃德窗基因

(c) "劳埃里安"风格

图1.5　劳埃德窗基因和蒙德里安绘画基因结合的风格[145,146]

2. 仿生控制

仿生控制领域的研究主要集中在神经网络控制方面。

从神经研究到人工神经网络走过了约100年的历程[147]。20世纪40年代以后,心理学家以及其他领域学者将神经科学与其他学科交叉研究,奠定了人工神经网络的基础,并得到进一步发展[148~150]。

神经网络主要用于两个方面:作为算法和作为控制模型。在控制模型方面有多种模型。其中以神经生物学为基础的一个模型是小脑模型神经控制模型(cerebella model articulation controller,CMAC),1975年由Albus提出,基本思想是基于小脑的结构和功能构造神经网络。小脑结构由局部调整、相互覆盖接受域的神经元组成,其功能是感知和控制运动。仿照小脑如何控制肢体运动的原理建立神经网络模型,网络由非线性输入层和可调线性输出层组成,是基于表格查询式输入输出局部学习网络,适宜实时控制。最初解决机械手的关节运动,Miller等将CMAC网络用在机器人控制上,Cetinkunt将其用在高精度机器工具的伺服控制上[148~150]。另一个模型是日本Kawato等提出的中枢神经系统模型。该模型是一个递阶结构,完成三个层次的计算任务:轨迹生成,在视觉坐标系建立期望轨迹;坐标变换,视觉坐标系转换到机器人主体坐标系;产生控制指令[148]。

神经网络是独立的研究领域,主要研究方向集中在网络模型、网络算法和控制应用。后两者研究群体庞大,相对而言前者研究文献少,特别是网络的拓扑构型的研究更少。对网络的拓扑构型的研究至少有两种思路:基于拓扑优化;基于神经生物学。后者的困难在于生物神经系统的高度复杂性难以建模。

基于神经生物学建模已经超越了神经网络的研究,属于计算神经科学或神经计算科学的领域。计算神经科学和神经计算科学是当今计算科学的前沿领域。二者的研究对象都是生物神经系统,但是研究方法和研究目标不同。计算神经科学的层次观为[151]:计算层:抽象分析问题,将计算任务分解为几个主要的组成部分;算法层:确定操作形式,对于给定的输入,能给出正确的输出;物理实现层次。神经计算科学的模型建模原则为:简化的脑模型,以期提出一些重要的原理;脑与计算类比有效的范围;较连接主义模型和神经元网络更重视系统的复杂性及神经生物学事实[147]。

3. 发育设计

生物激发的设计目前已经形成了一个研究领域,但是目前研究集中在功能载体的研究,而非对设计过程的描述和解释。发育设计则侧重于后者,采用胚胎发育的视角研究结构形成规律。

借鉴生物学胚胎发育的概念探索设计过程方面的文献不多。Bentley和

Kumar探索进化设计中胚胎形成算法[152]。清华大学提出基于形态发生学的仿生构型设计[153,154],主要设计目标是实现基于计算机的装配草图生成。仿生构型设计借鉴生物"从无到有"和"从有到精"两大过程的策略指导构型生成过程。实现方法是建立知识库,将概念设计模型诱导为装配草图。有的文献提出产品基因的概念,利用遗传和重组,实现从功能设计到原理方案的概念设计框架的原理创新[155,156]。生物激发的设计已经发展成为最具活力的研究领域。主流研究集中在生物功能原理启发方面。发育设计则以生物胚胎发育特点为启发,研究焦点是结构或人工制品的形成原理。发育设计的基本思想和方法将在第2章中详细论述。

1.3.4 设计模式

在设计模式上,其发展过程可以归纳为:分段→模块化→自动→协同代理→集成→通信→开放设计。分段设计即将设计任务化整为零,逐个设计,是传统设计方法。绘图和计算模块化主要依赖编程在计算机上实现。

1. 模块化设计

模块化设计思想是将功能分解成模块,模块内功能设计优先级排序则依据测量功能的信息量[157~159]。实现方法可用GA算法框架寻求每一段的解群,用相似矩阵代理重构成本,从而识别相邻段的相似构型[160]。

2. 设计自动化

设计自动化主要是基于计算机的自动设计,包括设计数据的管理、并行设计支持平台等。最前沿的研究是机器人自治生成,基于进化设计、均匀化方法以及基于激光的金属熔积技术、层加工技术,以简单的杆和人工神经元为基础单元,进化300~500代,可自动生成具有简单移动功能的机器人[161],采用L-system作为模块式机器人自动设计的生长型表达,结合进化算法实现自动设计[162]。

设计自动化的基本思想是由方法和算法自动导出结构,包括构型和材料成分。这种思想源于"设计的材料"的思想[163~167],材料成型和零件加工一体化,采用增材制造和去材制造相结合的制造技术,按数字化设计信息,一次完成零件内部组织结构和三维形体的制造[166~170]。

目前已有的生长型(generative)模型主要是针对自动设计问题以及计算机辅助设计(计算、绘图)引致的设计信息处理问题。一种是生长型表达,意指设计数据中的元素可重用,并具有自行捕捉设计问题复杂特性的能力。另一种是生长型设计系统,又分为两类:一类是需求驱动系统,如Seed系统[171],具有解释需求的能力,可以自行产生零件的内部表述;另一类是形状语法,形状语法是用规则生成形状语言,可用于建筑设计[172,173]、控制设计、界面设计[174]和机械设计等[175]。

设计自动化的实现有赖于有效的知识表达方法。

3. 集成

设计集成的主要特点是针对一个具体项目或产品搭建集成工程环境平台,以提高设计效率和质量、减少设计时间和成本。例如,代尔夫特工业大学(TU Delft)的设计引擎,应用基于知识的工程(KBE)方法建立集成工程设计环境,用于飞机、汽车、模具设计[176],见图1.6。另一种集成是设计集成的理论模型,如集成产品工程模型(iPeM)[177],包括所有设计活动过程,并将设计管理和资源约束也纳入模型,见图1.7.

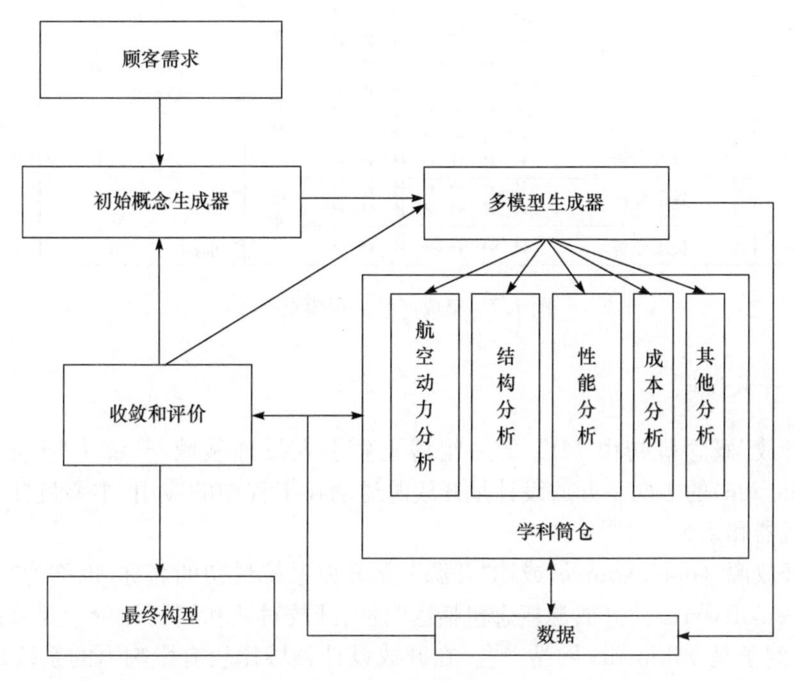

图1.6　设计引擎[175,178]

4. 通信

本书的通信是指设计模式,即在设计过程中,设计者之间的通信、设计者与设计对象之间的通信以及用户与设计对象之间的通信。主要研究方向是将虚拟现实技术、全息成像技术、遍及技术,特别是移动通信技术应用在设计过程中,使设计者和用户及时“看见”设计效果、修改设计方案及获得多方位设计评价。研究侧重“看见”方式和“操作”方式。例如,“看见”方式为3D虚拟对象、全息成像等,“操作”方式为空中操作虚拟对象等[179]。

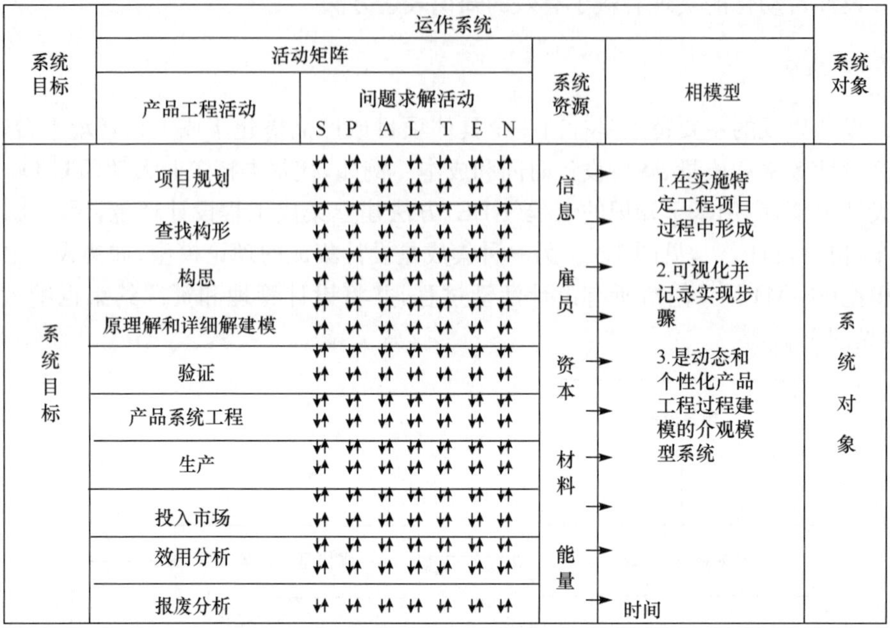

系统目标	运作系统				系统对象
	活动矩阵		系统资源	相模型	
	产品工程活动	问题求解活动 S P A L T E N			
系统目标	项目规划		信息	1.在实施特定工程项目过程中形成	系统对象
	查找构形				
	构思		雇员	2.可视化并记录实现步骤	
	原理解和详细解建模				
	验证		资本	3.是动态和个性化产品工程过程建模的介观模型系统	
	产品系统工程				
	生产		材料		
	投入市场				
	效用分析		能量		
	报废分析			时间	

图 1.7　集成产品工程模型[177]

5. 开放设计

“开放”概念最初由 MIT 的一组博士生引入设计领域，开辟了“开放设计”(open design)的方向。开放设计是开放源运动在工程中的应用，主要目标是创造产品、机器和系统[180~182]。

“开放源”(open source)或称“开源”，是开放系统最初的名称，也称为“免费软件”(free software)。开放源概念包括透明性、开放对话和同行评价。开放系统最成功的例子是 wikipedia 网站[183]。在开放设计领域比较有影响力的系统是 ThinkCycle[184]、Opensourceproductdesign[185]和 Metadesign[186,187]。

其他开放设计的例子还有：①优良炉灶(good stove)，通过反应性调整环节气温变化；②开放源太阳能炊具(Steven Jones'open-source solar cooker)；③开放源绿色车辆(the open source green vehicle(SSM-OSGV))，一个基于网络的可持续发展项目，目标是高燃烧性能车辆的开放设计；④开放源轿车(open source car)；⑤开放源风力透平机(Hugh Piggot's DIY open-source wind turbine)；⑥开放源变速机动车项目(open source velomobile development project)；⑦太阳能发电、净水和储能项目(SHPEGS project)；⑧Bath 大学可自行复制的开放源快速成型机(RepRap)和 Cornell 大学的快速成型机；⑨自平衡单轮脚踏车(unicycle)；⑩设计师 Ronen Kadushin 的开放设计产品；⑪源于印度的概念计算机(Hind/CM)；⑫开放源无线网络装置(RONJA);⑬开放修复项目(the open prosthetics project);⑭旋风轮椅(whirlwind wheelchair);⑮月亮镇(lunar boom town),采用开放模式学习项目,研究和创造与月亮有关的免费技术和商业方法[188~193]。

开放设计是一种理念,社会人群共享知识和资源、尊重个性和文化差异、注重创造性。实现开放设计不仅需要计算机技术、网络技术和通信技术,更为重要的是需要一种大众化的设计方法,将设计方法形式化为简单的要素组合,使得普通人群可以如同使用计算机那样使用设计方法。

1.3.5　设计表述

设计表述的功能有两个:作为通信手段和便于进一步研究[194]。图论提供了整体描述子结构特性以及特性联系的手段。

1) 图论表述

采用图论表述设计信息方面的研究文献最早为1966年Dobryjanskyj的博士论文,论文用图论的概念表述机构的运动链;随后,用着色理论描述凸轮连杆结构;用线图描述齿轮传动链;用有向图和邻接矩阵描述设计几何和约束;用对偶图自动生成机构的运动结构;用键合图建立系统(机械、电、液压)动力学模型;建立性能图评价摩擦系统的概念设计方案;用节点表述元件,利用能量流确定系统元件间的关系;利用树和森林的概念检验能量流确定功能损失的原因[195]。在系统动力学分析方面,用图论分解和重组、矢量网络模型建立系统动力学方程等[196]。

2) 行为表述

设计表述中“行为”是连接功能和结构的桥梁。目前,有几种表述“行为”的基本方法。

(1) 按照传统的材料流、能量流、信号流分类表征,如用“特性”表述行为,包括:材料{固体{块、粒、粉末、灰尘},液体,气体,空间};能量{机械,热,电,磁,声,光,化学};信号{测量,日期,值,控制脉冲,信息,…}[197]。

(2) 面向对象的表述方式。一个对象用一个类表述,描述一个对象的变量封装在一个类内,对象之间的数据调用通过类的接口传递。一般类包含属性、事件、消息和方法。最基本的类包含“属性”以及对“属性”进行运算的“方法”。其中“属性”包括对象的行为。以下是一个类的属性代码实例。

名称 Name:String;

状态变量 State Variable:Variables of interests;

因果联系 Causal Link:{[Depends On][Affects;Variable][Null]};

参考值 Reference Value:{Tabulated|Procedural|External};

子行为 Sub Behavior of:{[Behavior]}. Sub Behaviors:{[Behavior]};

对象(人工制品)行为 Behavior of Artifact:Reference to Artifact for which the Behavior is computed[198]。

(3) 面向功能和实现原理表述行为，例如，行为表示为：

ID：string；

名称：string；

父行为：{Behavior}；

子行为：{Behavior}；

状态变量：{Variable}；

功能：{Function}；

参考值：{Value}。

行为关系表示为：

ID：string；

名称：string；

流：{Flow}；

形状：{Form}；

关系：{Constraints}；

行为：{Behavior}[198]。

(4) 表述为功能手段，例如，功能分解信息表达为：

〈目的功能名称〉

〈目的功能所在层〉

〈手段功能名称〉

…

将行为与功能合为功能阶段[199~201]。

(5) 面向机构的表述。行为知识包括两部分内容：一是该运动行为对应的机构；二是其表现出的运动行为。运动行为知识的表达为：〈行为知识〉∷=(〈基本行为〉|〈组合行为〉)〈对应结构名〉；…；〈运动转换行为〉∷=〈输入运动行为〉〈输出运动行为〉〈运动转换特性〉；〈输入运动行为〉∷=〈输入运动元素名〉〈运动特性〉[100]。

上述表述的基本框架是面向计算机的数据模型。

3) 知识表示

设计表述可归类于知识表示，知识表示是人工智能或知识工程的重要课题。知识表示应具备以下特性：①简洁性：概念的简单性和一致性，访问和修改的灵活性；②明确性：将问题求解所需的知识正确有效地表达，并便于检查调试；③可理解性：所表达的知识简单、明了、符合人们思维习惯，并便于存储、获取和利用；④可利用性：可利用表述的知识进行推理；⑤可扩充性：易于扩充[202,203]。

知识表示的基本分类有以下几种[202,203]。

(1) 一阶谓词逻辑表示法。规定谓词演算形式符号,包括个体符号、谓词符号、函数符号、逻辑符号、技术性符号,主要特点是知识表达严密。

(2) 产生式表示法。表述具有因果关系的知识,每一条规则称为一个产生式。由三个部分组成:规则库,描述领域知识的产生式集合;综合数据库,存放问题求解过程中各种当前信息的数据结构,是动态库;控制系统,即推理机,由一组程序组成,负责整个产生式系统的运行,实现对问题的求解。基本工作原理为匹配—冲突解决—操作。实质是搜索过程。具有自然性、模块性、有效性和清晰性的优点,主要缺点是不能表达结构性知识,并且不能提供解释。

(3) 语义网络表示法。通过概念和语义关系表达知识的网络图。图的节点表示事物、概念、属性、动作状态等;弧表示语义联系。每个节点可以具有若干属性,用框架或元组表示,也可为子网络。语义网络可表示事实性知识,以及相互联系。主要组成为语义网络构成的知识库和网络推理机。求解过程为:依据问题构造网络片段;依据网络片段搜寻知识库中的网络;如果网络片段与知识库中的某个网络片段匹配,则为解。方法的优点是具备继承性、连续性、理解性,缺点是缺乏严格性,搜索处理复杂。

(4) 框架表示法。框架是一种描述所论对象的属性及其相互关系的数据结构。一个框架由一组槽组成,每个槽表示对象的一个属性,槽的值就是对象的属性值。一个槽由若干个侧面组成,每个侧面可有多个值。基本推理过程为匹配和添槽。主要优点是具备结构性、继承性、自然性和易于推理。

(5) 面向对象表示法。对象指与问题有关的客观事物。对一组相似对象的抽象称为类。每组对象包含一组指针指向对应前提和结论,因此包含了推理机制。主要特点是具有封装性和继承性。

1.3.6　设计代理

复杂产品的设计涉及多学科,通常由代理实现多学科协同设计。

代理 Agent 的概念可以追溯到 von Neumann 的能够自我复制的细胞自动机,以及一系列工作包括人工生命等(Christopher Langton 提出)。美国认知科学家 Minsky 认为无意识的简单 Agent 交互作用构成复杂智能[204]。传统语言描述具有灵活性但是通常丧失逻辑严谨性,而数学模型具有统一的结构和一般解答但是不具备灵活性。Agent 同时具备语言描述的灵活性和数学描述的精确性[205]。

代理是一个独立的理性系统,通过与环境交互,独立作出决策,执行自己的任务[206,207]。因为具有理性,所以有自己的目标和信念,能够依据这个目标和信念采取行动。如何推理则取决于预先赋予它的知识。代理一般包括状态(行为)、传感器、执行器、策略以及行动规则。具体组成则依据其功能不同而有所不同。一个代理组成的实例见图 1.8,包括属性、行为规则、记忆、资源、决策机制以及修正行为规则的超规则。供应链代理实例见图 1.9,由厂商、中间商和顾客三个子代理组成。每个子代理由状态、规则、动作三部分组成,状态描述列于第二栏,规则和动作列于第三栏。

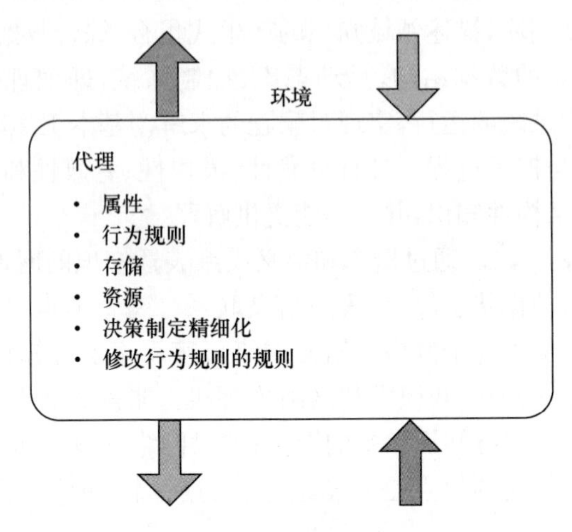

图 1.8　代理组成[208]

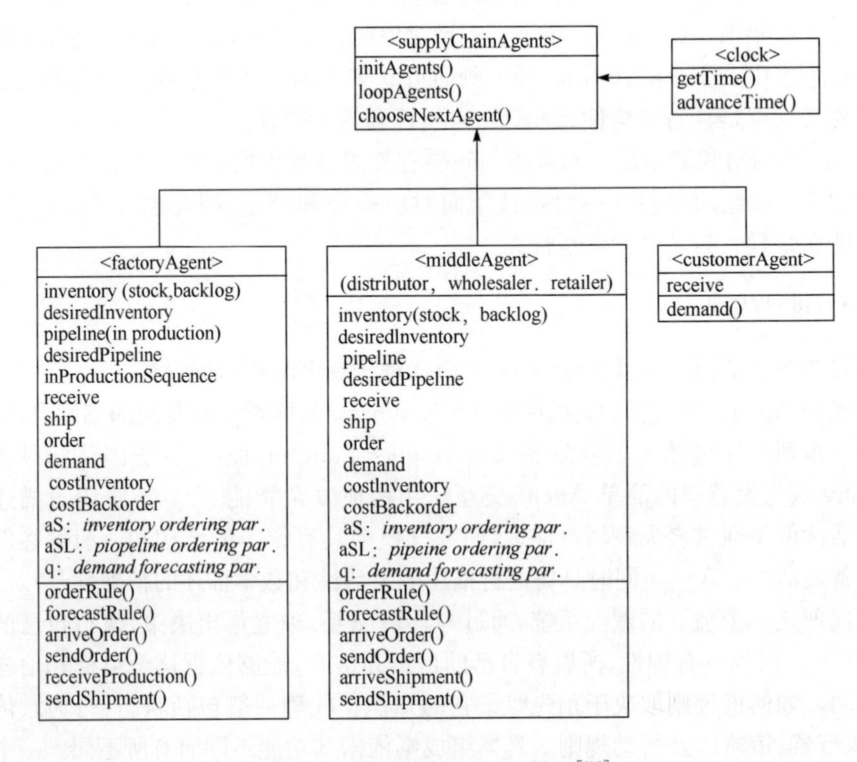

图 1.9　供应链代理 UML 模型[208]

对设计而言，设计任务需要多个代理(人或计算机代码)，首先需要一个领域工程师，如机械工程师、建筑师，这里称为专业设计代理。专业设计代理满足其他代理提出的需求，基于其他代理给出的附加信息或约束创造出一个设计结果。其中，提出需求的代理为需求代理，给出其他信息的代理为各自相关方面或领域的代理。例如，生产代理，可以进一步包括制造代理、成本代理、销售代理等。又如多学科代理，包括流体分析代理、动态分析代理、优化代理、结果显示代理等。执行一个项目时项目组人员的不同分工是理解代理的一种简便方式。在计算机中实施一个设计任务时，可以分解为不同层次不同类别的子任务，这些子任务可以由代理执行。

代理组成一个代理社会，见图 1.10。代理社会可以理解为一个项目组的全体人员共同完成一项设计任务。代理社会感知环境的当前状态，依据自己的“智慧”做出反应。这种“智慧”由感知、提炼和概括、规则及行动构成。

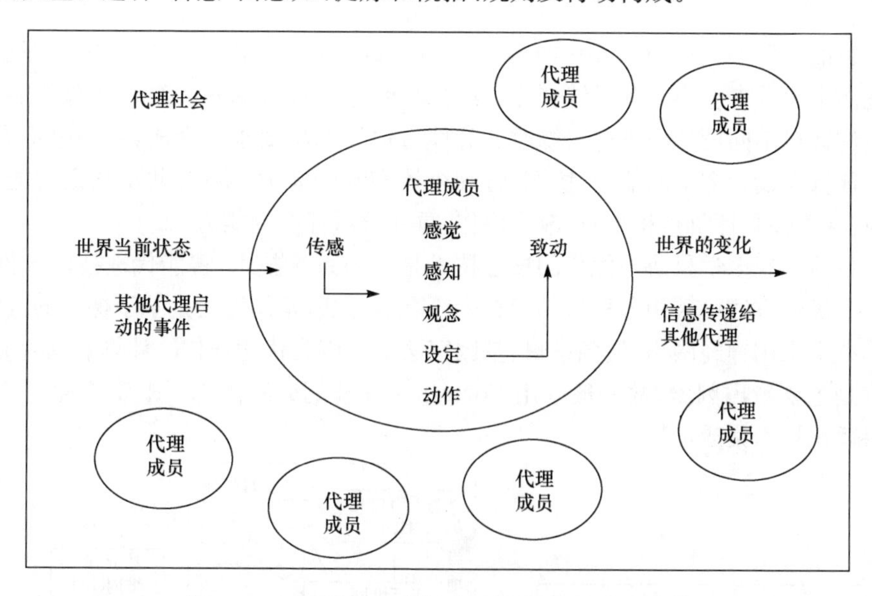

图 1.10　多用户 3D 虚拟世界代理社会示意图[209]

在代理社会中，每个代理接收系统当前信息，依据预先学习的知识，完成相应的执行任务，将执行结果输出。在计算机中代理通常以类的形式存在，因此可以以子类的形式扩充和修改，代理之间的通信可以自动完成(一旦需要的参数被赋值，具有相应参数输入的类被自动触发，执行计算、绘图等相关工作)。代理依据行动规则分为表驱动、反射型、目标或效用等，代理统一建模语言建模(unified modeling language，UML)模型见图 1.11。

基于代理的设计基于一个基本信念：低层次的简单行为共同协作，可以实现系统层次的复杂行为，即简单的规则生成复杂的行为。每个代理仅“懂得”简单的规则，但是通过代理的协作，可以实现复杂的行为。例如，采用构造自治异步代理进

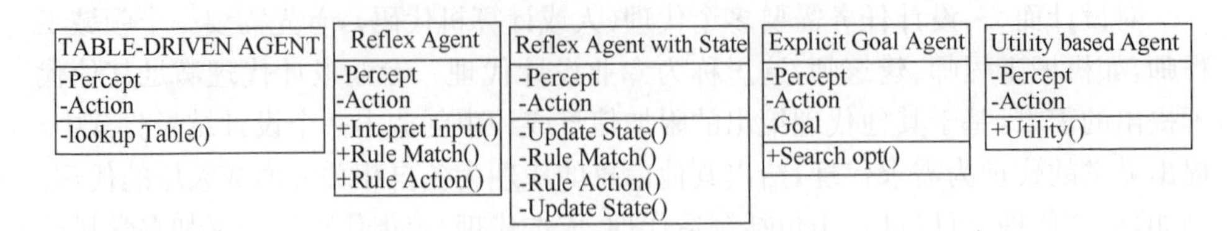

图 1.11 代理 UML 模型

行模块式机器人操作手设计,代理包含关于构型设计问题的基本知识,修改和评价 Agent 基于遗传算法执行修改和评价方案,在工作站网络分布执行,可使设计空间规模大幅度减少,并且对多个选项进行评价的成本降低[210]。

1.3.7 基于代理的多学科协同优化

目前,多学科优化(multi disciplinary optimization,MDO)一般采用代理技术实现多个设计者合作及其无缝交互,需要灵活、柔性以及动态的组织资源的能力,并允许针对不同设计任务进行修改。具体有以下四项要求。合成:从一组不同学科个体构建设计方案的能力;协调:管理个体交互的能力;协作:共享知识的能力;适应:基于性能评价重构自身、改进协作、重新分派任务的能力。

目前实现多学科协同优化的核心技术是分布系统技术:智能代理技术+网络技术。优化方法可采用各种软件工具中已有的方法,常用方法是基于梯度的方法。计算技术采用神经网络、模糊逻辑、基因算法等。因为优化迭代的计算效率和分布网络是主要考虑因素,故一般采用 Fortran、C++、Java 编程。图 1.12 是一个多学科优化技术集成框架。

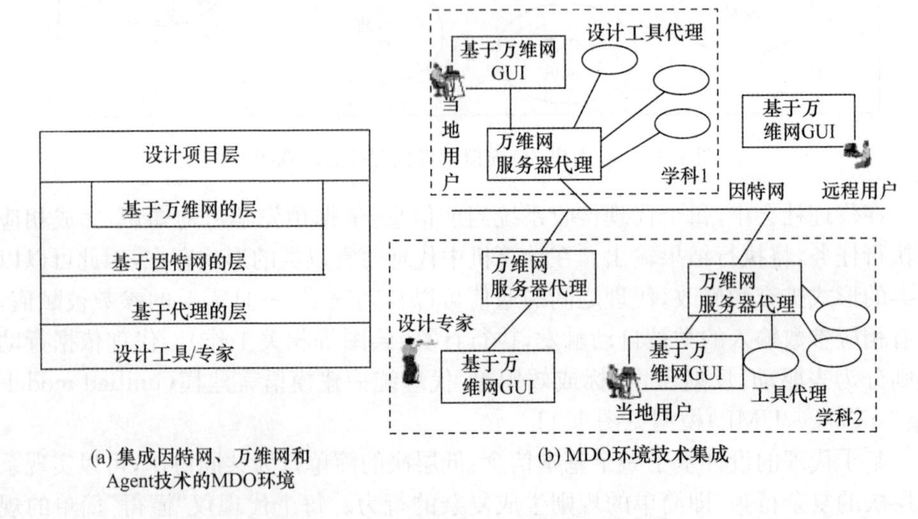

图 1.12 多学科优化技术集成框架[211]

MDO环境由四层组成:设计项目层、网络(因特网和万维网)层、代理层和设计工具/专家层。各个学科为一个子系统,由万维网服务器代理通过基于万维网的GUI协调不同设计工具、专家代理的任务和工作。各个子系统通过因特网远程控制连接为一个多学科优化系统。

在这个框架下,一个设计任务可以集合不同地域、不同领域的专家,这些专家可以使用不同的图形和计算环境。使用标准文件格式超文本标记语言或超文本链接标示语言(hyper text mark up language,HTML)和可扩展标记语言(extensible markup language,XML),以保证不同计算环境的数据传递。

图1.13是一个吹塑成型多学科设计代理实例。系统组成如下。

界面代理:收集用户数据,显示运行结果。

吹塑成型设计服务器代理:从用户界面接受请求,与工程数据管理代理通信,反馈信息到用户界面,当所有数据无效时创建工作代理。

工作代理:与工程数据管理代理通信,储存和检索数据,与目录主持代理通信找到有竞争力的服务提供者(在这里为吹塑代理),与吹塑代理通信协调任务分配以及工作过程监测。任务完成后消失。

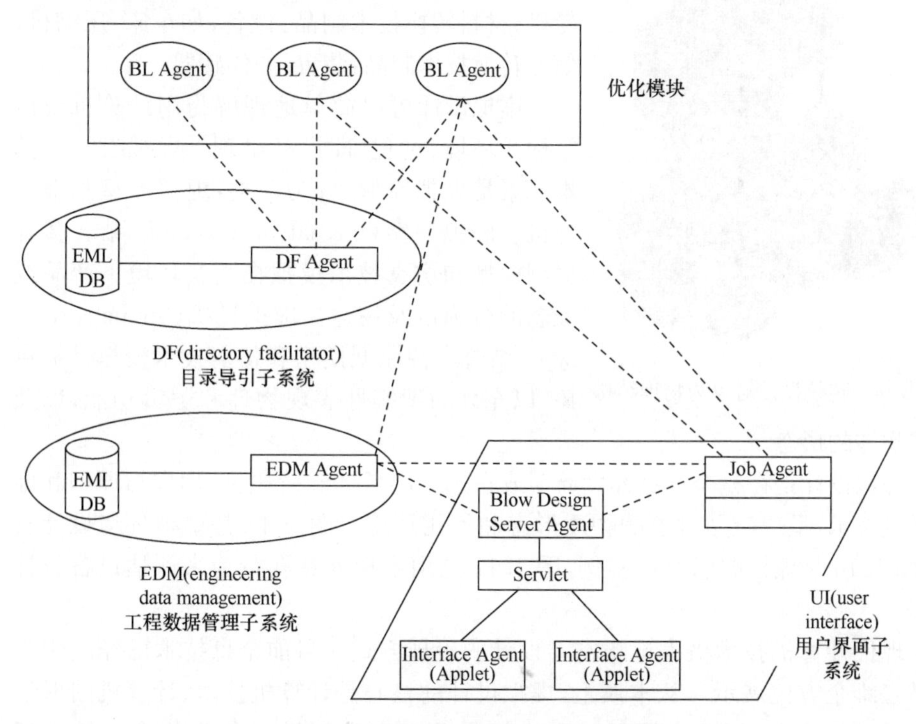

图1.13 吹塑设计多学科设计代理[211]

工程数据管理代理:前设的数据库代理。其他代理通过工程数据管理代理询问用户以及 XML 数据库信息,或储存信息到数据库。

目录协调代理:当吹塑代理激活时,注册吹塑代理。将所有激活的吹塑代理信息发送给工作代理,更新吹塑代理信息。

吹塑成型代理:是主要的问题求解代理。激活其他软件模块,执行仿真和优化。将优化结果送到工程数据管理代理。用 Fortran 和 C++开发。

数据库:有两个 XML 数据库,即目录主持数据库和工程数库。

服务入口:接受界面代理信息网关。

1.4 研究对象:物理结构→虚拟→智能

在过去的几十年里,设计对象也在变化,从物理结构到虚拟对象,再到智能系统。

传统设计用物理结构实现能量转换(energy-transforming)、材料转换(material-transforming)和信号转换(signal-transforming),见图 1.14。能量转换技术制品:机器,如内燃机、水轮机;材料转换技术制品:设备,如车床、压缩机;信号转换技术制品:装置,如传感器。

图 1.14　传统设计对象为物理结构

虚拟设计可以简单地理解为用计算机模拟结构或环境、过程,即设计呈现。虚拟设计的基本元素是虚拟原型,分为两类:虚拟原型和虚拟样机。虚拟原型(virtual prototyping)结合多种原型模型和仿真技术模拟在真实环境下产品或概念的行为以及用途。虚拟样机(virtual prototype)结合多种原型模型和仿真技术模拟目标对象,以充分的现实性表现物理和逻辑功能,以及真实物体的形态。

虚拟设计是在整个产品开发周期或在选定的任务和阶段,应用虚拟原型和虚拟样机技术,呈现产品对象的物质形态和使用环境。图 1.15 是虚拟环境设计实例,图 1.16 是虚拟舰船设计实例,图 1.17 是用虚拟人钻孔行为来评估设备设计方案。

现代计算机技术极大地丰富了设计的表现方式。目前全息技术已经应用于产品三维全方位展示。从本质上,虚拟设计的核心是计算机技术、计算机图形学和海量计算技术,因此主要贡献在于极大地丰富了设计对象及其行为的呈现方式。

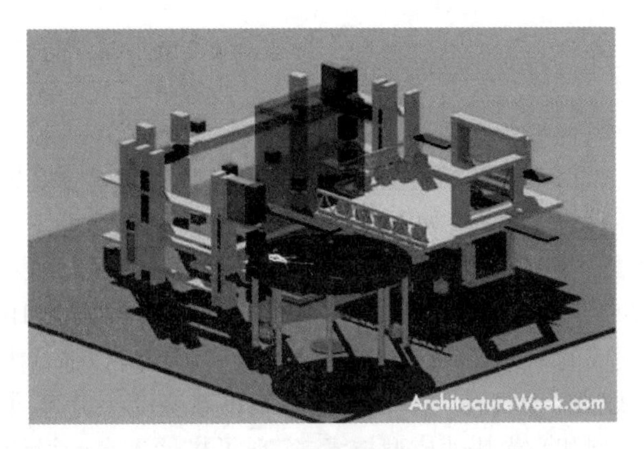

图 1.15　虚拟环境[212]

(a) 虚拟维修

(b) 虚拟飞机起飞着陆

图 1.16　虚拟舰船[213]

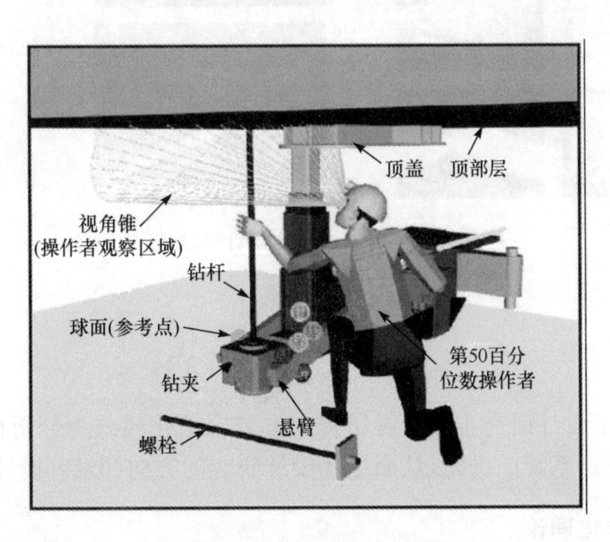

图 1.17　虚拟人钻孔行为[214]

1.5 技术工具

设计过程包含思考、计算和绘图。早期设计辅助工具主要是辅助绘图，各种分析、计算则采用各种商业软件，如 MATLAB、ANSYS、CFD 等。目前已经出现了设计思考辅助工具。随着计算机技术、虚拟现实技术、人工智能技术、传感器技术、摄影技术、激光快速成型技术等领域的发展，已经出现了物理和虚拟混合交互设计、软件和硬件集成的辅助工具。技术工具的发展历程可以概括为：辅助绘图→设计思考→物理＋虚拟。图 1.18 是一个集成 CAD 系统设计实例，集成了进化算法、神经网络、虚拟原型和激光快速成型技术，实现了机器人自治设计，从原始的一组杆件、神经元网络、致动器、仿生关节、直线电机自动生成具有一定行走功能的机器人，并直接三维打印出成品[161]。

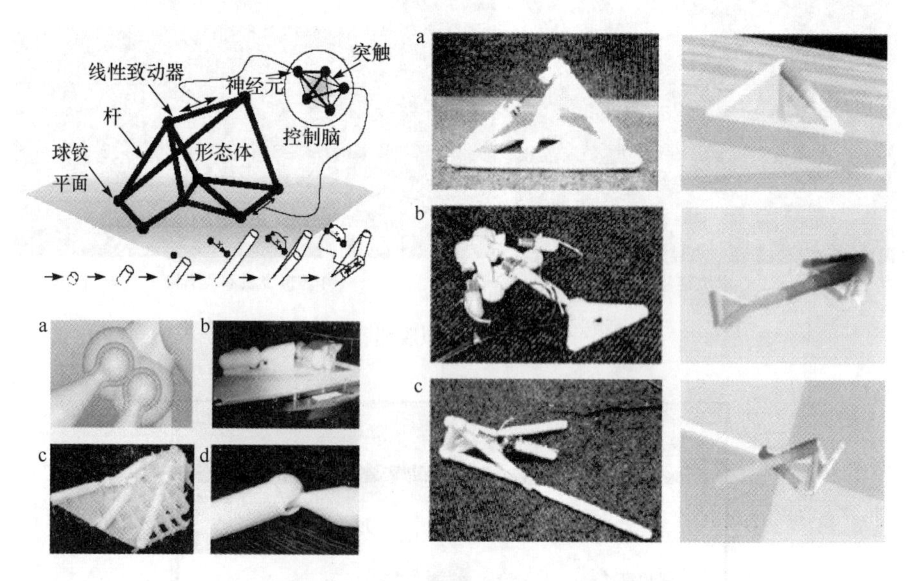

图 1.18　机器人自治设计和制造[161]

1.6 设计进化

前面回顾了设计研究主流发展历程。本节以进化模式为分析框架，分析设计需求的发展、设计系统的进化，从而论述设计研究的方向和发育设计的研究意义。

1.6.1 系统进化理论

近 50 年现代设计发展历程可以用技术系统的进化模式描述为进化曲线，由此可以寻找设计研究的突破点。

依据 TRIZ 理论，技术系统进化模式可以归纳为 8 类[215]：①阶段进化(evolution in stages)，分为孕育、出生、儿童、青年、成年和下降阶段；②理想度进化(evolution toward increased ideality)；③系统元件非均衡进化(non-uniform development of system elements)；④动态和控制进化(evolution toward increased dynamism and controllability)；⑤约简(increased complexity then simplification(reduction))；⑥非协调进化(evolution with matching and mismatching components)；⑦微观层次和多用性进化(evolution toward micro-level and increased use of fields)；⑧自治性进化(evolution toward decreases human involvement)。这 8 种进化模式的理解如下。

(1) 阶段进化，即基于 S 曲线的系统进化：①酝酿期，当奠基新系统的各种要素获得发展并趋于成熟时，系统尚未形成；②萌芽期，当出现新发明时催生新系统；③青春期，获得社会认同促成系统快速发展；④成熟期，由于资源耗尽系统保持稳定；⑤衰退期，由于替代品出现或新系统出现导致衰退，见图 1.19。

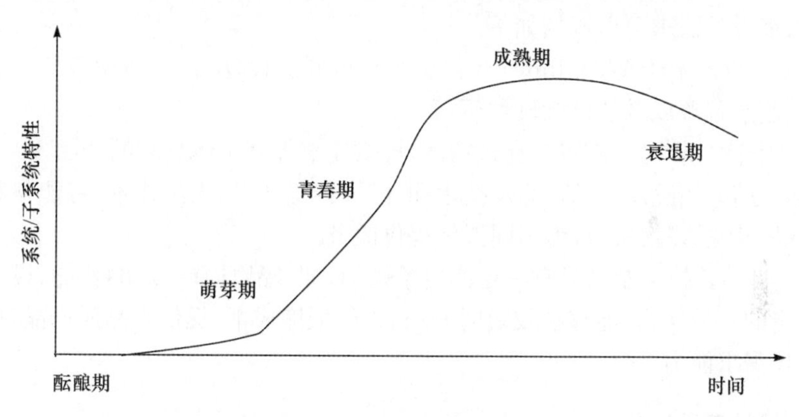

图 1.19　系统进化：S 曲线

(2) 理想度进化，即系统向更趋于完善的方向进化，如提高精度和效率。

(3) 系统元件非均衡进化，系统要素各自依据 S 曲线发展，首先达到发展极限的要素将制约整个系统的发展，成为系统发展瓶颈。

(4) 动态和控制进化，即系统动特性和可控性增加，可变要素或元件，如增加机构、零件、物理或化学相转换可变化性，可简单理解为鲁棒性。

(5) 约简，即先增加复杂性再简化：首先系统越变越复杂，然后简化为朝二元系统或多元系统方向发展。

(6) 非协调进化，通过配备或去除元件提高或改善系统性能。

(7) 微观层次和多用性进化，即从宏观转为微观层次并增加场的利用。使用不同能量场从宏观系统朝向微观系统发展。

(8) 自治性进化,即更少人工干预:系统服务于减少人工繁杂劳动。

下面以进化模式为分析框架,分析设计系统的进化以及设计理论和方法的进化。

1.6.2 未来的设计需求:开放+个性+通信+自治

如同 Gero 所言,改变我们社会的基础是设计,人类的设计能力使我们得以享受今天的各种舒适和便利,并使人类获得超越单纯生存的价值[216]。如同 Pink 在其《全脑新思维》一书[217]中所指出的,在技术发达和信息全球化的今天,人们将更加珍视个性,从而赋予个体生存意义。成批设计和制造的产品将不能满足社会的需求,对个性化产品的需求将不断增长。另一方面,微纳制造装备等涉及多尺度、多学科设计、分析和优化,在全球化竞争环境下,仅仅靠改进现有制造装备适应不断提升的需求、依靠廉价劳动力降低成本将难以生存,创造性产品将成为制造业的核心竞争力。因此新一代设计需要满足个性化和创造性需求,这就要求有更高的应变设计能力,凝聚最新技术成果的能力,并且时间更短、成本更低、性能更好。简言之,未来设计需求可以概括如下。

(1) 开放。基于 Web/Internet 网络平台的开放设计,充分调动和利用各种智力资源、制造资源以及软件和硬件资源。

(2) 个性。珍视个体需求及独特性,提供能够提高个体品质的产品。

(3) 通信。将移动通信、遍及技术和计算、传感技术、光学技术、智能材料等应用于产品,建立人-物通信,为不同群体提供服务。

(4) 自治。技术制品具有一定的自治能力,即产品具有一定的智能;设计工具具有一定的自治能力,能够在较短时间内、以较低廉成本、提供高品质产品,即快速响应市场需求能力。

1.6.3 设计系统进化

高端产品需要应用尖端新技术。各个学科的科学进展以及尖端的传感技术、通信技术、计算机技术、网络技术和制造技术等只有通过设计才能使其性能得以体现。

前面论述了近 50 年设计研究的发展轨迹,在研究方法、研究对象、技术工具各个方面的进化 S 曲线大致如图 1.20 所示。

如前所述,设计方法的研究以归纳工程设计活动为主线,20 世纪 60 年代兴起到 80 年代趋于稳定成熟期,发展轨迹为 Hubka 技术系统和域理论,Palh 和 Beizs 工程设计系统方法,TRIZ、FBS 模型和公理化设计,Infused 设计,集成工程模型 iPeM。其进化模式为先增加复杂性再简化,接着进一步增加复杂性。

技术系统和域理论的核心是功能载体。工程设计系统方法的核心是功能分

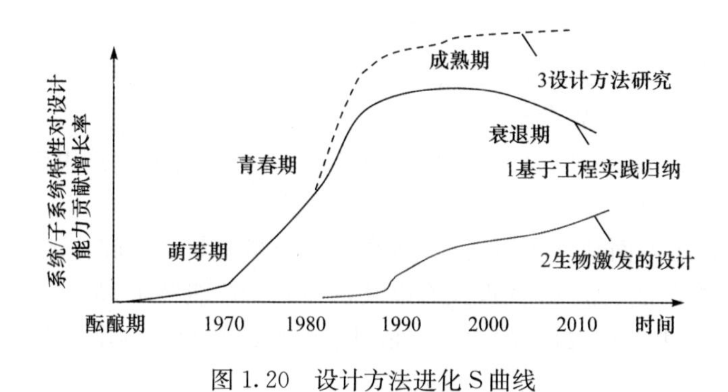

图 1.20　设计方法进化 S 曲线

解,通过采用物理效应(工作原理)将子功能与相应的功能载体(工作结构)匹配。公理化设计提供功能结构匹配评价方法。TRIZ 的核心是发明原理,可以理解为求解原理,利用矛盾矩阵寻找可用的工作原理或工作结构(功能载体)。FBS 模型将工程设计系统方法的概念设计和详细设计的具体步骤提炼为功能—行为—结构,将不同状态之间的设计活动概括为综合、分析和评价,使设计框架变得简洁。随后,Gero 提出基于情景的设计,将 FBS 的 9 个步骤扩展为 20 个步骤,使模型能够处理动态决策。Infused 设计则提供数学表达,使设计者共享不同学科的方法。iPeM 模型则细化了设计活动的内容,并将设计管理以及资源约束纳入模型,但是细节复杂导致难以在计算机上实现。上述方法本质上是将工程设计活动规则化和形式化。20 世纪 80 年代末、90 年代初达到高峰,其后基本趋于稳定,甚至呈现衰退趋势。衰退的原因是生物激发的设计逐渐兴起,涌现出越来越多的文献和成果。生物激发的设计早期研究集中在利用基因算法获得新结构,近几年开始集中在寻找功能原理(功能载体)的系统方法。依据系统进化模式,继续发展设计理论和方法的研究方向之一是采用新方法或新视角。依据第五种系统进化模式,先增加系统复杂性再简化,下一步进化方向将是进一步提炼、归纳。因此,需要一个系统发展视角。

在设计模式方面的研究进展,前面已经做了概括:分段→模块化→自动→协同代理→集成一通信→开放设计。其支撑是计算机技术、人工智能技术、计算机图形学技术、虚拟现实技术、传感器技术、光学技术、遍及技术和计算、网络技术等。由于计算机技术等发展迅速,目前在设计模式上的研究进展一直处于上升趋势。

在研究对象方面,发展轨迹为:物理结构→虚拟→智能。其支撑为各种计算机技术,此外,随着不断引入认知心理学、神经生物学、生物学研究成果,将持续保持上升趋势。

在计算机辅助设计工具研究方面,发展轨迹为:辅助绘图→设计思考→物理+虚拟混合建模。目前有各种计算仿真软件以及绘图软件,也发展了一些虚拟建模技术。虚拟技术、遍及技术和计算、全息技术等为物理+虚拟混合建模提供了技术支持,基本保持上升趋势。目前在实际应用层面,基本停留在辅助绘图阶段,主要原因是没有实用的设计思考辅助工具。

设计需要三项活动:思考、计算和绘图,缺一不可。目前设计思考辅助工具是薄弱环节。思考包括构思和决策,目前的研究成果集中在决策技术,包括优化设计方法,但是在构思方面缺乏实用工具,基本是在功能和结构之间搜索、匹配。目前采用 KBE、形状语法、Agent 代理技术以及各种人工智能技术,可以基本实现特定产品的详细结构半自动设计,因为基本是以零件和部件为单位建立产品模版,所以缺乏可变性。

从上述分析可以看出,各个设计研究方向的进化 S 曲线基本呈上升趋势,但是在设计理论和方法方面,需要新的方法促进研究进展。生物激发的设计目前集中在探索功能原理上,扩展了设计空间。进一步将借鉴生物功能原理延伸到模拟生物生长过程,即发育设计,将为设计理论和方法提供新的研究内容。此外,从系统发育角度描述设计过程,将设计过程视为一个生长系统,从发育的观点考察设计过程的普遍特性,可将繁杂的设计活动纳入更为简洁的框架。这符合第五种系统进化模式:先增加系统复杂性再简化。同时发育设计也符合第八种系统进化模式:提高自治性。因为生物发育具有自治特性,所以发育设计是认知上正确的研究方向。发育设计也符合第四种进化模式:提高系统可控性和可变化性。因为提高设计系统可控性和可变化性的关键是提高构思能力,提高构思能力的途径是寻找功能结构匹配的规律。发育设计用胚胎发育过程描述结构形成规律,有已有的发育生物学、神经生物学、分子生物学等丰富的研究成果可资利用。

综上所述,发育设计是发展现有的设计理论和方法、满足未来设计需求的一个可行的并且必要的研究方向。

1.7 总　　结

从上述综述分析可以看出,在设计理论和方法、优化设计、设计计算、控制等研究领域积累了丰富的理论和算法资源,即在设计过程的各个节点上已具备科学的解释。另一方面,虽然各个领域的目标不同,但是其基本研究方法和工具是相似的:还原论和日益复杂艰深的数学推导,以及界面日益友好、功能日益完善,因而也耗费巨大存储和机时的计算机程序。因而,在设计研究中,设计计算淹没了设计思考,由计算机取而代之。其结果是使设计成为越来越复杂的多学科交叉的系统工程。这样的工程个人难以胜任,需要多学科背景的团队。当多个学科协同设计时,设计信息的获取、表述、演变以及设计信息的输入-输出的时空顺序成为设计的核心问题。

数学可以提供各个学科设计信息的计算,计算机程序可以提供数据转换和接口。但是,设计信息依据何种规则演变?又依据何种机制开启和关闭?功能到结构演变依据何种支配变量?回答这些问题需要回到系统层次。在系统层次思考问题的方法之一是哲学分析。设计的哲学的研究是新的研究分支,其贡献在于将设计的语汇置入一个合乎科学规范的语境。系统思考的另一个方法是协同学,其核心思想之一是存在支配结构演变的序参量,另一个重要的观点是物理、生物系统的相似性。

本书从哲学、协同学、生物学的视角考察功能-结构的匹配演变过程,将设计过程本身作为一个生长系统,研究系统生长过程的关键要素、支配原理、演变规则,建立系统模型。模型可以解释现有的设计模型,并与设计过程中各个节点的理论资源建立有序、规范的接口。

这样的模型可以称为生长型设计模型(growth form design model,GFDM),属于发育设计。生长型设计模型指能够描述系统演变过程的模型,并具有一定程度的自治能力。

本书将研究对象限定为具有逻辑因果关系的人工制品(重点是机电产品)设计的早期阶段,在此阶段确定了具体子结构的特性,但是不涉及具体子结构的详细参数。

目标:发育设计系统理论和算法。

研究方法:理论研究、方法研究、应用实例验证。通过推理、类比、产生式规则、人工神经网络、矩阵分析、图论、博弈论、计算机程序建立生长型设计模型,并结合小卫星多学科设计实例阐述和验证模型。

第2章 生物激发的设计

生物发育特点是研究设计过程最具可比性的自然原理。本章阐述生物激发的设计的基本方法,发育设计的基本思想、研究对象、研究内容和研究方法,论述发育设计与进化设计和仿生设计的区别。

2.1 生物激发的设计

生物激发的设计意为由生物的特性激发的设计思想和方法。“自然之存在无一不是科学”(达·芬奇)。生物激发的设计第一个研究方向侧重模拟生物的功能原理。佐治亚理工大学生物激发的设计中心将生物激发的工程设计定义为:使用类比方法,借鉴生物系统发育规律,寻找工程问题的解答[218]。生物激发的设计第二个研究方向侧重计算,将生物激发的设计定义为采用自然激发的计算方法解决工程设计的三个问题:创新、优化以及鲁棒性[219]。生物激发的设计还可以侧重材料,侧重生命科学和材料科学的交叉,研究仿生物材料,例如,2008年美国生物激发的设计大会主题为功能、结构、系统层次仿生材料和器件[220]。生物激发的设计有别于生物激发的工程。依据哈佛大学生物激发工程研究中心Wyss[221]给出的定义:生物激发的工程运用生物原理研发新工程的方法应用于医学以及与医学原先没有交叉的非医学领域,探究生物系统的形成和功能,采用自装配纳米材料、复杂网络、非线性动态控制、自组织行为,将可能导向全新的工程原理,从而引发许多领域的革命性变革。

生物激发的设计可分为四类:第一类,以生物功能和功能机理启发为主要特征,也称为仿生设计,如各种仿生机器人(如斯坦福大学设计研究中心研究的机器人)、人工眼球[222]、仿蚂蚁窝建筑[223]以及海洋动物功能模拟(如佐治亚理工大学生物激发的设计研究中心的研究[224]);第二类,以形状启发为主要特征,如飞机、鸟巢;第三类,以发育机理启发为主要特征,称为发育设计;第四类是控制系统仿生,如神经网络。发育设计又可进一步分为种群进化和个体发育,进化设计即属于种群进化。目前发育设计研究主要集中在进化设计领域,依据生物进化原理,首先形成方案种群,通过优胜劣汰形成进化方案,借鉴相转换、分叉、基因突变、拟表型等生物学概念和原理拓展设计的多样性和探索创造性设计原理,已经形成独立的研究领域,称为进化设计。本书将发育设计定义为以个体发育规律为启发的设计理论和方法。本章重点阐述发育设计的基本思想以及与仿生设计、进化设计的本质区别。

2.2　生物激发设计的基本方法

目前在“生物激发的设计”领域，研究集中在由生物的结构和功能获得功能原理启发，即“功能载体”、“器官”(见第 1 章)。简言之就是提出新结构。下面以设计可携带家庭空气过滤器[225]为例，说明生物激发设计的设计思想。

设计目标：可携带家庭空气过滤器。

设计要求：低能源消耗、过滤功能不随时间退化、成本低廉、环境友好。

设计问题：自然界可以发现的清洁和过滤原理？

方案 1：生物过滤器：呼吸道以及肺的构造和功能，见图 2.1。

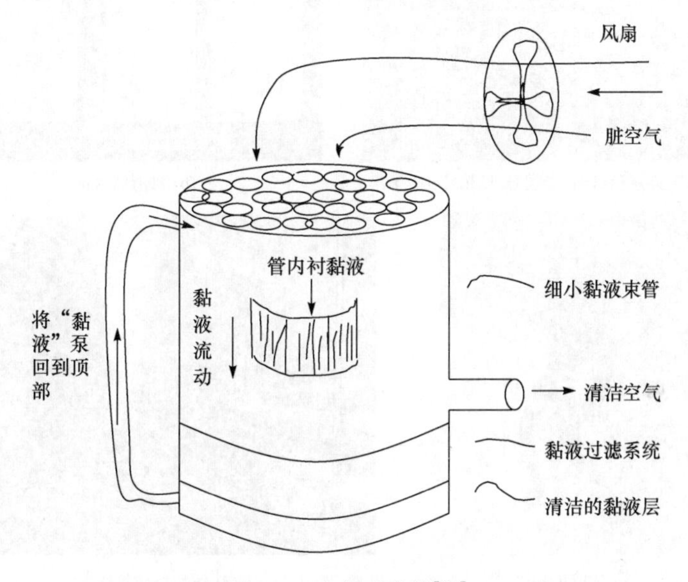

图 2.1　生物过滤器[225]

最终设计：人体呼吸道结构过于复杂，难以实现。

方案 2：模仿呼吸道黏液和纤毛的过滤原理，采用多层过滤。第一层采用类似蜘蛛丝的结构，利用蜘蛛丝的黏着特性移除大、中、小颗粒。第二层和第三层分别采用带 0.2μm 和 0.02μm 孔的硅藻细胞膜，硅藻结构规模可控制、易于复制、低成本、环境友好。

生物激发设计的设计步骤可以归纳为[225]：①确定生物解决方案(biological solution identification)；②定义生物方案(define the biological solution)；③原理提炼(principle extraction)；④重新组织解决方案(reframe the solution)；⑤问题搜索(problem search)。

生物激发设计的实例有交通规划借鉴蚂蚁路线；盔甲借鉴鲍鱼、虚拟演示借鉴大闪蝶、隐形车借鉴桡足动物（任一种桡足亚纲的大量海洋或淡水甲壳纲小动物，身体细长，尾部分叉）、手机壳借鉴鲍鱼、冲浪板伪装借鉴滑口鱼。结构模拟的实例有模拟莲花的自清洁材料表面结构（stay clean like a lotus plant，University of Bonn）、模拟壁虎爪的机器人手掌（stick like a gecko，University of Manchester Microfabricated adhesive mimicking gecko foot-hair）、模拟蝴蝶和孔雀羽毛的结构无需染色剂的彩色材料（make color like a butterfly and a peacock，Teijin Limited of Japan）、模拟蚁冢的建筑（keep cool like a termite，architecture firm Arup）[223]，见图 2.2。

(a) 无染彩色纤维(专利号: US6326094)

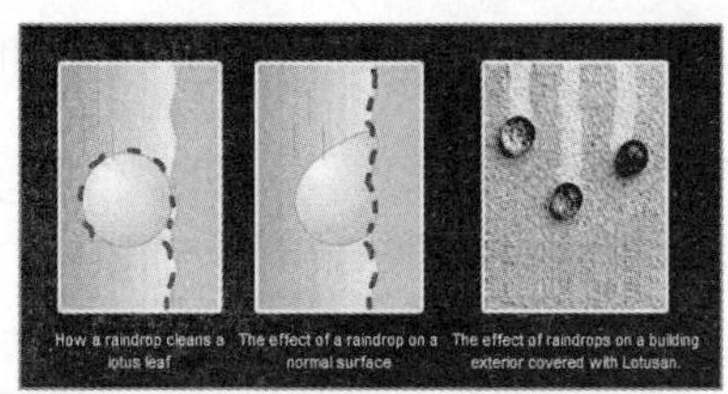

(b) 自清洁表面

(c) 仿壁虎墙贴[226]

(d) 仿蚁群建筑[227]

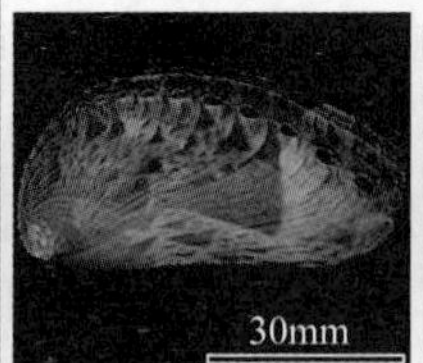

(e)

图 2.2　生物启发的结构[223]

由上述实例可以看出，生物激发的设计致力于模拟生物功能原理的新结构，即结构功能原理。

2.3 发育设计

发育设计的基本思想是依据生物胚胎个体发育规律研究形成结构的规律，即结构如何形成。

在设计科学语境下，设计研究的核心是探索结构形成的内在规律，因此设计模型应该不仅能够表达设计过程，还应该揭示驱动设计过程发展的机理。发育设计在各种设计方法的框架下，进一步探索设计机理，是对现有设计理论的补充。目前，生物激发的设计集中在功能原理启发，而发育设计则以生物胚胎发育特点为启发，研究焦点是结构或人工制品的形成原理。

2.3.1 发育设计起源和基本思想

目前，生物激发的设计集中在功能原理启发，但是并不提供如何实现为具体结构的方法。发育设计以生物发育机理启发为主要特征，研究设计过程的渐进演化过程。这是一个全新的研究领域。这个领域的前驱可以追溯到 1940 年冯·诺依曼的细胞自动机[228]，同时，Stanisław Ulam、Norbert Wiener 和 Arturo Rosenblueth 也在研究，后来称之为细胞自动机的模型。细胞自动机由细胞组成规则网格，网格可以是有限任意规模。每个网格存在“开”和“关”，或“生”和“死”两个状态。每一个细胞的状态取决于上一个时刻其邻居细胞的状态。因此，给定一个确定的初始状态，新的状态依据规则(如数学函数)自动生成。细胞自动机的概念起源于自我复制机器人设计。将细胞自动机的思想用于设计过程的自治演变始于乔治梅森大学 Rafal Kicinger 和 Tomasz Arciszewski 的高楼结构设计，其核心思想是采用细胞自动机的思想和遗传算法生成高楼结构[229]。第一次提出“发育设计”概念的是乔治梅森大学教授 Tomasz Arciszewski 博士。2008 年 10 月本书作者邀请 Tomasz Arciszewski 博士到清华大学讲学，题目是“生物激发的设计”。在演讲中，Tomasz Arciszewski 将上述方法称为发育设计。发育过程是由规则确定的，如同胚胎发育由 DNA 所规定，在概念上高度符合发育的概念。然而，在 Rafal Kicinger 和 Tomasz Arciszewski 的高楼结构设计项目中，初始设计是已知的，高楼局部结构是重复的，设计规则为判断是否需要交叉支架。对复杂系统设计，特别是复杂机电系统设计，难以确定这样简单的规则，也没有初始解。因此，利用细胞自动机生成高楼结构的方法在概念上正确，但是在实际设计中难以实现。上述方法的实质是模拟细胞的生长过程。对复杂产品的设计，我们需要具有描述更为复杂过程的能力。形象地说，我们需要描述胚胎的形成而不仅仅是细胞的发育过程。细胞自动机已经不能满足这样的需求，因此，我们需要探索胚胎发育的机理。

2.3.2 基于细胞自动机的发育设计

细胞自动机可以作为一种结构形成机制。细胞自动机原理可以简述为：对一组简单要素反复应用同一组简单规则,则简单要素可以演变成更为复杂的结构。基于一组单元组件,通过采用细胞自动机和遗传算法,自动生成高楼构型是发育设计的一个实例,构型和设计规则用数字表示为基因组,见图 2.3。

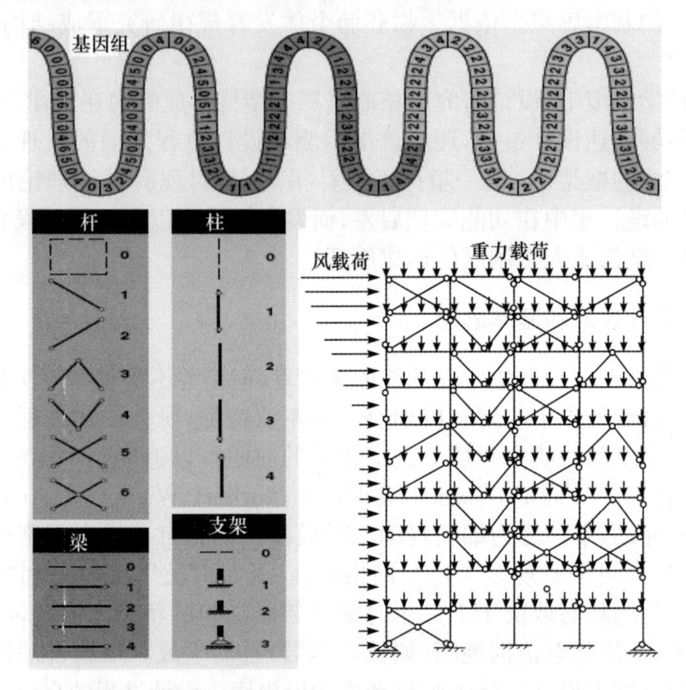

图 2.3 用细胞自动机和遗传算法自动生成高楼构型[230]

实现方法:①结构元素用基因表示,如梁、柱、支架等表示为字符串,如图 2.3 所示;②基因随机组合形成种群;③评价种群的适应度,适应度函数为结构重量;④依据适应度选择父母,复制基因,交换随机选择的点,生成两个子代;⑤随机改变子代的几个基因值,即产生"突变";⑥重复上述过程产生更多的后代,直至找到比初始方案更好的设计方案。基因和结构元素之间没有直接匹配联系,而是通过设计"胚胎"和设计"规则"实现。"胚胎"描述第一层大楼的结构元素;"规则"确定下一层的结构元素。"胚胎"相当于有机体未分化的初生细胞;"规则"模拟这些细胞 DNA 决定的发育过程。规则类似"细胞自动机"。显然,胚胎和规则不同则结构不同。这种设计方法被作者称为"发明家"(inventor)、"涌现的设计者"(emergent designer)、"培育(breeding)高楼",在上述研究发表时,并未使用发育设计的概念。发育设计的概念是后来提出的。

2.3.3 发育设计研究内容和研究方法

Stephen Wolframm 曾经就细胞自动机原理断言:任何复杂系统都可以基于有

限的离散规则构造，或者说，任何复杂系统仅仅是有限规则反复作用的结果[231]。将这个观点推而广之，机械系统结构可以通过对有限的基本要素反复实施有限的规则而生成。这个观点是本书的理论前提，即结构生成具有规律性，这些规律反复作用于属性要素而生成结构。本书用生物胚胎发育规律来描述这种规律。

自然科学研究自然现象发生的内在规律，是客观知识，用数学公式或化学方程加以描述，用实验加以验证；设计科学研究人工制品形成的内在规律，既包含客观知识也包含主观决策，难以完全用数学方法描述，因此也难以用实验精确验证，需要通过思辨对其本源进行分析，即需要哲学思考。第3章从哲学角度分析和论证设计的科学属性。

设计过程是一个从少到多、从模糊到精细的发展过程。因此，设计过程类似于生物胚胎的发育过程，从直觉认识角度，发育设计思想符合设计的本质。**发育设计借用生物学概念描述设计规律，通过考察、归纳生物胚胎发育规律来研究设计规律**。因此，生物学，特别是胚胎发育学的理论和概念是发育设计的理论基础。第4章将论述发育设计理论基础。

人工制品并非自然现象，也非自然生物，因此数学方程、物理方程、化学方程可以部分地描述已有的功能结构的匹配依据，但是不足以解释结构形成的内在机理。生物学概念如原肠胚、基因转录、诱导和细胞分化等可以描述功能结构的转化过程，但是不足以提供具体实施的算法，因为生物的发育伴随着物理和化学过程，是自治过程；而设计过程只是信息转化过程，难以完全自治，二者的生长机理不同。因此，需要多种视角对设计规律加以描述，这种描述方法可计算并可在计算机上实现，从而得以验证。第5～7章将论述设计方法和算法，包括设计过程和设计机理描述、矩阵、图论、博弈论、神经网络等数学方法以及基于规则的推理等人工智能方法。理论、方法和算法通过设计实例验证。第8章将论述小卫星结构发育设计实例。任何研究都是从一般到个别再上升到普遍的过程，上述理论、方法、算法和实例进一步提炼为系统框架，用发育设计框架概括现有的设计方法，进一步验证发育设计的理论和方法。

2.4　总　　结

生物激发的设计致力于模拟生物功能原理的新结构，即结构为何；而发育设计依据生物胚胎个体发育规律研究形成结构的规律，即结构如何形成。结构形成是设计本源问题，因此需要通过哲学思辨探讨其本质。发育设计借用生物学概念描述设计规律，通过考察、归纳生物胚胎发育规律来研究设计规律。然而，设计过程并非生物发育的物理化学过程，而是信息转化过程，不能自治。因此，不仅需要对设计规律加以描述，还需要用具体算法实现信息转化，并在计算机上加以实现。

第3章　宏设计框架

什么是设计的核心问题？设计学科与其他学科本质的区别是什么？精确地对此问题给予陈述的一种途径是寻求哲学的帮助。这类研究可以归类为设计的哲学。依据Per Galle设计的哲学的特征是思辨设计的内在特性[232]。Love进一步将设计的哲学和设计哲学加以区分，后者是对设计方法进行哲学研究，前者则关注设计的普遍性质[233]。

哲学主要关注概念和语言，借此表达对世界的理解。对"设计"进行哲学分析的目的在于界定"设计"的概念，从而清晰表述"设计"的内涵，对"设计"的研究范畴进行哲学定位，从而凸现"设计"最本质的特质。

本章从哲学角度讨论设计的性质。首先澄清设计的定义，回顾Simon关于人工科学的几个重要观点：系统可分离性和决策属性。然后根据亚里士多德科学分类将设计定位为创制科学。在创制科学语境下，分析人工制品的特点，比较自然科学研究和设计研究的异同，分析设计的核心。最后分析一般设计方法的不足，提出一种新的创制科学意义下的宏设计框架。

3.1　设计定义

首先澄清"功能"和"结构"的概念。行为描述事物对其所处的环境的反应，功能是行为的结果，其目的是依据人的价值和效用考虑人工制品的功能；结构是构成一物体的组织安排。因此，结构是人工制品在给定物理环境下的状态，在此环境下结构展现特定行为，这些行为产生各种各样的功能，功能依照特定社会-文化环境的价值被诠释为实现特定目的[234]。

其次考察设计的定义。设计通常被定义为将功能转化为形式，但是这个概念过于模糊。一些文献从不同视角给出不同定义，具有代表性的有设计和做设计。

(1) 设计(design)。

① 意指制作一个特定的人工制品或理解一个特定的活动的计划或安排[235]。

② 是用知识连接功能和结构[233]。

③ 是一种社会性的调解活动[236]。

④ 转换需求为设计描述，需求一般称为功能，此功能具体表达所设计的人工制品的目的[237]。

⑤ 是一种有目的的人类活动，使用认知过程将人类需求和意图转换为物化的

实体[234]。

⑥ 将想法转化为现实。对一个特定的项目寻找最好的可能解，以最好的可能方式满足特定需要的智力尝试[238]。

⑦ 复杂的问题求解活动[238]。

⑧ 是通过理解和应用自然定律，缓解人类条件的匮乏的创造和实现活动[238]。

⑨ 是一种由设计代理（设计者）为获得在设计状态下以及其相关设计过程的知识变化而进行的活动或认知过程，以达到某个设计目标。设计代理关注的主体是目标、行动和知识[238]。

⑩ 是推理性认知活动，被分解为更小的步骤、过程和/或阶段[239]。

(2) 做设计（designing）。

① 是一种导向产生一种设计的非常规人类活动[237]。

② 与思考和感知等同的原始人类功能[240]。

③ 是一种特殊的活动，依次以计划、目的和实际的推理描述[235]。

④ 是大的计划设计过程，目的在于使所设计的人工制品具有预定的用途[232]。

⑤ 贯穿不确定性和模糊性的社会活动[241]。

⑥ 面向目标的、由决策约束的探索和学习活动，活动背景取决于设计者对情景的感知，活动的产出是对未来工程系统的描述[240]。

总之，设计是思考如何连接功能和实体；而设计过程是实现思考的行动，包括绘图、计算等。换句话说，“设计”指概念设计，“做设计”侧重详细设计。详细设计是概念设计的物化过程，是设计思想的量化描述。

进一步考察设计，设计可以分为不同的类别，Gero 称为常规和非常规设计[242]。常规设计指对现有设计做少量改动，非常规设计指与现有设计有显著差别。非常规设计可以进一步分为创新设计和创造性设计。前者定义为由变量取值范围的约束环境改变导致产生原先无法实现的新结果；后者定义为在设计中引入新变量。Love 将设计过程限定为非常规过程[235]，即设计仅指具有创造性的设计，并且为首次设计。

因而，设计又概括为三种：模仿、创新和创造。当发现或创造了新的功能和结构的映射关系时（引入新变量）可称为创造性设计；当对此做微小改动加以应用时可称为模仿；当应用同样的原理实现不同的功能时则称为创新。在设计科学的语境下，研究对象主要为产生创造设计的设计思考。

设计又可依据抽象程度分为不同层次。Love 将设计理论分为 10 个层次：对本体的直接理解；描述对象；要素的行为；选择机构；设计方法；设计过程结构；设计者和合作的内在过程的理论；一般设计理论；设计理论的认知和设计对象的理论；设计存在论[235]。更宏观地，Eekels 和 Roozenburg 将设计分为 5 个层次：科学哲学；工程设计哲学（包括设计认知论和存在论）；工程设计科学（包括设计现象学和方法学);工程设计方法论(engineering design methodic);工程设计实践[243]。

3.2 设计的科学属性

3.2.1 设计是人工科学

Simon 将设计定义为人工科学[1],他提出了几个重要论点。

(1) 设计问题的特征是内部系统组成部分的基本行为规律是已知的,难点在于这些组成部分的总体将如何表现。

(2) 系统可分离性。所有复杂系统都具有程度不等的可分离性。依照某种层次联系法则逐级构成上一层的组织,每一层次上,系统行为只依赖于对下面一个层次上的系统进行得非常粗略简化和抽象的特征概括。一个特定系统能否实现特定的目标或能否适应环境,只取决于外部环境的少许几个特征,而与外部环境的细节根本无关。

(3) 理解现象的第一步是理解这些现象包含哪些事物。

(4) 设计的两个核心问题:在众多方案中合理选择的效用理论和决策理论;评价现有方案的优化方法学。

3.2.2 设计作为创制科学

Simon 将设计的核心问题定位为决策。事实上,关于人工制品的科学在哲学中有自己的独立位置。

科学起源于哲学,哲学起源于古希腊。按照亚里士多德(Aristotle)的观点,既然存在自然的科学,显然另外还要有实践的科学和创制的科学,即科学分为三类:自然科学(natural science(phusikos episteemee))、创制科学(productive science(poieetikee episteemee))和实践科学(practical science(praktikos episteemee))[244~246]。自然科学依靠人类的思辨探索支配自然的定律,自然本身是研究对象。自然科学研究那些在自身之内具有本原的,属于思辨的,原理和思想就是研究对象。研究方法是综合和分析、观察、发现、归纳,再回到个体演绎、证实。“在创制科学中,如若撇开质料,就以实体及是其所是为对象”[245]。“在创制科学那里,运动的本原在创制者中,而不在被创制者中”。这种本原或者是某种技术,或者是其他的潜能。潜能的意思是运动和变化的本原存在于他物之中或在自身中作为他物。实践科学也是这样,在这里运动不在实践事物中,而更多地在实践者中[246]。

希腊词“poieetikee”,与生成(generating(genesis))和思想(thought(noesis))对应,poieetikee 指制作(making),所有的制作或者出于思想或者出于技术潜

能[191,192]。poieetikee 在英语中被译为 productive。《韦氏大学词典》(*Merriam-Webster's Collegiate Dictionary*)给出 productive 的下列定义[247]。

① having the quality or power of producing especially in abundance。

② effective in bringing about。

③ ⓐyielding results, benefits, or profits; ⓑyielding or devoted to the satisfaction of wants or the creation of utilities;...。

《美国传统英语词典》(*The American Heritage Dictionary of the English Language*)给出 productive 的下列解释[248]。

From Greek poiētikos, creative, from poiētēs, maker, from poiein, to make.

在中文中,poieetikee 被译为创制[241]。

总之,创制意为创造和制作。

如第一部分所述,设计是思考如何创造物品实现特定功能。如果所有的思考或是实践的或是创制的或是思辨的,那么如同物理学必然是思辨的,设计必定为创制科学。

本章将讨论范围限定在设计作为创制科学的语境下,见图 3.1。

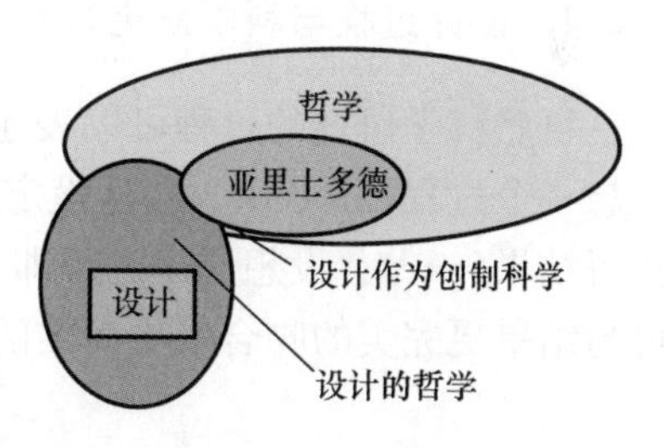

图 3.1　研究范围

亚里士多德认为,每种科学或多或少或是推理的或是原本就是寻求其目标的特定原理和原因的推理[241]。科学是探索支配自然的法则,即对自然现象寻找解释。与科学的角色类比,**探索连接功能和实体的法则应为设计的本质**。简言之,**设计作为创制科学应探索连接功能和结构的尽可能精确的解释**。如此,仅创造性设计有可能属于创制科学,因为它提供了新的解释。然而,如果这种解释缺乏必要的精确和概括,仍然不能作为创制科学。在此,将设计中的创造性和创制科学区分开来。

3.2.3　设计方法学与科学研究方法

科学研究方法有两个主要模型[6]:分析/综合、猜想/综合。前者是自然科学研究的一般方法,后者根源于 Popper 的科学方法观。

Wolfe 的分析/综合研究模型:观察记录所有事实,不加选择,没有偏好;对事实进行分析、比较、分类,不加假设;通过分析,归纳概括;回到事实,根据前述归纳推导演绎,给出预测,对现象进行解释。

Popper 的猜想/综合模型:猜想和反驳;大胆提出理论;尽最大努力证明这些理论的谬误;无法证明则假设其为正确。

决定论的科学研究方法是过程导向的,关注特定的过程、合理的科学重构,对一个设想的程序进行描述,程序由合理的确定步骤组成,这些步骤必然产生一种确定的结果,其与实际过程产生的结果相同。设计方法学是面向过程的,研究方法是描述性的、产品导向的。设计方法学主要集中在描述真实而非想象的过程,这些过程由真实的步骤组成,最后能产生出更好的结果。不同之处在于:设计方法学致力于改进设计实践[249],而科学是对支配自然的规律的研究[250]。

因此,设计方法学与科学研究方法具有过程相似性,但是本质不同。前者是描述性的,后者是思辨性的。

设计作为创制科学不同于设计方法学,应比后者具备更高的抽象性和概括性。设计作为创制科学应具备科学研究方法的特质:是思辨性的,是对设计过程的解释,是合理的科学重构。

3.2.4 设计过程与科学研究过程

自然科学研究的过程可以表述为:观察、归纳、演绎、验证。科学的发现是通过设想一个过程(procedure),从设定的起点(start)出发,经过过程(procedure),必然获得结果(end)。设想这个过程即为发现一个新的理论,与已有理论相比,能够获得与结果更完美的吻合或更简洁的表达,见图 3.2。

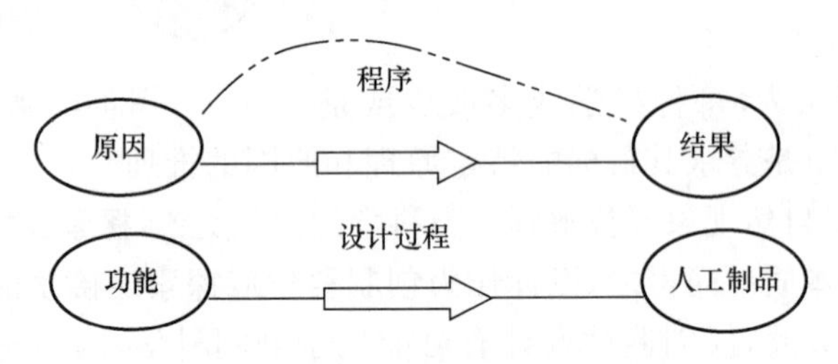

图 3.2 设计过程与科学研究过程

设计过程可以概括为:基于自然科学的研究,遵循自然科学的法则,设想一个程序,程序由几个步骤组成,在这样一个程序下确保达到预定的功能。这样一个程序由具体的实体体现,如机械系统,具体过程包括材料选择、机构选择、控制机制、驱动方式、零件设计等。如此设计过程与自然科学的研究过程表述一致。

在自然科学那里,程序表现为新的理论,暂时不能证伪,能够解释某一类现象的一般性理论,如进化论、相对论。在设计作为创制科学的语境下,设计应表述为:程序由实体体现,构建实体基于自然科学的研究成果,如物理学、化学、力学等,实体“必须为新”,构建方法应具备一般性。

总之,**设计过程与科学研究过程具有反向相似性**,但是程序为“新”是必要前提。

3.3　设计的三重性

考察设计的本质需要首先考察人工制品的特性。

3.3.1　人工制品二重性

亚里士多德对人工制品是这样定义的:“在生成的东西当中,有些因自然生成,有些因人工生成,有些因自发生成。所有生成的东西,或者被某物所生,或者出于某物,又成为某物。因人工生成的称为人工制品,或技术品。”[246]。

人工制品具有双重性:一方面是物理对象;另一方面是意图对象。以往的研究关注设计过程,而对技术品本身性质的研究不多[249]。

第一,人工制品的突出特点是它们可以用功能和目的表征,因此功能成为意图和物理对象的连接桥梁。第二,作为物理对象,人工制品具有一定程度的不确定性。按照普朗克的原子理论,不存在从此岸到彼岸的必然性。因为在目前的知识基础上,个别原子事件不适合用因果解释,而只受概率规律控制,海森堡著名的测不准原理中表述了此论点[251]。

因而,对于人工制品,当建构了某个实体或组合去实现某种预定功能时,实际上更严格的表述是在某种概率下或者在理想状态下实现某种预定功能。而设计的目标是提高实现的概率,或使实体更好地接近理想状态。

3.3.2　设计的三重性

设计的结果为由实体体现的人工制品,人工制品具有双重性,一方面是物理对象,一方面是意图对象。作为物理对象,与其他自然物一样,服从自然定律,其性能、性质有未知之处,对其研究属于自然科学研究的范畴。作为意图对象,其标识性能是通过人为设计必须达到的,即通过构建实体实现预定功能,这个过程的描述属于设计理论和方法,对设计理论和方法的研究属于创制科学。在这里,将这种意义上的构建称为设计。另一方面,设计是将自然科学的原理具体通过实体复现,如风车、摆钟是力学原理的复现,在这层意义上,设计属于实践科学。因此设计具有三重属性:自然科学、创制科学、实践科学。

设计的三重性决定了设计具有不同的层次:第一层,属于自然科学研究的层次,将人工制品视为研究对象,研究某个特性,如摩擦、热力学特性、接触特性、微结构特性等;第二层,创造新的方式实现某种特定功能,属于创制科学;第三层,研究更好的方式(包括管理)实现预定功能,属于实践科学。设计的三重性使设计活动跨越三类科学,见图3.3。

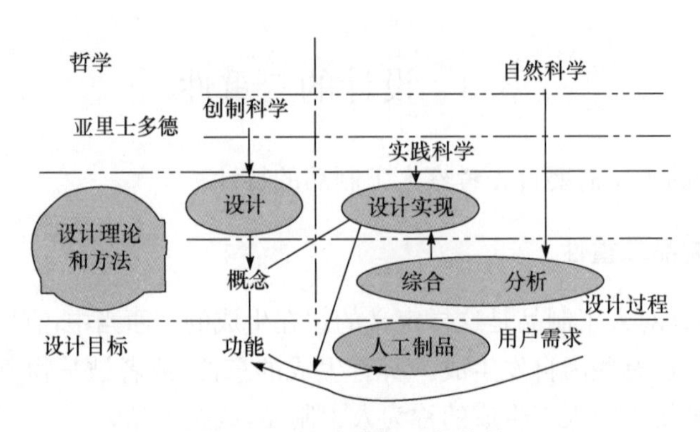

图 3.3　设计跨越三类科学

3.4　设计作为创制科学的内涵

将设计定位为创制科学的意义何在？其意义在于将设计纳入科学的语境下研究设计的本质问题。

第一,设计核心问题是功能-结构匹配原理和规则。如亚里士多德所说,感性经验告诉我们事物存在的形态如何,而科学致力于探究和揭示事物何以是这样。

第二,设计研究具备科学属性,即设计程序具备可解释性、概括性和抽象性。知识的本质是概括,进一步说,概括也就是解释的本质[251]。设计作为创制科学比一般设计方法学具备更高层次的抽象和概括性,并提供更加精确的解释。即提供规范的、可形式化、可分析、可传递、可传授、可重复的科学程序。

第三,设计研究具备科学研究方法。亚里士多德认为,解释是通过对事物的本原或本质的理智了悟和理性思辨解决的,每种科学或多或少或是推理的或是原本就是寻求其目标的特定原理和原因的推理[245]。因此思辨和推理是设计研究的一种途径。另一方面,康德认为,纯粹理性无法把握自然的本质[250],对设计尤其如此。因此,猜想和分析成为从功能到实体的另一个可能桥梁。Popper 的 C/A[6,7]模型是所有设计活动的概括。首先设想某种结构,然后分析是否能够产生需要的结果。然而,当用结构替代了理论时,科学方法退化为设计方法,因为这种方法缺乏功能和结构映射的精确性。其缺陷是先天的:反复迭代修改和大量计算成本。设计作为创制科学与一般设计方法的区别在于通过理性思辨和推理将猜想和分析抽象和概括,从而形成合理的科学重构。

第四,设计程序与科学研究具有过程反向相似性,即从结果到原因。因此设计研究应是始于功能终止于结构的规范程序。

第五,抽象层次转换。由于人工制品的双重性,存在主观功能到客观特性的转换以及客观特性到具体结构的转换,即主观到客观、抽象到具体两个转折。

第六,设计程序的阶段性。由于设计的三重性,设计过程具备明确阶段性,其中至少存在一个阶段能够容纳创造性思考和提供解释精确性。同时,将抽象特性物化为实体必然有多种选择(否则,意味着仅存在唯一的实体实现某种特性),因此存在决策和优化阶段。

第七,设计程序层次性。设计作为一个系统可分离为阶层不等的层次,每一层次的特性只取决于上一层次的简单的抽象特征。

因此,作为创制科学,设计的核心是尽可能精确地匹配功能和结构,特别是探索描述这种映射的规则。这种思想导向一种功能驱动方法学,即基于诱导规则和自然原理,逐步从功能导出结构。简言之,结构是渐进内生的,结构、材料、控制和驱动等应该同步渐进生成。

那么,一个问题自然生起,功能与结构之间存在联系吗?Gero 认为在功能与结构之间不存在联系,但是,在结构和行为之间存在联系[242]。

至于结构与行为的关系,进化论被大多数科学家接受。进化论告诉我们,适者生存,交叉和变异是进化的前提,即自然界的生物之所以是现在的样子,是因为漫长的环境作用使然,生物和环境漫长的交互作用是使其所是的原因。有多漫长?至少 5000 年前,各种现存的动物就是它们现在的样子。进化计算利用计算机加快了进化进程,将进化时间缩短在几个小时或几十个小时内。通过在方案阶段引入调整基因(一般遗传算法则无此项),进化设计能够生成有限的不同形式的产品家族[237,242,252,253];或者利用连杆分类学技术,随机匹配求优可以生成不同的机构方案[254]。但是初始形态与优化形态本质上通常不会产生出乎意料的差异,实际是在已知的形态集合中自动或人工搜索最满意的形态。由此似乎可以认为,计算机能够处理的(同时人可以忍受的)时间长度不足以产生类似使人从类人猿到现代人的进化,更不用说从混沌开初到现代生物的进化。

另一方面,人工制品的寿命通常为几年至多几百年(建筑物可能达几百年,机械、电子产品一般 5～10 年),其历经基本不变的可以预测的环境作用。因此,应该有比进化论更有效的途径研究人工制品设计。

由于有机体的特性是期望人工制品所具有的,有机体的发育是渐进内生的,所以借鉴生物胚胎发育探索功能和结构匹配的规则是一条可能的途径。依照佩利的观点,有机体的每一部分都是按照功能设计的[250,255]。康德认为,有机体的各个部分并不是由一种外在于它们的计划而联系起来的,其形成力量在于有机体本身的内部[255]。近 200 多年后的哲学家道金也如是说:生物学是至少从表面上看为特定目的而设计的复杂事物的研究[255]。

因此,一个可能的途径是,**通过胚胎发育学和神经发育学类比,探求生成结构的规则以描述功能到结构的映射**。

另一个问题接着产生。是否存在可资利用的技术资源实现从功能到结构的映射关系？结构、材料、控制、驱动等渐进内生的设计模式是否具有技术实施可能性？

激光辅助制造技术、设计的材料、机敏材料、MEM、多功能结构、构型优化、计算机技术、微电子技术等现代技术提供了传统材料和制造技术无法达到的更为宽广的设计空间。因此更为精确地匹配功能和结构在材料和制造以及算法上成为可能。

3.5　一般设计过程分析

在设计作为创制科学的语境下考察传统的设计过程。

以机械产品为例，传统的设计过程为：首先，选择质料和形式，质料为市场可供材料，形式为结构、连接、驱动、控制等；然后分析在给定质料和形式下的组合是否满足预定性能指标，若不满足，则通过优化策略重新选择，如此循环直至达到预定指标。见图 3.4。

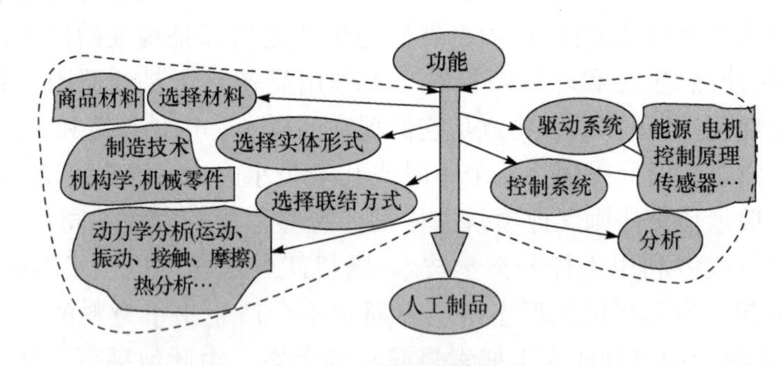

图 3.4　传统设计程序

这样的设计过程本质上是试错法，是科学研究方法的一种。但是因为在设计过程中应用的解释（材料、机构、控制等）通常是可替代的，并不具备必然性。从本质上，这种框架下的设计不属于创制科学。

首先，初步选择材料和实体以及连接形式即属于感性经验层次，而为什么会是这样，科学研究已经提供了部分解释，并有待进一步研究。

其次，知识的本质是概括，把有关系的因素从无关系的因素中分离出来，即是知识的开始[251]。设计是实现预定功能的某种新的解释，这种解释不只适用于个案，而是能够用科学语言概括某一类现象。初步选择材料、实体、连接、驱动、控制等属于经验层次，不具备解释的一般性。

在此，解释的含义如自然科学解释的含义，不同之处在于设计的解释最终必须物化为实体。

3.6　作为创制科学的宏设计框架

实际上,现代设计早已超越了上述框架。如引入构型优化技术可使材料和构型同时确定,通过反复迭代寻优;引入进化计算可通过交叉、变异、相转换等概念扩大设计空间;引入设计的材料的概念可根据特性设计材料的微结构;引入优化技术可建立特性目标搜寻最优结构参数和材料等;引入基于激光的层加工技术可以完成材料和实体的同步加工等。即在低层设计、局部设计方面已经具备了一个更为科学的程序(即解释)。更进一步的工作是建立一个从功能到结构整个设计过程的更为科学的程序。

如前所述,设计科学是提供从功能到结构的规范程序,应具备解释精确性。基于这种指导思想,本章提出一种功能驱动的生长型宏设计框架(growth form macro design framework,GFMDF),见图 3.5。

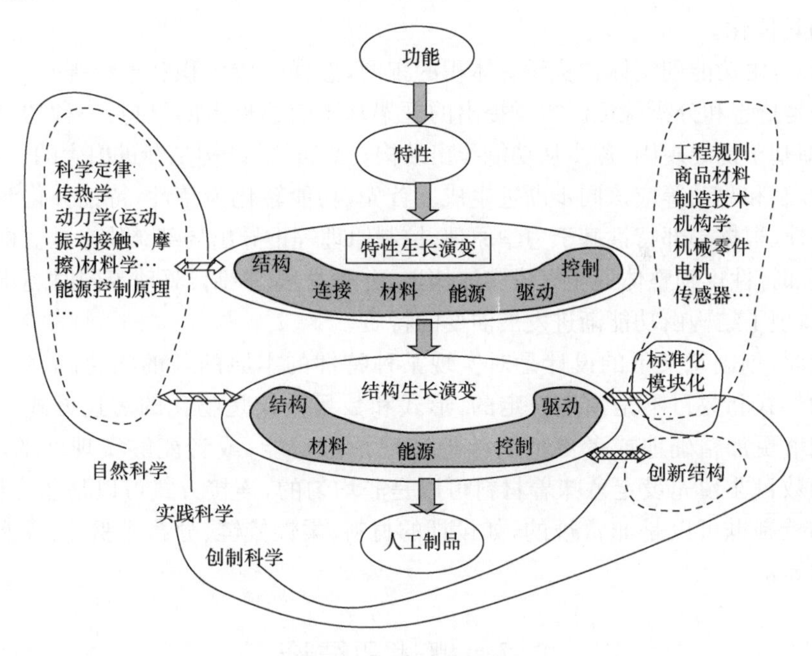

图 3.5　宏设计框架

第一,生长型宏设计框架将设计中与创造性有关的因素和无关的因素分离开。例如,功能分布、连接特性、材料特性都可以基于功能通过计算获得,不是对实现预定功能的“新的解释”,而是与创造性无关的因素。

第二,将感性的或经验性的知识与创造性分开。例如,预先选定材料、结构等,包括通过优化方法每次迭代选取不同的结构参数或材料参数,都是基于经验知识或计算,不属于“新的解释”。

第三,将分析和设计区分。基于自然科学原理,通过计算获得实现预定功能所需要的实体特性,主要任务是分析。依据这些特性,遵循自然科学的原理,提出“新的实现功能的方式或形式”。即设计的核心为新的解释。

第四,将运动本原和能够实现运动原理的形式区分,将研究聚焦在对运动本原的思考,即能够实现某种预定特性的原因,而不是某一个具体形式。一切科学都以本学科范围的本原和原因为对象[246],设计的研究对象应该是“运动的本原和原因”,对运动的本原和原因的解释与一般科学解释不同之处在于,设计最终必须是一种物化的解释,是一种可观察的过程,是一种实际可获得的结果。这种解释比以前的解释能够以更高的概率实现预定的性能,或者能够实现原先无法实现的功能,或者能够以更加简洁的形式达到预定的功能。

第五,将运动本原和实现运动实体的数字特征区分,按照亚里士多德的观点,数目也不是运动的本原[246],对已有的形式赋予不同的数目(如参数优化)是解释的具体化。

第六,由功能到实体,“从没有体积的东西,怎样生成体积和连续呢?”[246]传统的方法是猜想和分析验证。本章提出的框架基于前述提出的思想:一种功能驱动方法,即基于诱导规则,逐步从功能导出结构。简言之,结构是渐进内生的。结构、材料、控制和驱动等应该同步渐进生成。首先,功能转化为特性,特性分化演变为局部特性,根据局部特性基于力学原理、控制原理等推导出局部结构参数。即从功能到局部特性再到整体逐步完成实体构造,并且材料、控制、驱动等同时逐步并行设计,体现了结构由功能渐进发展演变的特质。

如此,创制意义下的设计是对实现某种特性的本原的新的物化解释。物化解释的形式和数目不是预先设定的,形式和数目仅仅是物化的表述方式。这种解释能够更加精确地或者更加简洁地实现预定功能,或者能够实现新的功能。形式和数目非预先设定意味着材料可以是非均匀的,连接方式可以是非传统的,驱动和控制也可以是非常规的,如设计的材料、柔性铰链、分布式驱动、智能材料和结构等。

3.7 概述和结论

设计的对象是人工制品,人工制品具有物理对象和意图对象的双重性,这种双重性使设计的研究方法有别于自然科学研究的分析和综合的研究方法。人工制品的双重性使设计具有三重性,在不同层次上属于自然科学、创制科学和实践科学。

本章讨论作为创制科学的设计,分析其科学属性和内涵。设计作为创制科学应探索连接功能和结构的尽可能精确的解释，提供规范的、可形式化、可分析、可传递、可传授、可重复的科学程序。在此基础上提出一种宏设计框架。此框架将感性知识或经验知识从科学研究中分离，将与新的解释无关的形式从设计中分离，将分析和设计区分，将运动本原和能够实现运动原理的形式区分，将运动本原和实现运动实体的数字特征区分，将设计者的研究聚焦在功能到实体的实现这种设计的核心问题上，将研究集中在如何寻找比现有方式更好的实现。

后面各章的研究是在上述框架下研究发育设计基本问题，建立发育设计模型。

第 4 章　发育设计理论基础

发育设计的核心是建立生长型设计过程模型，以下简称生长型模型。生长型模型指能够描述结构（系统）逐渐演变过程的模型，并具有一定自治能力。

本章首先研究建立生长型模型可以借鉴的生物学原理和概念，然后研究生长型模型的基本要素、设计过程、建模原则，提出生长型设计模型并讨论模型的基本组成和发育特点。

4.1　协同学基本思想

4.1.1　系统相似性

协同学认为物理和生物系统具有形似性。协同学源于希腊语，意为协作。研究对象是系统的各个个体是如何协作，通过协作导致新的空间结构、时间结构或功能结构的形成。研究焦点是复杂系统宏观特征的质变。

协同学认为一般系统存在支配结构状态发展的序参量。人工制品从最初的功能概念最终发展成为特定模式的组织结构，则应存在关键变量，此变量支配从功能到概念模型到最终组织结构的发育过程。另一方面，生物学胚胎学的研究指出，引导生物胚胎发育的支配因素是细胞间相互作用。类似地，人工制品的组织结构可以由最初的功能子结构依据特性相互关系通过规则而导出，即特性相互关系支配了人工制品的组织结构的发展过程和组织形态。

因此，将序参量的概念引入设计，并与胚胎发育过程类比，则序参量成为功能-结构映射关系的桥梁。

下面给出序参量的概念和序参量数学描述，以说明序参量如何支配结构的稳定状态。

4.1.2　序参量的概念

序参量的概念衍生于物理学。物理学家哈肯将物理学的概念推广到一般系统，认为一般系统存在支配结构状态发展的序参量，从而创建了协同学[3,4]。

任意一个系统可分解为子系统，描述系统的方式有两种：微观和宏观。在微观层次描述子系统，在宏观层次描述整体。在宏观层次，系统呈现一种集合模式，这个模式规定了系统的组成秩序，描述这个模式的量是序参量。协同学认为结构的形成过程以某种方式必然沿一定的方向进行，把原来无序的各个部分吸引到已经存在的有序状态中，并在行为上受其支配。即存在支配结构状态发展的变量，称为**序参量**[3,4]。例如，对固态激光器而言，子系统是激光原子，光波是序参量，促使原子协调作用。

无序的概念指众多的可能性。大量的各种各样的可能性是无序在物理学中的度量。从无序中产生有序，普遍的规律起着作用，同时某种自动机制将制约这些过程。

协同学认为存在着一个一般的原理，支配着所有协同作用着的子系统。通过这个一般的原理在两个不同的领域之间建立起一种类似性，通过这种类似性把第一个领域中的结果应用到第二个领域。

4.1.3　序参量的数学描述[3,4]

状态向量为

$$q=(q_1,q_2,\cdots,q_m)$$

其分量依赖于时间和空间，即

$$q_j=q_j(x,t)=q_j(x(x_1,x_2,x_3),t)$$

对时间求导，记为$\frac{\mathrm{d}q}{\mathrm{d}t}=\dot{q}$。

对每个分量存在下述关系：

$$\dot{q}(x,t)=N[q(x,t),\nabla,\alpha,x,]+F(t)$$

式中，函数向量 N 与各点状态向量 q 有关；∇为微分算子；α 为控制参数；函数 $F(t)$ 表示来自内部或外部的各种涨落力。

一般情况下上述式子不能解。但是，根据协同学观点，当一个系统仅被外部控制力微弱地驱动时，会有一个独立于时间的状态 q_0，在均质系统情况下，甚至是空间独立的，即存在 $\alpha_0\Rightarrow q_0$，当 $\alpha_0\rightarrow\alpha$，上述式子状态发生质变。

假设 $\alpha\Rightarrow q(x,t)=q_0+w(x,t)$，忽略涨落力，则

$$N(q_0+w)=N(q_0)+Lw+\hat{N}(w),\quad L_{ij}=\frac{\partial N_i}{\partial q_j},\quad q=q_0$$

式中，$\hat{N}(w)$为 w 二次以上幂的非线性函数，当不稳定刚开始时 w 很小，故忽略$\hat{N}(w)$。

$\dot{q}_0=N(q_0)=0$，则 $\dot{w}=Lw$，解为 $w=e^{\lambda t}v(x)$，设特征值 λ 非退化。

考虑涨落力，设

$$q=q_0+\sum_j\xi_j(t)v_j(x),\quad \xi_s(t)=f_s[\xi_u(t),t)]$$

可推出支配原理：

$$\dot{\xi}_u=\lambda_u\xi_u+\bar{N}_u(\xi_{u'})+F_{u,tot}$$

式中,下标 s、u 分别表示稳定模(stable,特征值为负)和非稳定模(unstable,特征值非负)。ξ_u 只随时间缓慢变化,ξ_s 能自动快速跟踪 ξ_u。系统的有序化只取决于 ξ_u,称为序参量。

设 ξ_u 服从方程:

$$\dot{\xi}_u=\lambda_u\xi_u-\xi_s\xi_u$$

可得到

$$\dot{\xi}_u=\lambda_u\xi_u-\beta\xi_u^3+F。$$

引入势函数 $\dot{\xi}_u=-\dfrac{\partial V}{\partial \xi_u}+F$。

$\lambda_u>0$ 时有两个极小点,对应于两个稳态,谷地称为吸引子,见图 4.1。系统经历相变时原来稳定的位置会变得不稳定,并且在两个新的稳定位置之间进行抉择。两个稳定状态全局等价,无论系统采取哪个稳态,对称性破坏,称为对称破缺不稳定性。

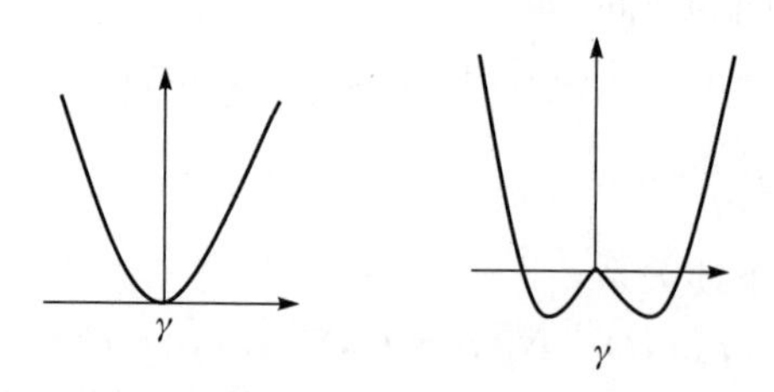

图 4.1 序变量与系统稳定

4.2 物理系统和生物系统的相似性和序参量

人工制品从最初的功能概念最终发展成为特定模式的组织结构,则应存在关键变量,此变量支配从功能到概念模型到最终组织结构的发育过程。进一步考察有机体的特性和设计的特点,寻找建立设计模型可以借鉴的规律。

有机体的特性:①有机体的生长发育和特性所依据的基本框架在胚胎发育的早期就已经决定;②有机体的发育过程是从模糊到精确的渐进发育过程,见图 4.2;③有机体的功能和结构的匹配完美性。

设计的特点:①机电产品的特性以及成本基本在概念设计的早期阶段就已经决定,见图 4.3;②设计是从模糊到精确的渐进过程;③设计的核心是功能和结构的匹配。

因此,探索功能和结构匹配的一种途径是借鉴胚胎发育规律。下面首先考察生物发育的各个阶段。

附肢的胚胎发育

第一天

第三天

不同物种发育时间有差异

第五天

第七天

(a) 附肢发育[256]

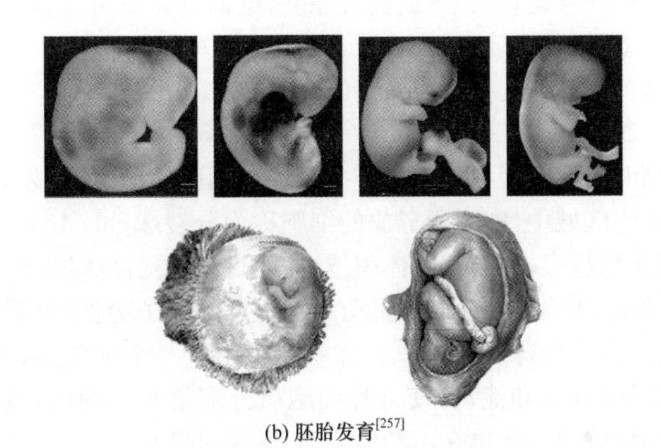

(b) 胚胎发育[257]

图 4.2　胚胎发育

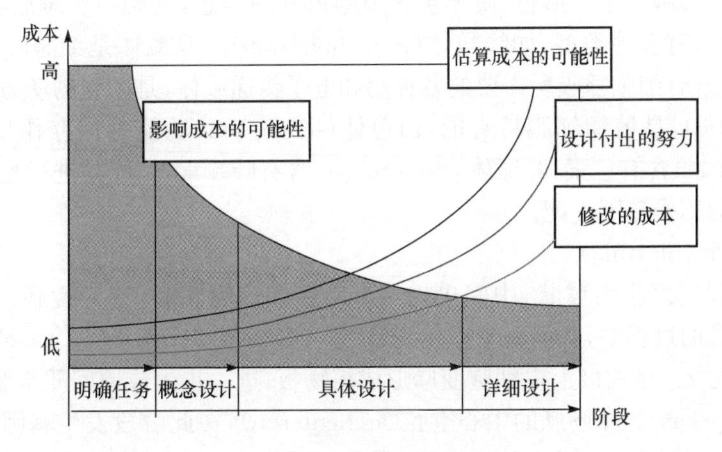

图 4.3　设计阶段与成本[55]

4.3 生物胚胎发育的基本要素

4.3.1 胚胎发育过程

在自然界中,生物胚胎发育模型是生长模型。动物由受精卵发育成为雏形个体的变化过程称为胚胎发生或胚胎发育(embryogenesis)。多细胞动物胚胎发生过程为:卵裂、囊胚、原肠胚、神经胚、器官形成、胚胎孵化出膜。这个过程是一个自治过程,即演变过程是自发的,受到外界环境的影响,但是不需要外界控制干预。指导发育过程的核心要素是基因,核心发育过程是胚胎诱导分化发育[258~261]。

胚胎细胞经过迁移运动,积聚成器官原基,继而分化发育成各种器官的过程,称为形态发生运动(morphogenetic movement)。各种器官经过形态发生和组织分化,逐渐获得了特定的形态,并执行一定的生理功能。

1) 卵裂(cleavage)

卵裂指受精卵多次有规律地连续分裂形成多细胞体的过程,发育的重要信息被集中到不同细胞区域中,卵裂所形成的细胞称为分裂球(blastomere),分裂球本身不生长,分裂次数越多,分裂球的体积越小。卵裂的类型与卵黄含量及其分布有关,见图4.4。卵裂的形式是变化和流动。以角贝的卵子为例,分裂以前,在极的一端,细胞质突出为一个球体,分裂后,球状体依附于一个细胞上,不久并入该细胞,以此种方式继续分裂和流动,使某种细胞质分配给某一细胞,造成某种器官。分裂后的细胞与细胞质一样也在不断地流动,形成细胞流。

细胞基本结构:细胞壁(cell wall)、质膜(plasma membrane)、细胞质、DNA。细胞壁保持细胞的正常形态,质膜包含细胞识别的信息,细胞质含细胞器(organelle),细胞器有多种类型,如线粒体(mitochondrion)。线粒体是细胞呼吸和能量代谢中心,含有细胞呼吸所需要的各种酶和电子传递载体,是细胞的动力站。又如质体(plastid),是植物细胞特有的,白色体(leucoplast)功能为储存作用,有色体(chromoplast)含有色素,叶绿体(chloroplast)含有叶绿素,功能是进行光合作用。

卵裂规则受基因支配。

2) 囊胚(blastula)

当分裂球聚集为球状,中间出现一个空腔成为囊状时,称为囊胚,见图4.4。在形成囊胚的过程中,胚胎分泌孵化酶,导致受精被膜(fertilization envelope)蛋白水解作用退化。植物极上皮细胞变厚形成植物板,进一步生成原间质细胞(primary mesenchyme cell)和原肠胚的中心空腔(archenteron),在此阶段发生基因转录。当囊胚细胞开始迁移时,便进入发育下一阶段[260,261]。

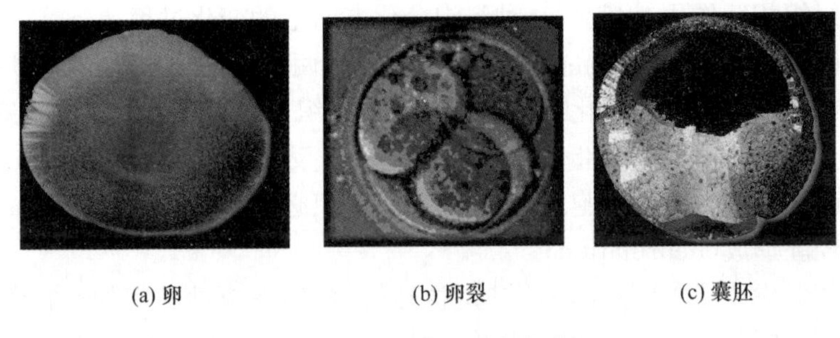

(a) 卵　　(b) 卵裂　　(c) 囊胚

图 4.4　卵裂和囊胚[258]

在囊胚期，细胞还没有分化，但通过形态发生运动，各个胚层的细胞建立了一定的空间关系，奠定了胚胎的基本格局，决定了内、外、中三个胚层未来分化的器官原基。

低等多细胞动物的胚胎发育停留在原肠阶段，由内外两个胚层的细胞分化出各种不同的细胞组织，发育成双胚层动物。

3）原肠胚(gastrula)

原肠胚是处于囊胚不同部位的细胞通过细胞迁移运动形成的，囊胚外部的细胞通过不同方式迁移到内部，围成原肠腔(gastrocoele)或称原肠(archenteron)，留在外面的细胞形成外胚层(ectoderm)，迁移到里面的细胞形成内胚层(endoderm)，三胚层动物还有中胚层(mesoderm)，此时的胚胎称为原肠胚。形成原肠胚的这种细胞迁移运动称为原肠作用或原肠胚(gastrulation)，见图 4.5。原肠胚形成的过程确定了胚胎的基本模式，决定了内、外、中三个胚层未来分化的器官原基，各个胚层的细胞建立了一定的空间关系，奠定了胚胎的基本格局[260,261]。

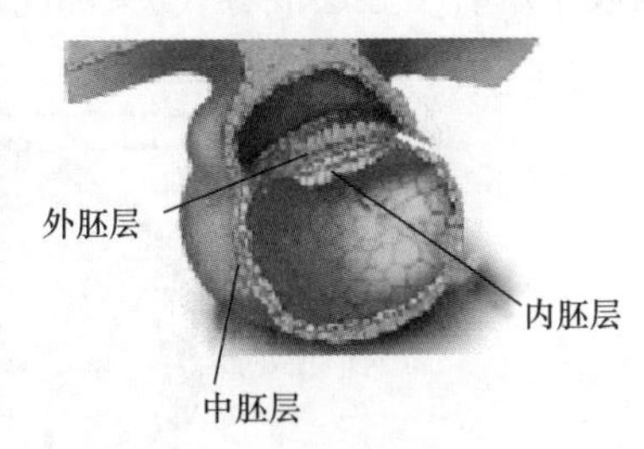

图 4.5　原肠胚示意图[204]

细胞的迁移受基因支配，细胞不断综合所接到的位置信息，原肠期三个胚层进一步分化。外胚层分化成神经系统、感觉器官的感觉上皮、表皮及其衍生物、消化管两端的上皮等；中胚层分化形成肌肉、骨骼、真皮、循环系统、排泄系统、生殖器官、体腔膜及系膜等；内胚层分化形成消化管中段的上皮、消化腺和呼吸的上皮、肺、膀胱、尿道和附属腺的上皮等。

原肠作用的动力是细胞流动，流动的主要现象为外包、内陷、集中、分散与伸展。经过这样的作用，一部分表面细胞进入内部形成胚层。

细胞分化迁移过程是胚胎诱导过程。

胚胎诱导(embryonic induction)：有机体发育过程中，一个区域的组织与另一个区域的组织相互作用,引起后一种组织分化方向上的变化过程。

诱导因子(inductor):在胚胎诱导相互作用的两种组织中,产生影响并引起另外的细胞或组织分化方向变化的这部分细胞或组织。诱导者的作用可能是激活那些对细胞分化所必需的特异蛋白质编码的基因。反应组织(responding tissue)接受影响并改变分化方向的细胞或组织,而反应组织必须具有感受性(competence)。

4)神经胚形成(neurulation)

神经胚形成[205,206]中枢系统原基是神经管,胚胎形成神经管的过程称为神经胚形成,正在进行神经胚形成的胚胎称为神经胚,见图 4.6。神经胚形成主要有两种方式:初级神经胚胎形成和次级神经胚胎形成。初级神经胚胎形成(primary neurulation)指脊索中胚层诱导外胚层细胞分裂、内陷并与表皮脱离形成神经管的过程;次级神经胚胎形成(secondary neurulation)指外胚层细胞下陷进入胚胎形成实心细胞索,再产生空洞形成中空的神经管的过程。

外胚层分成三种细胞类型:①神经管细胞,未来分化成脑和脊髓;②皮肤表皮细胞;③神经嵴细胞,将来形成周围神经元等。

神经胚期中胚层可分为 5 个区域:①位于胚胎背部中央的脊索中胚层形成脊索,是临时器官,主要作用是诱导神经管形成;②背部体壁中胚层形成体节和神经管两侧的中胚层细胞,将来产生结缔组织(骨、肌肉、真皮等);③中段中胚层形成泌尿系统和生殖器官;④离脊索稍远的侧板中胚层形成心脏、血管、血细胞、除肌肉外四肢中所有中胚层成分;⑤头部间质形成面部结缔组织等。

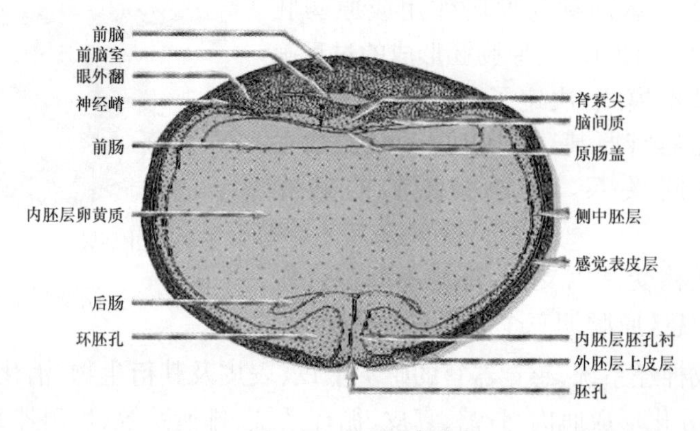

图 4.6　神经胚[262]

5)器官建成

各个器官原基按照既定程序进行快速的细胞分裂与分化,同时对周围组织发出诱导因子,积极诱导它们一起协调建成各种器官。原肠作用以后,胚层细胞继续运动,经过迁移、伸展、褶裂、突出或陷入等运动达到它们的位置,完成形态。

在胚胎发育中,器官发生和形态建成所占的时间最长,所包含的变化最为复杂，有空间位置的控制、细胞间的相互作用，如诱导、迁移和细胞凋亡。

在器官发生中，动物遗传性是内在的因素，一种动物的细胞不能分化出遗传上没有的结构。动物遗传性在器官中的展现是细胞不断综合所接到的位置信息和通过细胞间的相互作用有条不紊地逐步进行。动物身体器官原基的总的布局，在发育的极早期就已经决定了。有些动物可以追溯到卵细胞质的布局，越是细微的布局出现得越晚。最终不同空间位置上的器官原基的细胞形成特有的组织，继而发育成为器官。

前三个时期是胚胎按照各物种遗传指令建成胚胎蓝图，器官建成期是按照蓝图施工添砖加瓦。一旦器官建成，胚胎发育结束[263,264]，见图 4.7。

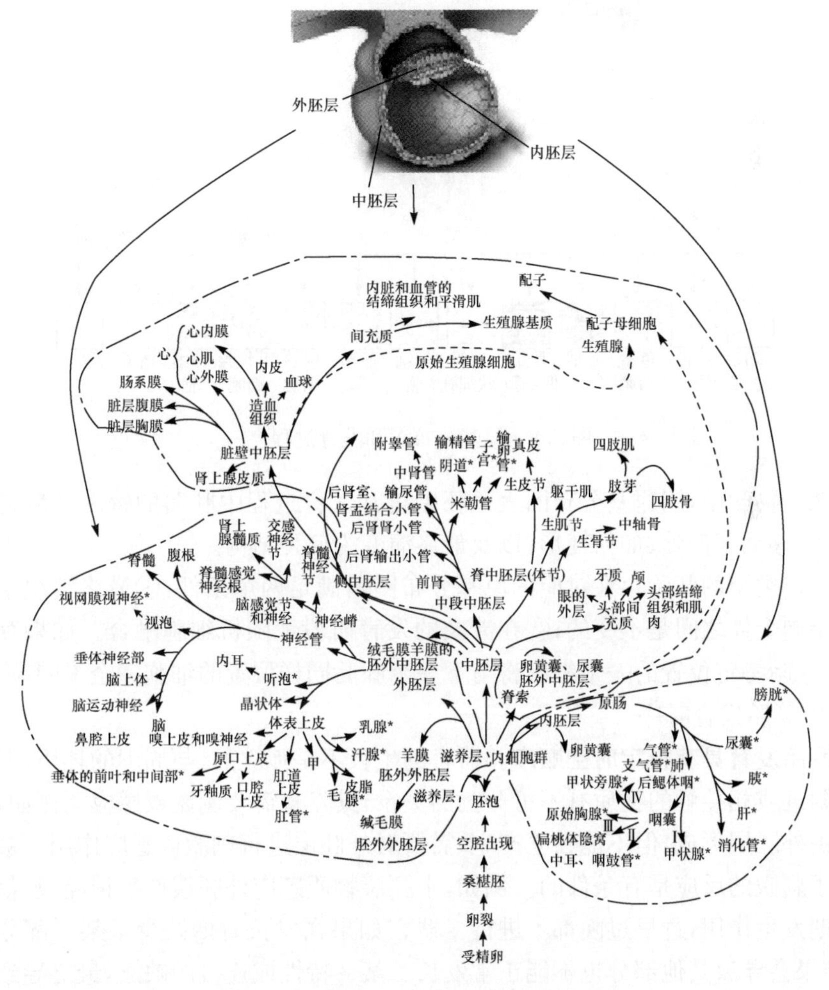

图 4.7　原肠胚不同区域发育为器官[265]

6) 母体产出

4.3.2 胚胎发育特点

1) 原基分布图(fate map)

原基分布图是一种模式图,显示在特定发展阶段胚胎的每一部分将移到下一阶段的何处,以及演变为何物。原基分布图从一个发育阶段到另一个发育阶段发生变化,形成一系列原基分布图,描述从卵到成体每一体积元素的轨迹,见图4.8[260,261,263]。

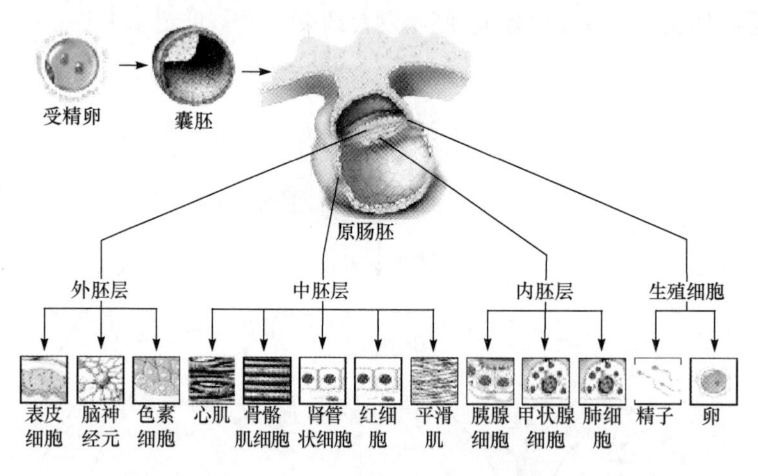

图4.8　原基分布图和发育过程[259]

在生物学中,用原基分布图表示胚胎正常发育过程中胚胎的每一区域将演变为何物、移动至何处、如何变形,以及最终演变为何种结构。

一定类型的胚胎存在对应的原基分布图需满足两个条件:①最终组织结构本身在不同个体之间是不变的;②在涉及的发育阶段无随机细胞融合。如果存在融合,则胚胎特定位置的一个细胞将与下一个胚胎同样位置的细胞完全不同[266]。

2) 胚胎发育时序

胚胎发育具有特定时空顺序。器官的生长不是孤立的,与周围的环境,尤其与它们附近或相接触的物质有不可分割的关系,其发育需要刺激或感应。例如,神经系统由外胚层形成,但不能独立产生,需要对外胚层进行刺激或感应作用。被感应者对于刺激的反应是有条件的。例如,中胚层物质感应外胚层产生神经板,仅在原肠时期发生作用,过早过晚都不进行。器官如果在发长时期缺少了某一部分的结构,结果会导致其他部分也不能正常发长。某一特性或连接的缺乏,最终导致其他特性无法显现[264,266]。

3）胚胎的可塑性和发育多样性选择

个体发长与环境有关系。在个体的发长时期，胚胎的可塑性很大，对外来刺激敏感，而且容易受环境的影响。动物的发育主要由基因决定，但是发育仍然具有一定程度的多样性，外界环境如光、电、磁场、温度等制约了发育的多样性[264]。

4.3.3　胚胎发育机制

影响胚胎早期发育的主要因素有：细胞决定（commitment）、基因转录（gene transcription）、分化诱导（embryonic induction）和转决定（transdetermination）。

1）细胞决定与专能结构的演化

细胞决定指胚胎细胞分化潜能的决定。在生物发育的早期阶段，胚胎细胞具有发育成各种不同细胞类型的潜能，故成为全能性细胞（totipotent cell）。随着发育过程的演进，细胞发育的潜能逐渐局限化。首先局限为只能发育成本胚层的组织器官，然后各器官预定区逐渐出现，此时细胞仍具有演变为多种表型的能力，成为多能细胞（pluripotent cell），最后细胞向专能稳定型分化（specialized cell）。细胞分化普遍规律可概括为：**全能—多能—专能**[260,261,267,268]。

2）细胞分化诱导—细胞相互作用

从单个全能的受精卵产生各种类型细胞的发育过程称为**细胞分化**（cell differentiation）。

细胞定型有两种主要模式：**镶嵌型发育**（mosaic development）**与调节型发育**（regulative development）[260]。镶嵌型发育模式：胚胎细胞发育自主分化而不受周围细胞的影响，以此种分化占优势的胚胎即进入镶嵌型发育模式。调节型发育模式包括稍后阶段细胞之间的相互作用，细胞发育取决于他们在胚胎中的位置，以这种细胞分化占优势的胚胎即进入调节型发育模式。两种机制在胚胎发育过程中均起作用[268]。

细胞之间的相互作用，表现为**分化诱导**和**分化抑制**作用。

分化诱导，也称胚胎诱导，是指一类组织与另一类组织的相互作用引起后一种组织分化方向上变化的过程。在胚胎诱导相互作用的两种组织中，产生影响并引起另外的细胞或组织分化方向变化的这部分细胞或组织称为诱导者或诱导因子（inductor）；接受影响并改变分化方向的细胞或组织称为反应组织（responding tissue）。诱导者的作用是激活细胞分化所必需的基因，而反应组织必须具有感受性才能接受刺激产生分化。

分化抑制是负性分化诱导作用，完成分化的细胞可以产生称为抑素的化学物质。抑素可抑制邻近的细胞进行同类分化，这种作用称为分化抑制。分化抑制与分化诱导共同作用，从而完成胚胎的正常发育过程[268]。

3) 基因的可传递性和信息选择性关闭

胚胎细胞在分化过程中,仍保持整套基因组的完整性与遗传潜能的全能性。分化细胞中的基因 90%以上被关闭,只选择性地开启"遗传潜能"中的一小部分,这一小部分基因是按照严格的时空顺序表达的[268]。研究表明,基因的开启表达有序进行,正是这种有序表达,产生细胞决定及其后的分化诱导与分化抑制。

4) 转决定—遗传突变机理

转决定是对细胞决定的否定,即改变了特定细胞分化的特定方向。转决定表现为从一种遗传状态转变为另一种遗传状态,是遗传性突变的结果[268]。

4.4 生物神经系统特点

4.4.1 神经系统简述

生物神经发育主要有两方面的问题:神经分化和模式建立。

(1) 神经系统组成。

神经系统分为中枢系统和周围神经系统。中枢系统处理和综合整个有机体的活动,周围神经系统调节身体所有组织与中枢神经系统的通信。神经系统含有两种类型的神经元:感觉神经元(输入)和运动神经元(输出)。感觉神经元从周围获得的信息在中枢系统内通过复杂的途径整合,加工后的信息通过运动神经元再向外传递到肌肉或腺体。神经传递通路主要由感受器、神经纤维、神经元、效应器组成[269,270]。

(2) 神经系统原基,见图 4.9。

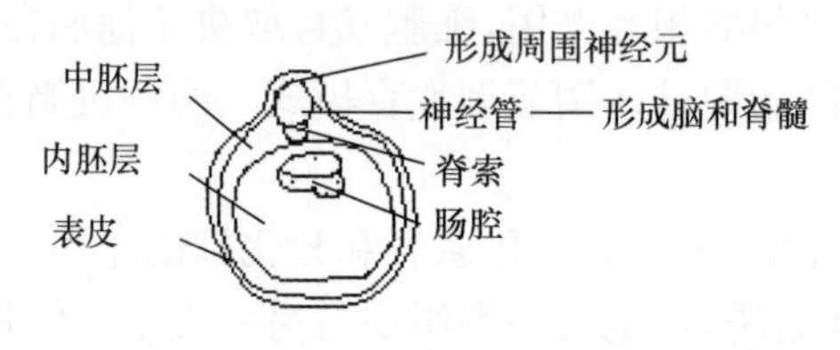

图 4.9 神经系统原基

4.4.2 神经系统特点

1) 神经细胞形态与功能映射—神经元区域特异性

神经细胞具有产生、接受、传导、传递神经冲动的装置,这些功能由神经细胞的不同部位实现。细胞核特化为代谢和合成中心,树突特化为接受冲动,轴突特化为产生动作电位并传导电位到终端,轴突终端特化为传递冲动。

神经细胞的形态表达其功能[271],神经元的形态变化体现在树突和轴突的形态和长度上,因此,可通过输入和输出连接表现不同功能的神经元。

2）神经传递通路—神经系统形态特征

每条神经纤维束都具有传递特定神经机能的作用[269]。

运动神经传递模式为：**感受器→初级传入神经元→二级传入神经元→三级传入神经元→中间神经元→一级传出神经元→二级传出神经元→骨骼肌。不同的通路对应不同的功能以及大脑皮质中不同的区域**，见图4.10。

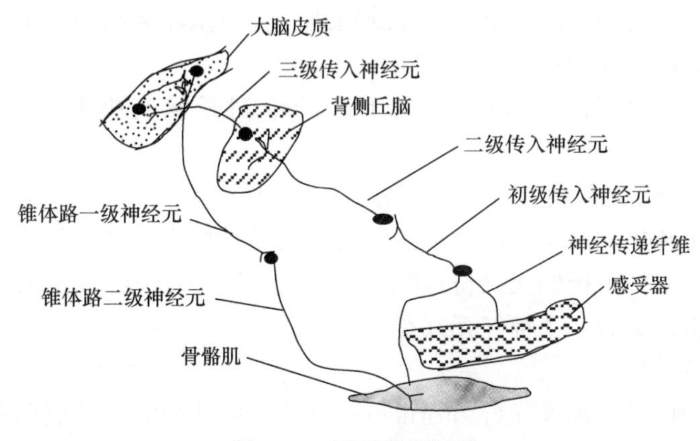

图4.10　神经传递通路

3）神经元群功能

（1）按职能划分。

丘脑。信息中继站。外周感受器的各种感觉冲动通过丘脑时除了进行中继，还对传入的感觉信息进行一定程度的整合。在丘脑水平，对触、温、冷以及疼痛刺激已具有粗略的感知。

大脑。基本机能调控中心。大脑皮质分为传入层和传出层。大脑皮质的机能定位：机体的各基本机能系统在大脑皮质区有各自的调控中心区域，如感觉区、运动区等，能正确地确定冲动产生的部位。在个体计划或执行随意运动时激活，在其他情况下基本保持静息。

小脑。整合运动姿态和运动状态的信息，对保持躯体平衡、调节肌张力和协调随意运动起重要作用。大脑在运动期间和运动前呈现活动，小脑接受策划运动的信息作为反应，小脑反过来调节运动皮质的活动，使运动执行得更为精确和平稳[269]。

基底核。基底核(basal nuclei)的功能与运动调控有关，主要涉及运动的起始和控制。其传出联系上行到大脑皮质运动区和其他皮质部位，是大脑皮质出发经过丘脑又回到大脑皮质的复杂神经环路的中间站[269]。

（2）按回路划分。

主要回路有四个，各个回路功能不同，共同参与运动调控。

大脑—小脑—丘脑—大脑联络皮质回路。投射系统对大脑皮质的运动区产生调节性影响。在皮质细胞发出有关运动的指令前,小脑先发生活动,做出主动肌与拮抗肌发生兴奋的适当时相关系。

大脑皮质—基地核—丘脑—皮质回路。主要功能:参与运动计划、启动和执行。

大脑—运动前神经元—小脑—丘脑回路。将动作经验和当前情况核对,以矫正运动神经元的发放,使运动产生新的速度。

大脑—丘脑回路。大脑皮质的下行纤维**对丘脑有抑制**作用,防止过激反应[270]。

(3) 按神经元之间的相互作用划分。

分为竞争和协调两类。两个神经元之间的结合权为负值则为竞争,前一个神经元兴奋抑制后一个神经元兴奋;两个神经元之间的结合权为正值则为协调,前一个神经元兴奋促进后一个神经元兴奋[271,272]。

4) 运动的调节

躯体运动由运动神经元(motorneurons)发放冲动影响骨骼肌的收缩而产生,可按发生背景不同约区分为10种,与运动控制有关的如下。

随意运动。是有意向运动,可通过学习获得,通过练习不断完善,运动超时超强后会疲劳。随意控制由神经元群实现。

反射运动。由刺激诱发先天固有的运动形式,如腱反射、姿位调节反应等[260,270]。反射作用是神经活动的基本形式,反射是指在神经系统参与下的机体对内外环境刺激的规律性回答。发射活动必须在一定的形态结构中发生,这个结构基础称为反射弧。最简单的反射弧由一个感受神经元和一个运动神经元组成。一般反射弧由五部分组成:①感受器、感觉器官接受体内外环境变化的刺激,将刺激能量转化为神经冲动;②感觉神经元将感受器接收到的刺激冲动传入中枢而引起感觉;③中间神经元连接感觉和运动神经元,位于中枢系统内,起联系和整合神经系统功能的作用;④运动神经元的轴突连接于效应器,以支配和调节各器官的活动;⑤效应器为肌肉或腺体等,肌肉的收缩和舒张牵动骨骼,并通过关节而产生运动[267]。

感受器(receptor)。一般是神经末梢的特殊结构,将内外刺激的能量转变为神经的兴奋过程,所以感受器是一种换能装置。感受器可以将外界环境和肌体内各种冲动状态的各种信号"翻译"成神经能够理解的语言,通过传入神经传递到中枢,分别在一定的中枢部位进行分析、处理;从中枢产生的信号再经传出神经传至效应器,引起腺体和肌肉活动。感受器依据感受和传导的情报不同而分为躯体感受器和内脏感受器。躯体感受器(somatic receptor)包括外感受器和本体感受器。外感受器(exteroceptor)分布于皮下组织,包括机械感受器(mechanoreceptor),感受皮肤压力和牵扯力量；温度感受器（thermoreceptor），感受温度变化；伤害性感受器（nociceptor），感受痛刺激；此外还有嗅觉、视觉、听觉感受器等。本体感受器（proprioceptor）分布于骨骼肌、腱、关节等处，感受肌肉或腱的伸缩和关节运动等状态引起的对体位变化的感觉。内脏感受器（visceroceptor）感受加于内脏壁和心血管壁的各种刺激。一般地，每种感受器与一种刺激存在一一对应关系。

反射模式为：感受器→传入神经元→神经中枢→传出神经元→内分泌腺→激素在血液中转运→效应器，见图 4.11。

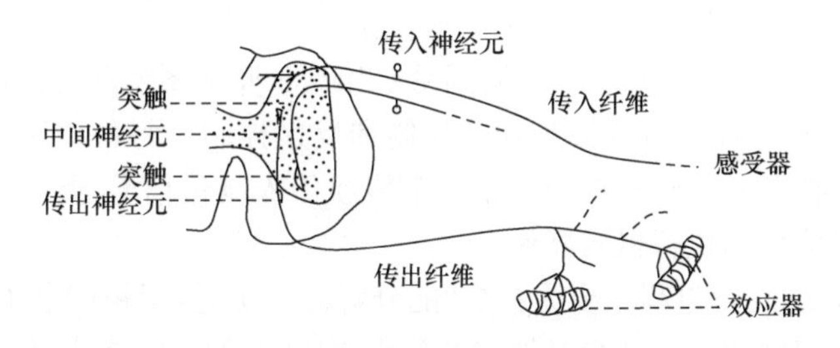

图 4.11　反射弧

效应器。以运动神经元传出纤维的终末为主体，终末终止于骨骼肌、腺体等，支配肌肉的活动和腺体的分泌，称为**神经肌肉接头**[268,273]。神经肌肉兴奋过程机理复杂[274,275]，主要是化学作用。

4.5　设计早期阶段与胚胎发育过程相似性

1）相似性

人工制品经历设想—概念设计—详细设计—制造的过程，与胚胎发育过程对比，具有过程相似性。

人工制品设计早期阶段对应卵裂、囊胚、原肠胚、神经胚，详细设计对应器官建成过程，制造阶段对应胚胎孵化过程。

下面讨论各个阶段的对应性。

(1) 功能分解相当于卵裂。子功能的个数及性质与功能要求的复杂程度和精密程度有关，基本原则是分解为基本功能结构，称为**功能阶段**。分解规则服从各个学科的设计原理，也受设计者经验和知识背景支配。

(2) 将功能和约束转化为特性相当于形成囊胚，其转化机制相当于基因转录。结构或人工制品展现的是特性，故需要将功能转化为结构的特性。**代理阶段**将功能用与功能对应的机械特性或物理特性表述，特性之间通过相互交互作用协同实现功能。代理阶段是设计问题的抽象表述。**代理阶段**描述结构特性以及特性关系。

(3) 基本组织结构形成相当于原肠胚形成。细胞相当于局部结构的特性信息，细胞的迁移和分化相当于特性分化和重新布局形成更复杂的特性关系，其发育机制主要为诱导以及细胞分化，此阶段称为**特性阶段**。特性的相对位置和相互联系受功能需求支配，并受物理、化学、电等自然法则的约束。特性阶段基本决定了未来人工制品的基本组织结构。

(4) 建立通信联系相当于神经胚和神经系统形成。基本控制模式的确定相当于神经胚期，也属于特性阶段。

具体地，对于人工制品存在下列对应关系。

① 中枢系统相当于控制中心，周围系统相当于监测系统和反馈系统。

② 控制类型同样也可以分为随意控制和反射控制。每种控制模式包含感觉神经元和运动神经元。感觉神经元相当于传递传入测量信号器件，运动神经元相当于传递传出信号到执行机构器件。

③ 控制系统发育过程主要为：主功能分解为分功能，用相应电子器件实现，相当于神经上皮细胞的增殖和神经细胞的分化；电子器件之间连线，相当于细胞间的联系和黏附以及突触和神经回路形成；电子器件和连线空间布局，相当于细胞的迁移。

④ 电子器件引入的顺序对应于神经诱导的时序性。

⑤ 控制系统的框图相当于中枢神经系统的组织模式。

⑥ 连线对应于神经纤维，传感器对应于感受器，执行构件对应于效应器。

⑦ 电路系统对应于神经连接的形成，信号输入通道相当于树突，输出通道相当于轴突。

⑧ 信号输入通道与信号输出通道数量以及传递机制相当于树突和轴突的形成。

(5) 器官建成相当于详细设计。器官建成期对应于结构设计。结构设计分成两部分，首先确定结构特征，相当于细胞定型，称为**特征阶段**；然后详细设计，相当于细胞分化，称为**参数阶段**。

(6) 原基分布图。依据原肠胚三个胚层与结构模式对应关系，人工制品胚胎外层将发展成为传感器件、人工神经元网络等；中层发展成为材质、骨架、驱动和激励器件、能量输送等；内层发展成为能量循环系统等附件。

(7) 可塑性和多样性。人工制品胚胎具有可塑性。功能和结构对应具有多值性，但是制造、工艺、成本等环境约束最终将胚胎导向有限集合。

2) 人工制品胚胎

将设计过程与生物的发育类比，早期阶段的结构设计类似于早期发育阶段原肠胚的形成，控制设计类似于神经胚的形成。二者不但具有过程相似性，更重要的是具有衍生原理相似性。三个胚层的生成过程与原理揭示了人工制品从构想到概念模型形成的功能演变过程，三个胚层的原基分布图揭示了功能和结构的映射关系。

特性阶段基本奠定了未来组织基础，并具有一定程度的自治发育能力，因此将特性阶段定义为**胚胎**。更严格的术语是“原肠胚”，为了易于理解称为胚胎。基于这种类比，将对应阶段的设计定义为**胚胎设计**。胚胎设计的内涵是设计系统的特性集合以及特性之间的相互关系集合，并且这种特性集合可以依据功能推出，即具有一定程度自治性。因此胚胎设计是功能的生长模型。

胚胎设计与生物胚胎发育的原肠胚期和神经胚期对应，见图 4.12。

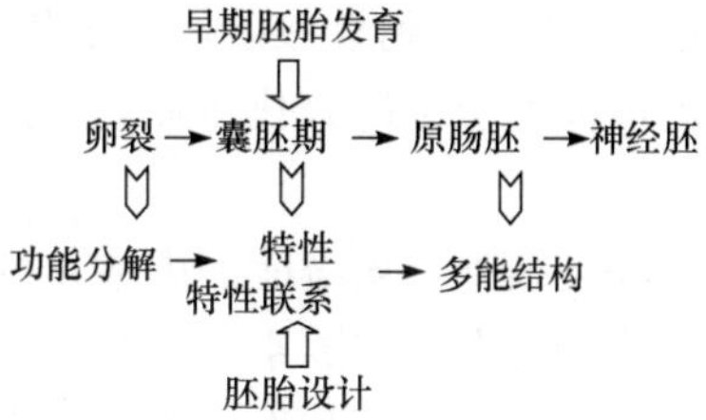

早期胚胎发育
卵裂 → 囊胚期 → 原肠胚 → 神经胚
功能分解 → 特性 特性联系 → 多能结构
胚胎设计

图 4.12　功能设计与胚胎发育

4.6　生物胚胎发育对设计过程建模的启示

本节重点讨论生物胚胎发育过程对设计建模的启示，具体讨论以下四个过程对设计的启示：①细胞决定；②基因转录；③分化诱导；④转决定。

4.6.1　全能结构—多能结构—专能结构的演化

特性相当于细胞，为了叙述方便，简称为结构。

细胞决定机理对人工制品胚胎发育过程具有指导作用，从功能阶段到参数阶段是子结构从全能到多能到专能的发育过程，这个过程通过子结构不断分化实现。子结构分化方向是基因选择性表达的结果，子结构互相作用，通过相互联系变量发生诱导作用，导致新的子结构产生。

正如细胞分化过程中基因的开启表达有序进行，子结构分化过程中基因关闭的段数逐渐增加，从而限制了子结构的发育方向，直至子结构分化过程受到分化抑制作用而终止。

从功能阶段到参数阶段的发育方向主要取决于基因开启和关闭的顺序。

在设计初始建立**功能阶段**，此时的结构为全能结构。全能子结构具有发育成不同类子结构的潜能。依据子结构特性和子结构间相互关系，子结构继续分化、迁移，形成**特性阶段**，子结构的发育潜能逐渐局限化，只能发育为特定**特性元件**，如传感、致动、处理器、基架，以及**特性部件**，如旋转部件、输送部件、移动部件、复合运动部件等，特性元件和部件称为多能结构。在后期的详细设计中，子结构发展为具有特定形态的最终子结构，即**参数阶段**，为专能子结构。

传统机械设计理论和实践提供了许多专能结构，但是，在设计理论的研究中，对从功能到专能结构的演化过程缺乏系统的研究。研究演化过程有利于揭示具有设计自治性和行为自治性的系统的内在机理。

4.6.2　诱导

全能—多能—专能细胞的发育过程通过细胞分化和诱导实现。因而可以推测,从功能阶段到参数阶段的演化过程可由子结构诱导规则描述。子结构诱导规则也可称为子结构分化规则,由于分化数量和方向受子结构相互感应,称为诱导规则。

决定细胞分化潜能的因素是细胞空间位置和微环境的差异及其变化,而决定子结构分化方向的因素主要是子结构间的相互关系。

细胞之间的相互作用是胚胎发育最重要的核心问题。同样,人工制品的胚胎发育核心问题是子结构联系或特性的联系。从全能结构到多能结构演变的主要依据是特性及特性联系。特性联系是由基因确定的,子结构分化是基因选择的结果。因此,必然存在某个分化方向,在此方向上,基因中特性联系信息始终开启,以确保功能的实现。

子结构分化过程同样也包含分化抑制作用,为避免功能重复,本书用惰性子结构和惰性连接体现分化抑制作用。

细胞相互作用是生物胚胎发育的支配变量,即序参量。同样可以推出,人工制品的胚胎发育的**序参量**是特性相互联系。

4.6.3　基因逐渐补充

人工制品胚胎子结构分化方向受基因选择性表达的支配,即基因开启的时空顺序决定了子结构的分化方向。在子结构分化过程中,基因可传递也可部分关闭,关闭选择性限制了子结构的发展方向。因而可以推测,从功能到专能结构的演化过程是基因逐渐关闭的过程。另一方面,在全能结构到多能结构发育阶段,专能结构的详细参数等基因处于关闭状态。当进入多能结构到专能结构发育阶段时,相应基因有序开启指导发育过程。

因此,在发育过程中,基因有序关闭和开启引导结构的发育,基因开启关闭顺序决定了结构的发育方向。

子结构分化后的新子结构转录基因组信息(子结构特性和相互联系特性),但是部分信息被关闭,只选择性地开启局部信息。对于特定的专能结构,确定其形态只需要局部基因信息。与有机体胚胎发育不同的是,人工制品的基因是可以逐渐补充的(基因开启时补充),并且最主要的是可以控制的或可设计的。

4.6.4　创造性设计

结构的分化潜能具有遗传稳定性,因此创造性设计必须改变基因中的某段,即转决定发生。对于人工制品,当改变了功能部件或元件的分化方向后,则产生新的专能结构——结构或机构,即创造性设计。如果基因不变,则特性连接关系不变,原则上,因为细胞决定具有遗传稳定性,所以将产生相同的专能结构。新的专能结构依赖于基因中的某段的改变,即连接关系的改变或特性的改变,如传递位移变为传递电压,将特性由旋转运动改变为直线运动等,或者增加或者减少连接关系变量。简言之,创造性设计必须改变基因中的某段,即转决定。

4.7　生物神经系统对控制模型的启示

本节重点讨论神经系统发育模式对控制设计的启示。

1）控制系统设计时序

依据神经系统发育时序,控制系统设计可从输出到输入反向设计,输入的功能依据输出联系确定,输入通道的复杂性取决于传出通道的数量,传感器传出通道最后设计。

2）神经元连接特性

对于人工制品,控制元件相当于神经细胞,应具备三个基本功能:接受信号、产生动作电位以及传导电位。依据神经元区域特异性,神经元的形态变化体现在树突和轴突的形态和长度上,因此,可通过输入和输出连接表现不同功能的神经元。例如,具有整合作用的神经元器件或电子器件应具有多条输入通道,具有反馈作用的控制系统必然含有回路,控制作用越精细,回路越多。局部调节则树突和轴突回路邻近,实现复杂的调控则树突和轴突回路分散在不同的区域。

3）神经网络构型

依据神经传递通路特征和神经元群功能,可以建立反射运动和运动控制的基本控制模型。

4.8　设计过程建模

哈肯认为[3],一个复杂系统的生成过程包含大量的数据,而获得所有的数据超出人类的知识范围和理解能力。即使能够收集到所有数据,也只会使得问题更为复杂,更容易只见树木,不见森林。

以生物体为例。欲将一个构造计划付诸实施,就需要把确定的指令列入构造计划中,必须指出发展生物体的每个细胞该在什么地方?必须具有哪些性质?需要多大规模的信息足以构造生物体?答案是比DNA能储存的数目多得多。那么,自然界必须发展一种方法,据此只需少得多的信息就足以实施其计划。还要有一个自然法则,据此可以由给定的DNA发展一个生物体[4]。

由此，人工制品胚胎发育模型必须简化到可以人工或计算机处理的程度；其次，人工制品胚胎发育模型需要两个因素：①基因，记录基本功能设计信息；②法则，结构依据基因分化演变的规则。

4.8.1 设计过程建模原则

设计过程建模模拟生物胚胎发育过程，但是，仅在发育时序、胚胎形态、细胞相互作用导致细胞分化形态发育、胚层与功能器官对应四个层次进行模拟。模型目的在于探索功能和结构映射机理，特别是自组织系统和自治系统各个专能结构相互作用机制的形成原理。

为了减少模型的复杂性，基因的段数在发育基本要求的前提下尽量减少。为此，在发育的初始阶段构造代理阶段，用代理阶段的特性作为基因；在详细设计阶段，补充基因具有相当程度的灵活性，总的原则是尽量少，以避免失去模型可控性和主要发育特征。

考虑胚胎发育对设计过程的启示，设计过程建模的基本要素可以归纳为：功能阶段，相当于初始开启基因段；主观意图—客观特性转换以及客观特性—结构特征转换，相当于基因转录；特性诠释和决策，相当于细胞定型；特性演变，相当于细胞分化和诱导；创新设计和创造性设计，相当于转决定；参数阶段，相当于器官建成阶段。

在特性阶段与结构参数阶段之间需要进一步的映射关系。如何从特性转化为结构的物理特征呢？

首先，对特性阶段中的特性依据物理效应诠释和赋值，相当于细胞定型，称为定型阶段。赋值过程需要大量的分析、计算和决策。

其次，在定型阶段与参数化模型之间存在多种映射关系，需要将特性转化为结构，并需要确定结构最终发育方向，即基因转录和细胞定型。为此，引入结构特征阶段。

回顾第3章中对设计作为创制科学内涵的讨论，考虑人工制品的二重性、设计的三重性、科学研究属性、设计过程与科学研究反向相似性、设计过程阶段性和层次性，在设计作为创制科学的框架下将上述基本要素纳入生长型宏设计框架，则形成生长型设计模型。

4.8.2 神经模型建模原则

神经诱导以及神经组织、器官形成过程相当复杂，人工制品的模型如果完全依照有机体神经系统发育的模型，不仅相关因素过于复杂、难于把握，而且许多发育机制也没有形成定论。对人工制品而言，重要的是神经系统发育规则，确定神经组织是如何建立通信联系的，以及使得系统功能得以实现所必需的发育时序。简单地说，就是通信机制和发育时机。

依据有机体的神经胚发育时序，人工制品神经系统的发育时机应与有机体具有相似性，神经诱导过程应在三个胚层建立以后立即开始，而通信机制的建立应是细胞的相互作用机制的体现。

神经系统发育的**序参量**仍然为连接特性，但是在此阶段需要开启神经诱导基因，即需要补充基因。因此，神经发育模型包括两部分：需要补充的基因（主要包括神经元群形态和连接特性）以及神经组织发育诱导规则。

建立神经系统发育模型有三种途径。第一种途径是直接建立仿生物模型，依据神经诱导机理推出人工制品神经系统发育规则。这样做的主要缺陷在于有机体神经发育中包含大量的化学反应，过程过于复杂。此外目前的研究尚未确定许多类型的神经细胞是以怎样特定的方式分化的，所以实际上难以建模。第二种途径是依据现有的神经元理论建模。神经元的作用机制模型已经有专门的研究，形成计算神经科学和神经计算科学两类前沿研究，有成熟的成果可以借鉴。这样做的问题是现有的研究主要集中在神经元信息传递和处理机制，而非神经元网络的拓扑构型的生物学依据。第三种途径是结合上述两种途径，神经系统的拓扑构型采用简化的生物模型，神经元之间的联系采用计算神经科学的数学模型。

本节研究采用了第三种途径，目的在于建立适用于概念设计过程的神经系统发育模型。

1）神经模型基本要素

(1) 基本单元。神经元、感受器、效应器、神经中枢。

(2) 基本构型。运动反射弧和随意运动控制模型。

(3) 基本发育规则。发育规则包括感受器类型和效应器类型，以及神经网络构型模式。感受器类型依据传感结构信号连接特性确定，效应器类型依据致动结构信号传递特性和传感器确定。

(4) 神经元。包括胞体、轴突、树突（分支）。一般采用均一神经元[271]。在此采用分区均一神经元。

(5) 神经反射弧。基本神经元类型和数目：感觉神经元一个、运动神经元一个、中间神经元一个。连接关系：感觉神经元—中间神经元—运动神经元，其中中间神经元位于中枢神经系统中。

随意运动控制模型采用固定形态和连接模式神经网络。网络权植通过学习训练确定。

2）随意运动神经传递通路模型

依据神经元群功能和随意控制模式，可建立简化运动控制模型，见图 4.13。

3）反射运动神经通路模型

直接反射弧模型和间接反射弧模型见图 4.14。

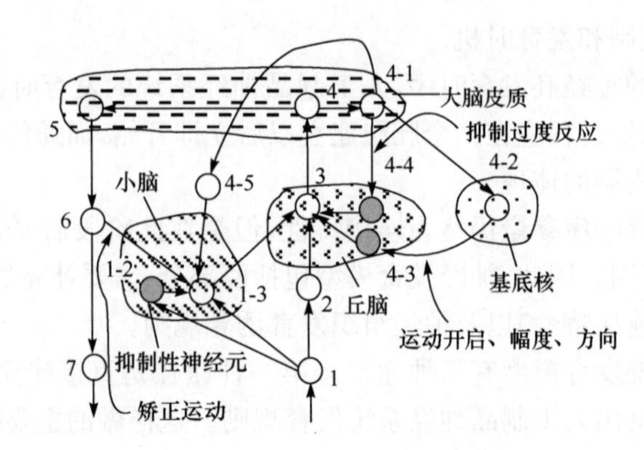

图 4.13　简化运动神经控制模型

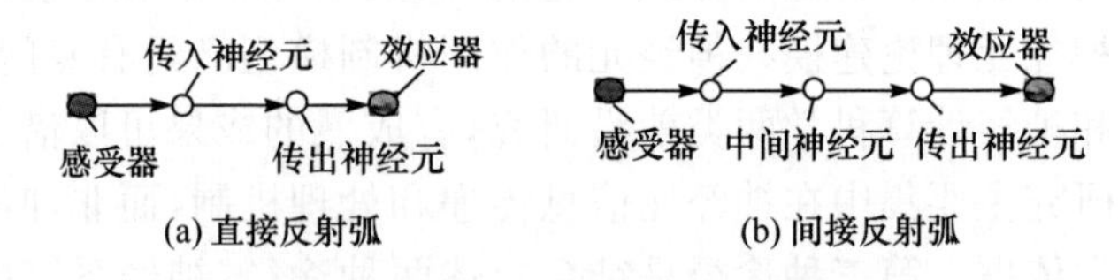

图 4.14　直接反射弧和间接反射弧

4.9　生长型设计模型

4.9.1　生长过程

依据上述讨论的建模原则,生长过程见图 4.15。

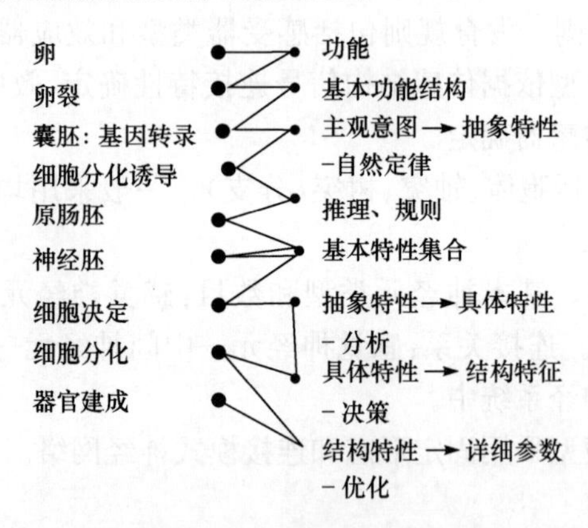

图 4.15　生长过程示意图

生长型模型的生长过程可表述为:功能阶段→代理阶段→特性阶段→定型阶段→特征阶段→参数化模型。

功能阶段:相当于基因。

代理阶段:抽象特性,相当于基因转录。

特性阶段:特性演变,相当于细胞分化和诱导。

定型阶段:特性诠释,相当于细胞定型。

特征阶段:结构主要特征,相当于基因转录和细胞定型。

参数化模型:详细设计,相当于器官建成。

其中,功能阶段→代理阶段是主观意图→抽象特性转化;定型阶段→特征阶段是抽象特性→具体特性→结构特征转变。

生长型设计模型见图 4.16。

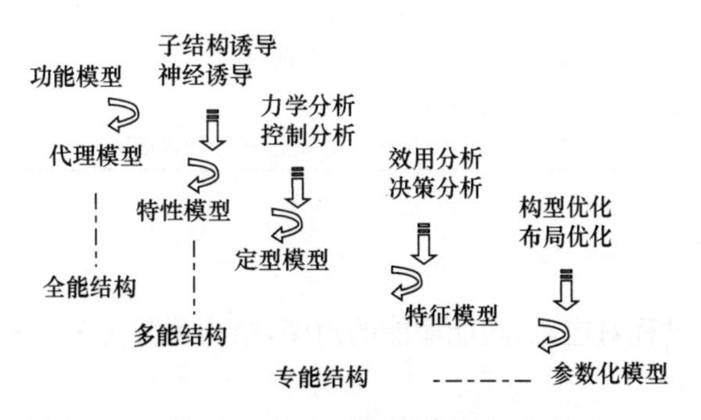

图 4.16　生长型模型示意图

生长型设计模型描述了不同抽象层次概念的转化过程,主观需求→界面特性→特性集合→特性诠释→结构特征→详细参数。

4.9.2　发育模式

生长模型以镶嵌型发育模式和调节型发育模式循环发育。功能阶段以镶嵌型发育模式为主;特性阶段中子结构分化演变以调节型发育模式为主,神经系统分化演变以镶嵌型发育模式为主,部件子结构分化演变先以镶嵌型发育模式为主,后以调节型发育模式为主,如果继续分化,则以两种模式循环发育;代理阶段和定型阶段以基因转录翻译为主;特征阶段则两种模式并存(存在多特性耦合时以调节型发育模式为主,解耦后以镶嵌型发育模式为主),参数化模型以镶嵌型发育模式为主,涉及子结构界面时以调节型发育模式为主。在特征阶段和参数化模型阶段存在基因转录,即存在基因转录—镶嵌型发育模式—调节型发育模式子循环。发育过程中基因有选择关闭,从而限定了发育选择方向,使结构潜能沿着全能—多能—专能方向发展。各个阶段的发育模式见表 4.1。

表 4.1　各个阶段发育模式

设计阶段	主导发育模式	结构潜能
设计需求	基因转录(功能)	
功能阶段	镶嵌型	全能
代理阶段	基因转录(自然定律)	
特性阶段	调节型	
	部件继续发育模式: 诱导(规则)—镶嵌型—调节型	多能
定型阶段	基因转录(部分基因关闭)以及定型	
特征阶段	基因转录(部分基因关闭) 镶嵌型(非耦合),调节型(耦合)	
参数化模型	基因转录(形状、大小) 镶嵌型(形状、尺寸),调节型(子结构界面)	专能

4.9.3　结构级层

与胚胎发育过程对应,从功能潜能的角度,结构可分为三个基本级层:全能、多能和专能结构。

全能结构:初始功能阶段为全能结构,全能子结构具有发育成为本系统不同类子结构的潜能。

多能结构:功能分解后建立代理阶段,子结构经诱导生成胚层结构,此时的子结构为多能结构。多能子结构具有发育成本胚层不同类子结构的潜能。

专能结构:在后期的详细设计中,子结构发展为具有特定形态的最终子结构,称为专能结构,如凸轮机构、齿轮机构、连杆机构、带传送机构等可视为专能结构。

4.9.4　遗传和转决定

功能阶段依据设计需求确定,可具有遗传稳定性,也可发生转决定。

在功能阶段确定的情况下,代理阶段具有遗传稳定性。

特性阶段一般具有遗传稳定性,对不同类型的人工制品(机械、控制、程序设计等)具有相似的胚胎结构。

定型阶段可具有遗传稳定性,也可发生转决定。当特性与常规物理效应映射时,具有遗传稳定性。例如,传感器采用常规传感器,姿态控制执行机构(致动结构)采用磁力矩器、推力器、动量轮等;当引入新的物理效应时,则发生转决定,即创造性设计,如姿态执行结构采用压电效应原理用压电片作为致动结构。此外,对特性的诠释不同,可发育为不同的特征阶段,因此定型阶段是基因转录的关键阶段,也是决定发育方向的关键阶段,是最具创造性潜力的阶段。

特征阶段可具有遗传稳定性，也可发生转决定。例如，采用商品材料则具有遗传稳定性，采用埋设夹杂体的设计材料则发生转决定。

参数化模型一般具有遗传稳定性，也可发生转决定。当采用常规形状和尺寸参数时具有遗传稳定性；当采用新的形状和极端尺寸参数（超大或超小）时产生创新设计或创造设计。

4.9.5　序参量

生物体的特性在胚胎发育的早期阶段（原肠胚）就已经决定了。同样，人工制品的特性在设计的早期阶段就可以决定。生物体的发育是细胞间相互作用的结果，人工制品的发育可以认为是子系统的特性相互作用的结果。子系统的结构在设计的初始状态是未知的，但是其应该具有的特性即期望特性是已知的，可以用代理阶段的特性表述。

由代理阶段依据一定的规则可以自动衍生为一系列子结构的组合，如同生物原肠胚基本决定了生物的基本组织结构，在这个阶段的系统特征基本决定了最终系统的组织结构。借鉴生物学的概念，将对应组织结构称为胚胎。

胚胎的发育依赖子结构的相互作用，因而支配胚胎发育的变量即为序参量。胚胎发育过程可以用连接特性的演变表述，支配胚胎演变过程的变量是初始连接关系矩阵，称为宏序参量；支配子结构详细组织结构的变量则为子连接关系矩阵，称为子序参量。前者支配系统的宏观组织结构，后者支配子结构的详细组织结构（如机电产品的详细设计）。

设计作为科学意味着提供从功能到结构的新的解释或更为精确的解释，而新的解释和更为精确的解释必然源于宏序参量和子序参量参数的变化和增加。常规设计序参量不变，创新设计或创造性设计必然由序参量变化引起。宏序参量改变导致功能改变，子序参量改变导致物理效应改变。因此，序参量不仅可以引导子结构发育方向，而且可以借助序参量改变探索创造设计途径。

4.10　总　　结

发育生物学研究为发育设计提供了可以借鉴的描述框架。生物胚胎发育的基本要素为基因、基因转录、细胞定型、分化诱导；产生突变的基本要素是转决定；神经系统控制通过不同神经传递通路实现。另一方面，人工制品的二重性、设计的三重性和渐进性、设计问题的决策属性使得设计问题描述具有与生物系统不同的独特性。将上述因素纳入一个有序的规范模式则构成一个生长型设计模型。

生长型设计模型描述功能—结构演变的渐进过程，并具有一定程度的自治发育能力。由六个阶段组成：功能阶段—代理阶段—特性阶段—定型阶段—特征阶段—参数化阶段。

模型的前一阶段即从功能到特性阶段具有一定程度的发育自治性,本章定义为胚胎设计,其主要发育机制为诱导过程。后一阶段即定型阶段和特征阶段以及参数化模型阶段需要补充基因,补充基因的类型可依据特性确定,具体数值需要计算和分析。

代理阶段演变为特性阶段的支配因素是特性联系,因此,特性连接即为序参量。序参量支配结构发展状态,序参量是从功能到结构映射的桥梁,是自治设计和自治系统的关键变量。创造性设计和创新设计起源于序参量的变化,但是序参量的变化未必必然导致创造性设计或创新设计,仅当转决定发生时,才可能改变遗传状态而产生创造性设计或创新设计。

控制系统有两种设计模式:一种是依据生物神经系统发育时空顺序和神经元连接模式逐步发育控制系统;另一种是依据神经元群功能和神经控制模式直接构造控制系统拓扑结构,即神经网络结构,包括神经元群以及回路形态和功能。本章采用后一种模式。

第 5 章　基于代理阶段的功能—特性映射

本章进一步讨论生长型设计模型的前三个阶段:功能阶段、代理阶段和特性阶段。这三个阶段奠定了未来结构组织的基本结构,故定义为胚胎设计。胚胎设计的核心是:基因、基因开启时序、诱导法则。代理阶段将主观意图转换为客观特性,并且演变为特性阶段,前者基于基本功能结构,后者基于诱导的自治过程。本章讨论基本功能结构、代理阶段的表述诱导规则,并给出四个实例。

如 Simon 所言,理解现象的第一步是理解这些现象包含哪些事物,即建立一门分类学[1]。对于每个阶段的模型,首先分析模型的基本要素和组成,然后提出数学描述,并分析其内涵。

5.1　功能阶段

首先明确功能的概念及其表述。

5.1.1　功能

在工程设计学中,功能定义为系统输入输出之间以完成任务为目的的总的相互关系[78]。在设计科学领域,功能定义为行为的结果[234]。在本章语境下,功能定义为行为的结果,是一个对象的技术层面的功用。

功能可从不同角度表述,表 5.1 是不同观点的功能表述的比较。

表 5.1　功能表述的比较

观点	表述
逻辑学观点	联结,分离,引导
物理观点	转变,联结(集合,分配),传递(变形,导通),储存
一般观点 Roth	转变,放大(缩小),联结(分支),导通(阻断),储存
一般观点 Krummauer	转变(逆转变),改变方向(大小),放大(缩小),耦合(断开),合并(分开),导通(绝缘),汇集(散布),对准(振荡),引导(不引导),吸收(发射),储存(释出)
自然语意(本章)	支撑载荷,挤压物体,储存物体,移动物体,切削物体,切割物体,照明等

5.1.2　功能分解和功能结构

功能分解的一般原则是:将功能分解为分功能,在分功能之间建立相互联系,组成功能结构,当功能结构底层阶面上所有功能不能再进一步分解时,功能分解完成[78]。

Suh 在公理化设计理论中阐述了功能分解的原则:满足独立公理[37]。

上述功能分解法中隐含了规则性分解部分。此外,在设计的初始阶段引入了方案部分,不利于创造性设计。因此功能结构可以进一步简化。

5.1.3 基本功能结构

综上所述,第一,功能结构可以进一步简化为更为简洁的形式,主要表述基本分功能;第二,衍生功能可以依据规则演变,故无需在功能结构中表述;第三,功能结构应该对子功能的相互关系定性描述。

本章采用接近自然语意的功能表述,直接将设计需求的任务要求表述为子功能,然后建立子功能之间的关系,则子功能和相互联系构成基于任务需求直接表述的功能结构,称为**基本功能结构**。

下面以实例说明基本功能结构的简洁性和概括性。

图 5.1 是某土豆综合收获机按照输入输出关系定义的功能结构[78]。土豆综合收获机的任务需求描述为收获土豆并分类为:土豆、废土豆、茎叶、杂质。考察图 5.1,功能结构主要为分功能描述以及物料的传递顺序,分功能采用通用功能描述,如垦掘、筛、分离、分选、聚集。能量流经过转换(实际为驱动)分别为分功能的输入流,信号流在此实际为开关装置。E_1、E_2 为主动能(挖掘)和辅助功能(分离)的输入能量,M 为材料,S 为信号。在此例中,能量、驱动、开关功能实际上是不言而喻的,属于固定规则,即运动功能需要驱动和能源功能支撑,并有开关装置。此外,在设计早期阶段,有关分离的物理效应(描述相关量的物理定律)及实现方法的信息不完全,故分功能可以进一步简化、合并为“分类”和“容器”功能。

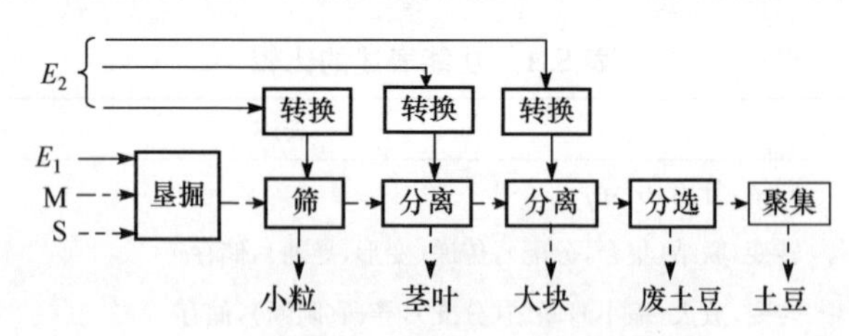

图 5.1 土豆综合收获机的功能结构[78]

图 5.2 为重新建构的土豆综合收获机的基本功能结构。图 5.2 将分离等功能合并为分类功能,增加了容器功能和卸载功能,并增加了参考基础。**参考基础**表述各个运动子功能的计算基准以及非运动子功能的连接基准,一般为机架。连线表示子功能相互关系,如空间连接顺序、物料流动方向等。箭头表述物料流动时序或支撑基准。

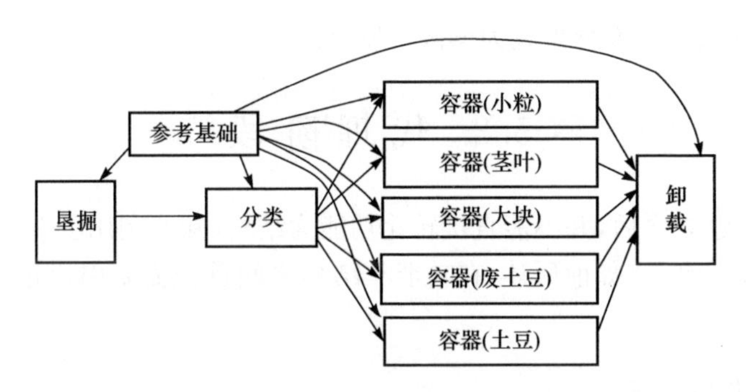

图 5.2　土豆综合收获机基本功能结构

图 5.3 是通用型管道开关基本功能结构[78]。通用型管道开关任务需求描述为依据输入信号控制流量，防泄露。考察图 5.3，承受驱动力矩的子功能实际为改变流量子功能需要的驱动以及能量支撑，如前所述，为固定规则。此外，输送液体物料需要密封以及改变流量需要驱动和能源功能是不言而喻的，可以通过规则衍生。图中 E_o、E_f 为输出能量和摩擦损耗，可以用允许效率表征。

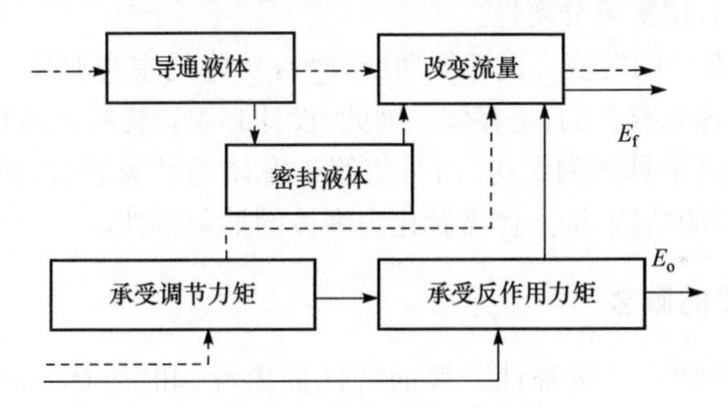

图 5.3　通用型管道开关功能结构[78]

图 5.4 为通用型管道开关基本功能结构，将衍生功能去掉，只保留输送液体和改变流量基本功能。

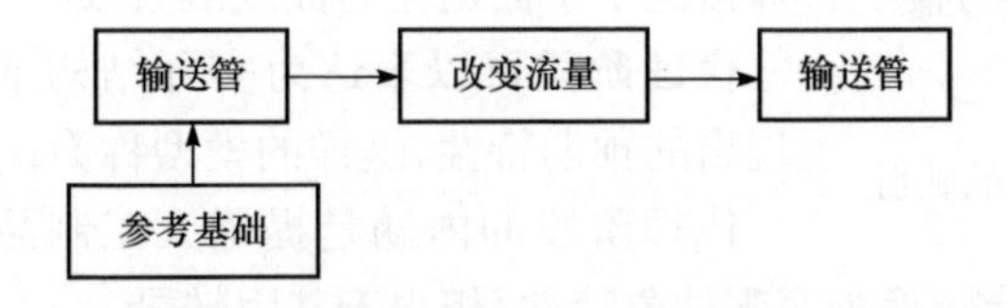

图 5.4　通用型管道开关基本功能结构

5.1.4　功能阶段表述和发育模式

功能阶段表述为

$$\text{Function}=\{F_i\},\quad i=1,2,\cdots,n \tag{5-1}$$

式中,n是功能数量。发育模式为镶嵌型发育。

5.2 代理阶段

功能结构建立之后,并不能直接转化功能为结构(除非利用已有结构组织),需要建立映射关系[276]。如前所述,在功能—结构之间首先需要引入过渡模型,即代理阶段。

5.2.1 代理阶段依据

(1) 设计作为创制科学追求可解释性。如同科学解释追求精确性,设计作为创制科学也必须力求精确。这意味着探索从功能到局部结构的更详细的解释,而非笼统的功能与人工制品的对应,即探索可解释性。

(2) 人工制品的界面特性和可分离性。将外部环境抽象为主要特征即可使人工制品保持相对性能稳定性。抽象的界面特性可作为功能与结构的映射桥梁,而系统抽象特性具有层次可分离性。

(3) 主体—客体的转换。设计从功能开始,功能是主观愿望,是主体;实现功能的人工制品是客观存在的,是客体。因此,设计必须首先将主体转化为客体。功能的实现并不依赖于具体的结构,而是依赖于客体的抽象特性,只需具备此种特性,便可获得需要的功能,即主体需转化为客体的抽象特性。

5.2.2 代理阶段的概念

依据上述提到的"可解释性""界面特性抽象性"和"主体—客体抽象特性转换",在功能与结构之间引入一级过渡映射,即界面的抽象特性,见图5.5。界面的抽象特性实质为实体的特性代理阶段。本章提出用特性平面表征代理阶段的特性,特殊情况下平面退化为曲线或直线。

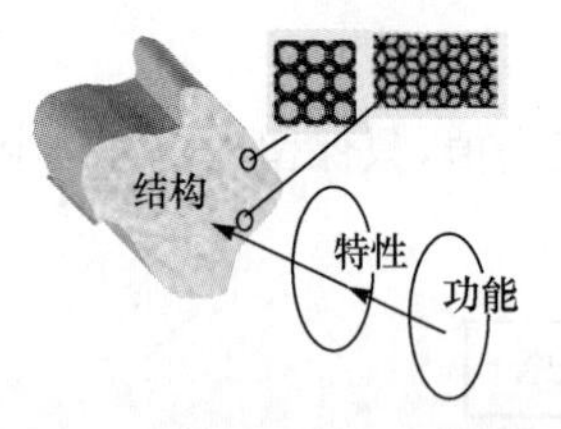

图5.5 功能与结构的映射

代理阶段可以表达为实际结构承受环境载荷时应表现出的预期特性,这样的模型称为代理阶段。

代理阶段的内涵是提炼人工制品与环境的主要界面特性,将主观功能转换为客观抽象特性,相当于基因转录。

5.2.3 界面特性的提取

特性取决于载荷、允许频率范围、允许挠度变形、占据空间、运动速度等设计约束。其主要分为:结构特性和连接特性。

结构类型主要包括支撑结构、驱动结构、能源结构、传感结构、致动结构、传感器、效应器、信号处理器等。传感结构为传出信号结构;传感器为能量转换器,将某种能量转化为电能。二者可合并也可独立,在压电材料情况下为一体。致动结构为执行元件;效应器为能量转换器,将电能转换为机械能,其功用相当于生物神经肌肉接头。二者可合并也可独立,在压电材料情况下为一体。连接类型主要包括信号连接、物理连接,物料输送可包括在物理连接中,也可单独作为一类。

在机电产品中,特性可表述为结构刚度 k(弯曲、拉伸、扭转等)、传感器、致动器能量转换系数 d、传感结构和致动结构系数 th(threshold 阈值 $V_{\max}$、$V_{\min}$、$F_{\max}$、$F_{\min}$等)、处理器转换系数 g、驱动器功率 P、能源 E 等。其他如面积 A、能源类型 Type 可依据设计约束确定。

特性联系描述传递的变量特性,如信号、力、温度等;静连接一般可表述为连接刚度。

本章集中讨论支撑结构特性表述以及连接特性表述。特性根据载荷条件、频率范围、变形约束、空间约束等设计初始条件确定。

以小卫星模块盒为例,见图 5.6。功能为支撑载荷。已知支撑面积 R^2,单向垂直均布载荷 q,最大变形 $\Delta_{\max}$,求代理阶段特性。

(a) 小卫星模块盒图

(b) 小卫星模块盒简化

图 5.6　小卫星模块盒图

首先,确定特性用结构的弯曲刚度表征;其次,因为结构支撑面积 R^2 承受单向均布载荷,所以特征曲面可以表示为平面 R^2。

下面分别讨论几种不同载荷环境下不同约束条件的特性提取。

1. 特性提取

1) 约束为底板静变形

特性平面刚度获取方法如下。

简支边平板弯曲基本微分方程为[277]

$$D\nabla^4 w = q \tag{5-2a}$$

$$D = \frac{Eh^3}{12(1-\upsilon^2)} \tag{5-2b}$$

对矩形薄板有双三角级数

$$w=\frac{16q_0}{\pi^6 D}\sum_{m=1,3,5,\cdots}^{\infty}\sum_{n=1,3,5,\cdots}^{\infty}\frac{\sin\frac{m\pi x}{a}\sin\frac{n\pi y}{b}}{mn\left(\frac{m^2}{a^2}+\frac{n^2}{b^2}\right)^2} \tag{5-2c}$$

式中,w 为挠度;q 为薄板单位面积横向载荷;h 为薄板厚度;a、b 为底板长和宽;E 为杨氏弹性模量;υ 为波松比。当 q、w、边界条件为已知时,可求出弯曲刚度 D。

利用曲面挠度方程可推出

$$D=\frac{16q}{\pi^6\left(\frac{1}{a^2}+\frac{1}{b^2}\right)^2}\frac{1}{\Delta_{\max}} \tag{5-2d}$$

式中,q 为均布载荷;a、b 为底板长和宽;$\Delta_{\max}$为底板中点允许挠度。

一般地,当形状和边界条件为非典型形状和边界时,可用能量法或差分法求出弯曲刚度。

2) 约束为边板承受静载荷

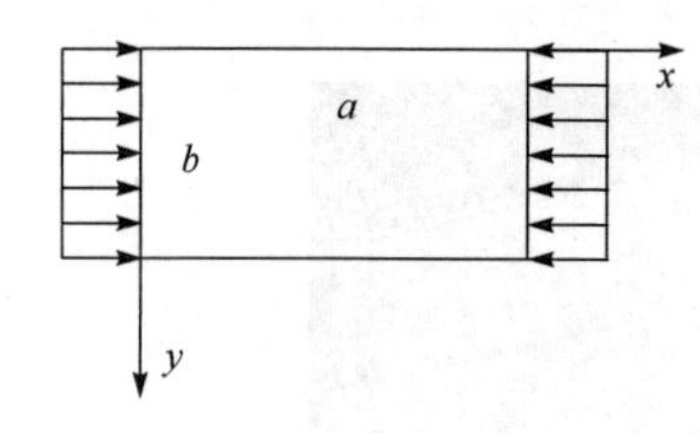

图 5.7 压杆示意图

模块盒四边主要功能是容纳载荷体积,其特性主要表现为薄板的压曲稳定性或柱的压曲稳定性[278]。

两对边简支的矩形薄板在纵向均布压力下的压曲,见图 5.7。

微分方程为

$$D\,\nabla^4 w+P_x\frac{\partial^2 w}{\partial x^2}=0 \tag{5-3a}$$

取挠度的表达式为

$$w=\sum_{m=1}^{\infty}w_m=\sum_{m=1}^{\infty}Y_m\sin\frac{m\pi x}{a} \tag{5-3b}$$

式中,m 为任意正整数。

$$Y_m=C_1\operatorname{ch}\alpha y+C_2\operatorname{sh}\alpha y+C_3\cos\beta y+C_4\sin\beta y \tag{5-3c}$$

$$\alpha=\sqrt{\frac{m\pi}{a}\left(\sqrt{\frac{P_x}{D}}+\frac{m\pi}{a}\right)},\quad \beta=\sqrt{\frac{m\pi}{a}\left(\sqrt{\frac{P_x}{D}}-\frac{m\pi}{a}\right)} \tag{5-3d}$$

设 $y=0$ 为简支边,$y=b$ 为自由边,则临界载荷为

$$(P_x)_c=k\frac{\pi^2 D}{b^2},\quad k=\left(\frac{b}{a}+\frac{1}{b/a}\right)^2 \tag{5-3e}$$

对简支梁,临界载荷等于欧拉临界荷载,即

$$(P_x)_c=\frac{\pi^2 D}{a^2} \tag{5-3f}$$

可以看出，决定临界载荷的主要因素是板的弯曲刚度。

3）约束为低于激振频率

薄板的自由振动方程为[278,279]

$$\nabla^4 w + \frac{\bar{m}}{D}\frac{\partial^2 w}{\partial t^2} = 0 \tag{5-4a}$$

设四边简支，取振型函数为

$$W = \sin\frac{m\pi x}{a}\sin\frac{n\pi y}{b} \tag{5-4b}$$

最低自然频率为

$$\omega_{\min} = \omega_{11} = \pi^2\left(\frac{1}{a^2} + \frac{1}{b^2}\right)\sqrt{\frac{D}{\bar{m}}} \tag{5-4c}$$

如果已知系统的地震谱，则可确定最低自然频率应大于激振频率，由此确定弯曲刚度。

4）约束为允许应力

应力分量最大值发生在板面[278]，为

$$\sigma_{x\max} = \frac{6}{t^2}D\Delta_{\max}\pi^2\left(\frac{1}{a^2} + \frac{\upsilon}{b^2}\right),\quad \sigma_{y\max} = \frac{6}{t^2}D\Delta_{\max}\pi^2\left(\frac{1}{b^2} + \frac{\upsilon}{a^2}\right) \tag{5-5}$$

当给出允许最大变形时，可根据弯曲刚度确定材料强度参数。如果材料确定，则可根据式(5-5)求出弯曲刚度。

因此一般承受载荷功能的特性可用刚度表示。

2. 建立特性联系

依据功能结构和代理阶段子结构特性建立特性联系。建立特性联系基本原则是描述子结构特性之间需要具有的关系，也具有一定灵活性。

信号连接关系：描述传递变量类型，如电压、位移、力、速度等。

物理连接关系：动连接描述相对运动类型，如移动、转动、复合运动等，以及运动关系的物理量，如速度、角速度、加速度等；静连接描述连接物理量，如力、力矩、压力等。

物料连接关系：描述输送物料的类型，如液体、固体、连续体、间断体等，以及输送速度、面积、长度等。物料连接关系与物理连接关系可共同表示为物理连接关系，在相对运动类型中用“输送”表征。

在土豆收获机一例中，与参考基础连接的特性为静连接，垦掘功能与分离功能的连接特性为：类型——输送、连续体；物理量——速度、面积、长度等。

5.2.4　代理阶段表述

几何表述为板、梁、质点，数学表述为特性矩阵。

具体代理阶段特性取决于功能,一般表述为面积、长度、弯曲刚度、拉伸刚度。

子结构特性集合:

$$\text{Property}=\{\text{Property}_i \mid \text{Property}_i=(\tau_1,\tau_2,\cdots)\},\quad i=1,2,\cdots,N \tag{5-6}$$

连接特性集合:

$$R_{ij}=\{r_{ij}=r_{ij}(\lambda_1,\lambda_2,\cdots),w_{ij}=w_{ij}(\gamma_1,\gamma_2,\cdots)\},\quad i,j=1,2,\cdots,N \tag{5-7a}$$

$$r_{ij}=r_{ij}(\text{Type},F,v_e,a,\cdots),w_{ij}=w_{ij}(u,I,Vt,B,T,v_e,a,X,F,\cdots) \tag{5-7b}$$

式中,τ_i、λ_i、γ_i 表示表征特性的各个因素。对于机电产品,一般具体代理阶段特性取决于功能,一般表述为面积、长度、弯曲刚度、拉伸刚度。如小卫星模块盒的特性可以表示为弯曲刚度。Type 为连接类型(静连接、相对转动、相对移动、复合移动等);F、v_e、a、u、I、Vt、B、T、X 分别表示力、速度、加速度、位移、电流、电压、磁场强度、温度、位置。

5.3 人工制品基因

代理阶段具备了结构发育需要的基本信息,进一步的信息在以后的各个阶段逐步引入,即逐步开启基因。代理阶段可作为人工制品基因。

如同胚胎发育依据基因,必然存在支配结构演变发展的基因。设计起始于功能,受自然定律约束由特定特性实现,特性演变受规则支配。支配功能分解、特性、特性相互关系的指令和潜规则就是物理、化学等自然定律。因此,相关的自然定律加上功能约束就是具有特定功能的人工制品的基因。

在细胞的发育过程中,基因依据一定的时空规律关闭和开启,因此不需要在设计的起始阶段给出完整的基因,在需要时及时补充基因即可。

有些文献将基因表达为特定方案的编码[104,133],需要在设计初始阶段给出完整基因。在本章的语境下,人工制品的基因是设计约束和规则,胚胎发育过程受基因的指导和制约,基因依据确定的时空顺序开启和关闭。分功能设计具有一定程度的独立性,相关基因在详细设计阶段输入即可。

生物的基因来自于遗传,常规设计的基因也同样可以来自于遗传,进一步地,创造性设计也可以通过遗传进化获得。

5.4 诱　导

在此,结构泛指特性集合,单元特性由子结构表述。人工制品诱导定义为:子结构与子结构以及子结构与连接关系之间互相发生作用诱导衍生新的子结构和连接的变化过程;人工制品诱导因子定义为:能够引导其他子结构的发育方向的子结构或连接。

当基因确定后，胚胎发育过程具有自治性。同样，一般人工制品，特别是机电产品功能原理具有规范形式，可以用诱导规则表述。因此设计过程可通过诱导实现，即自治。

基因依据一定时空规律关闭和开启，诱导子结构分化演变。当子结构特性和连接特性退化为**惰性子结构**和**惰性连接**时，产生分化抑制作用，抑制子结构继续分化，则形成基本胚层结构。

诱导过程中衍生新的特性和特性关系。特性关系与一般控制系统设计不同。控制系统设计主要是物理系统设计，而特性关系实质是设计子结构协调关系，是信息系统，其内涵是使子结构共同协调作用实现预定的功能。

诱导作用可用诱导规则描述，其计算机实现属于知识表述和推理问题。知识表述和推理是人工智能或知识工程的重要课题。本节只给出基本诱导通用规则以及计算机实现，说明诱导规则的可获性和有效性。

5.4.1　产生式系统基本结构

本节采用产生式系统，基本结构如下。

规则库：基本形式为 IF a THEN b。

数据库：特性集合，是动态库。起始于代理阶段，终止于特性阶段。

控制系统：推理机由程序实现，推理策略采用正向推理。

产生式用巴科斯范式（backus normal form，BNF）形式描述为

〈产生式〉：：＝〈前提〉→〈结论〉

〈前提〉：：＝〈简单条件〉|〈复合条件〉

〈结论〉：：＝〈事实〉|〈操作〉

〈复合条件〉：：＝〈简单条件〉and〈简单条件〉[（and〈简单条件〉）…] |〈简单条件〉or〈简单条件〉[（or〈简单条件〉）…]

〈操作〉：：＝〈操作名〉[（〈变元〉…）]

5.4.2　基本术语

（1）基本符号。

设 Sub_i 标记第 i 个子结构，b_{ij} 标记与 Sub_i 有信号和物理连接关系的邻接子结构，r_{ij} 标记两个子结构 i、j 的物理连接关系以及物流关系，w_{ij} 标记两个子结构 i、j 的信号连接关系。

（2）基本子结构。

类别：元结构、元部件结构、元零件、元器件。“元”表示基本组分。

元结构：传感结构、致动结构、处理器结构、元子结构。

元部件结构:运动转换部件结构、调速部件结构、驱动部件结构、能源部件结构、信号转换部件结构、物料输送结构、轴系部件、速度传递部件、电子器件部件、控制结构、驱动结构、能源结构、支撑结构、执行结构。

元零件:独立存在的零件,如螺栓、轴等。

元器件:独立存在的电子器件,如传感器等。

(3) 基本连接关系。

元连接类别:信号连接、物理连接、元部件连接。

信号连接:元信号传输连接、元端输出连接、元端输入连接。

物理连接:静连接、轴连接结构、体连接结构。

元部件连接:信号转换部件连接、转动部件连接、移动部件连接。

5.4.3 诱导基本原则

1) 诱导分类

诱导过程顺序分为两部分:子结构诱导和神经诱导。前者诱导原则是依据连接关系生成必要的子结构特性集合和特性关系集合,基本对应于生物体的原肠胚期,具备了详细设计必需的基本特性集合。

2) 基本原则

(1) 信号连接衍生。

输出信号感应:子结构受输出感应信号感应衍生出的传感器件,称为**传感结构单元**,传感结构与相邻子结构之间连接为**信号传输单元**;受输出转换信号感应衍生出的信号处理器件,称为**处理器单元**,处理器结构单元与相邻子结构之间连接为**信号传输单元**。

输入信号感应:子结构受输入激励信号感应衍生出的激励器件,称为**致动结构单元**,致动结构与相邻子结构之间连接为**信号传输单元**;受输入转换信号感应衍生出的信号处理器件,即**处理器单元**,处理结构单元与相邻子结构之间连接为**信号传输单元**。

信号传输单元:基本信号连接模式,没有感应能力。

(2) 运动转换部件结构衍生规则。

相对运动连接感应规则:相对运动连接衍生**执行部件**,执行部件继承原结构的运动特性。

(3) 其他部件衍生规则。

输送部件衍生规则:相对运动连接为物料输送,则衍生**输送部件**。

体连接部件衍生规则:相对运动关系为静止,则衍生**体连接部件**。

驱动部件和能源部件衍生规则:执行部件和致动部件衍生**驱动部件**和**能源部件**。

5.4.4 子结构诱导规则

依据诱导因子不同分为两类:信号传递作为诱导因子和物理连接作为诱导因子。在此,只给出自然语意表述的十五个基本规则。

1. 信号传递作为诱导因子

规则1:输出信号诱导。如果 $w_{ij} \neq 0$ 且 $C_{ij} \neq 1$,则在 Sub_i 与连接 w_{ij} 之间衍生传感单元,记作 $\mathrm{Sub}_{n+1} = \mathrm{Unit}S_i$;在 Sub_i 和 $\mathrm{Unit}S_i$ 之间衍生传输单元,记作 $\mathrm{Unit}T_{ii}$,$\mathrm{Unit}S_i$ 和 Sub_i 之间的连接关系为 w_{ij}。总子结构数目 $n=n+1$。

规则2:输入信号诱导。如果 $w_{ij} \neq 0$ 且 $C_{ij} = -1$,则在 Sub_j 与连接 w_{ij} 之间衍生传输单元,记作 $\mathrm{Sub}_{n+1} = \mathrm{Unit}A_j$。在 Sub_j 和 $\mathrm{Unit}A_j$ 之间衍生致动单元,记作 $\mathrm{Unit}T_{jj}$,Sub_j 与 $\mathrm{Unit}A_j$ 之间的连接为 w_{ij}。总子结构数目 $n=n+1$。

规则3:输出传递信号诱导。如果 $w_{ij} \neq 0$ 且 $w_{ij} \neq \mathrm{Unit}T_{ii}$,则在 $\mathrm{Unit}S_i$ 和 Sub_j 之间衍生处理器单元,记作 $\mathrm{Sub}_{n+1} = \mathrm{Unit}P_{ij}$,在$\mathrm{Unit}S_i$和 $\mathrm{Unit}P_{ij}$之间将衍生信号传输单元,记作 $\mathrm{Unit}T_{iij}$。在 $\mathrm{Unit}P_{ij}$ 和 Sub_j之间的连接为 $\mathrm{Unit}T_{ijj}$。总子结构数目 $n=n+1$。

规则4:输入传递信号诱导。如果 $w_{ij} \neq 0$ 且 $w_{ij} \neq \mathrm{Unit}T_{jj}$,则在 Sub_i 和 $\mathrm{Unit}A_j$之间衍生处理器单元,记作 $\mathrm{Sub}_{n+1} = \mathrm{Unit}P_{ij}$。$\mathrm{Unit}S_i$ 和 $\mathrm{Unit}P_{ij}$ 由传输单元连接,记作 $\mathrm{Unit}T_{iij}$。$\mathrm{Unit}P_{ij}$ 和 Sub_j 之间的连接为 $\mathrm{Unit}T_{ijj}$。总子结构数目$n=n+1$。

规则5:惰性单元。所有结构单元和连接单元对诱导没有反应能力。

规则6:结构单元。子结构将退化为结构单元,仅当其邻接子结构是结构单元,并且与它们之间连接为单元连接。因此,胚胎仅由结构单元、连接单元、部件单元和/或元件单元组成。

2. 物理连接作为诱导因子

1)静态连接

静态连接将衍生轴系连接结构和体连接结构,称为部件单元。部件单元将进一步分裂为基本单元和元件单元。

规则7:体连接(volume connection part)。如果 r_{ij}(Type)= Static,衍生体连接。

体连接包括三种类型连接:可拆卸连接、不可拆卸连接和合并连接。例如,法兰盘连接为可拆卸连接,铆钉为不可拆卸连接。如果两个邻接子结构特性相似,则可被合并为一个子结构。体连接继续分裂直至所有子结构为元件结构,如垫片、螺母、螺栓、键等。在元件单元之间的连接为连接单元。

规则 8：轴系连接(shaft connection part)。如果 r_{ij} (Type) = Rotation，$r_{ij}(V)=0$，Sub_i 和 Sub_j 之间将衍生轴系连接，记作 Sub_{n+1}。总子结构数目 $n=n+1$。

轴系连接包括万向轴、联轴器、花键连接等各种两轴连接部件。轴系连接继续分裂直至所有子结构为元件单元，如弹簧、键等。

规则 9：部件单元。轴系连接单元和体连接单元均为部件单元。部件单元之间的连接为连接单元。

2) 动态连接

动态连接诱导产生与相对运动关系对应的各种类型子结构。为了便于清晰地阐述规则，首先定义相关术语。

箭头子结构指箭头指向的结构，箭尾子结构指箭头输出端子结构。如果$C_{ij}=1$，则 Sub_j 是箭头子结构，Sub_i 是箭尾子结构。

输入端结构指仅接受输入信号的子结构，输出端子结构指仅接受输出信号的子结构。

两种连接模式：静态—运动；运动—运动。

(1) 静态—运动模式。

$$r_{ij}(V)=0$$

规则 10：驱动结构(driver structure)。如果 $V\leqslant[V]$，$[V]$为可实现的速度极限，则衍生驱动结构。

规则 11：调速部件单元(speed regulator part unit)。如果 $V>[V]$，则 Sub_i 和 Sub_j 之间衍生调速部件单元，并衍生驱动结构。箭头子结构为轴系部件单元。轴系部件单元和调速部件单元之间的连接为静态连接。

规则 12：部件单元可继续分裂直至组件单元、元件单元、仪器单元和连接单元。

(2) 运动—运动模式。

包括移动—转动、转动—移动和复合运动。

规则 13：旋转连接部件单元(rotation connection partunit)。如果 r_{ij} (Type) = Rotation，$r_{ij}(V)\neq 0$，$V\leqslant[V]$，Sub_i 和 Sub_j 将演变为轴系部件单元，并在其间衍生旋转连接部件单元。Sub_i 和旋转连接部件单元之间是静态连接，旋转连接部件单元和 Sub_j 之间是静态连接。如果 $V>[V]$，将衍生调速部件。

规则 14：移动连接部件单元(movement connection part unit)。如果 r_{ij} (Type) = Movement，则衍生移动连接部件单元，位于 Sub_i 和 Sub_j 之间。

规则 15：运动转换连接部件单元(motion transfer connection part unit)。如果 r_{ij} (Type) = Compound，则衍生运动转换连接部件单元，位于 Sub_i 和 Sub_j 之间。

诱导模型构造见图 5.8。

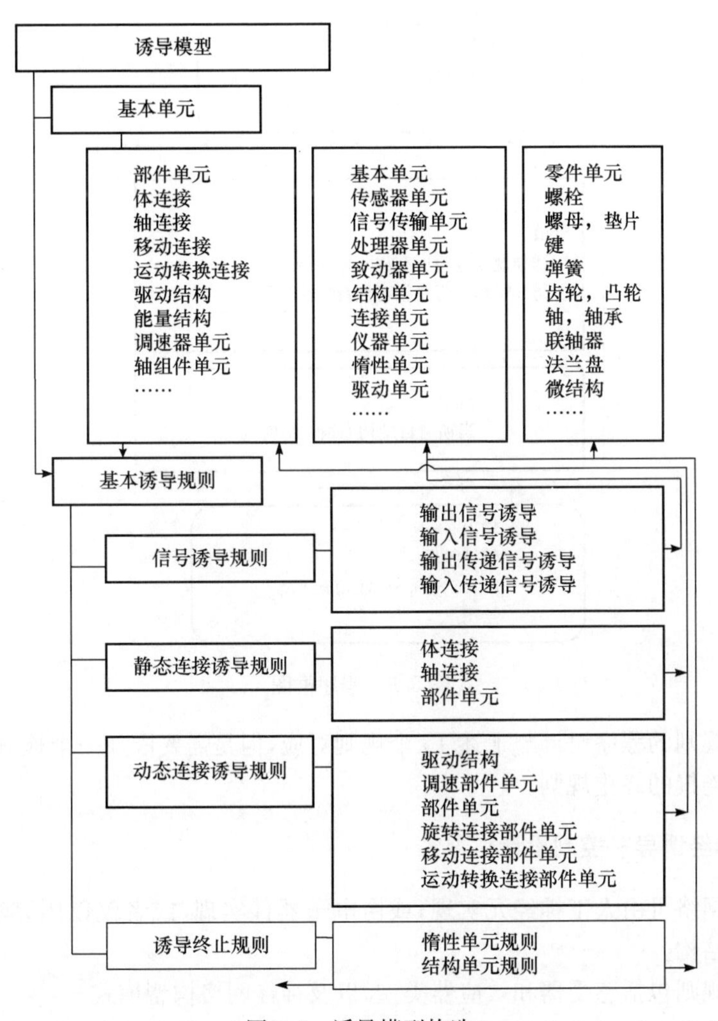

图 5.8　诱导模型构造

5.4.5　计算机实现

基本算法为：

step 1：DATA：={Property,R}

step 2：Until DATA 只含惰性结构单元和惰性连接单元

step 3：Begin

step 4：在规则中与 DATA 对应规则 Rule

step 5：DATA：=Rule 应用于 DATA

step 6：End

程序框图见图 5.9。

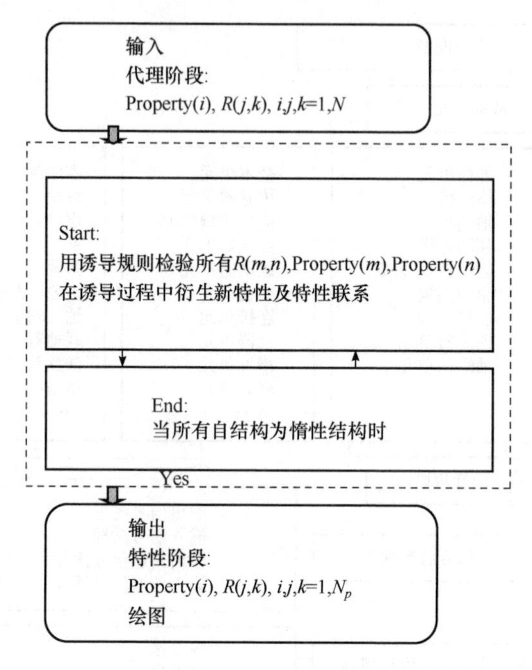

图 5.9 程序框图

诱导规则的程序设计与上述 15 个规则对应,但是需要添加一个检查惰性子结构和惰性连接的终止规则。

5.4.6 神经诱导—控制设计

神经网络可由人工神经元实现,或由电子器件实现,或者仅仅用算法实现,此时为虚拟结构。

发育规则包括感受器和效应器类型,以及神经网络构型模式。

在生物学中效应器是神经—肌肉接头。效应器支配肌肉的活动和腺体的分泌,主要是化学作用。在此,在功能层次模拟生物体,则人工制品中效应器支配致动器的运动状态。在目前的微电子技术水平下,效应器一般由电子器件组件组成。如在作用机理层次上模拟生物体,则效应器可由产生化学效应的组件组成。

1) 感受器诱导规则

温度感应:两个子结构信号传递变量为温度,则衍生温度感受器 Sensor$T$,位于两个子结构之间,子结构数目 $N=N+1$,Sub_i 与 Sensor$T$ 之间为静连接,Sensor$T$ 与 Sub_j 之间传递变量为电压或电流,Sensor$T$ 特性为 $I(T)$或 $Vt(T)$。

力感应:两个子结构信号传递变量为力,则衍生力感受器 Sensor$P$,位于两个子结构之间,子结构数目 $N=N+1$,Sub_i 与 Sensor$P$ 之间为静连接,Sensor$P$ 与

Sub_j 之间传递变量为电压或电流，Sensor$P$ 特性为 $I(T)$ 或 $Vt(T)$。

位移感应：两个子结构信号传递变量为位移，则衍生位移感受器，位于两个子结构之间，子结构数目 $N=N+1$。连接特性类似。

速度、加速度感应：信号传递变量为速度、加速度，衍生速度、加速度感受器，位于两个子结构之间，子结构数目 $N=N+1$。

磁感应：两个子结构信号传递变量为磁场强度，则衍生磁强计感受器，位于两个子结构之间，子结构数目 $N=N+1$。

类似有听觉、视觉、嗅觉感受器。

传递变量为电流、电压，则无传感器衍生其间。

传感单元和传感器是不同子结构，传感单元是输出信号子结构，可与传感器合并或独立存在，取决于技术可实现的水平。

2）效应器诱导规则

效应器衍生规则：由致动单元内侧衍生。

温度感应：产生温度效应器。

力感应：产生力效应器。

速度感应和加速度感应：分别产生速度效应器和加速度效应器。

位移感应：产生位移效应器。

磁感应：产生磁场效应器。

子结构相应变化同感受器衍生规则。姿态由速度和位移结合实现，如卫星姿态三个轴角度和角速度分别由位移和速度感受器传入信息，由位移和速度效应器执行动作指令。

连接规则类似传感器，Sub_j 与 Effector（效应器）之间静连接，Effector 特性为 $F(I)$，$F(Vt)$。

效应器与致动单元是不同子结构，致动单元是执行件。一般二者可合并。

3）神经传递通路诱导规则

神经系统由处理单元衍生。

关键问题是神经元群的拓扑形态。依照生物神经发育规律，第一步先发育神经元，第二步发育神经元之间的连接关系，即突触。依照轴突—树突顺序发育，即先输出，后输入。先发育运动神经元，后发育感觉神经元。定义内侧为箭头侧，外侧为箭尾侧。

运动神经元：衍生于致动器内侧，传递变量为电学量。

感觉神经元：衍生于传感器外侧，传递变量为电流或电压，即电学量。

神经反射弧：感觉神经元—中间神经元（位于中枢神经系统内）—运动神经元。

为了简化模型，每个功能由单独的神经反射弧执行。

随意运动神经传递弧：见随意控制。

神经元群按功能分类,例如:

运动神经传递通路,u(deformation),v_e(velocity),a(acceleration);

姿位神经传递通路,$X(x_1,x_2,x_3)$,反射弧由迷路感受器和深、浅感受器传入,在中脑整合[270];

温度神经传递通路,T(Temperature);

接触神经传递通路,F(Force);

视觉神经传递通路,视觉感受器—视传入神经元—丘脑—大脑视皮质;

听觉神经传递通路,声感受器—声传入神经元—丘脑—初级听皮质—大脑皮质;

嗅觉神经传递通路;

磁强神经传递通路,B(magnet strength);

电学量神经传递通路,I(current),Vt(Voltage)等。

基本传递通路见神经传递通路图,功能不同而有差异,神经传递机制复杂且大多尚未有定论。

机电产品如果需要传递应力、姿位和运动信息,则含有接触神经传递通路、姿位神经传递通路、运动神经传递通路。神经系统发育阶段信息连接矩阵处于开启状态,依据所传递信号的类型发育相应神经系统。

信息传递矩阵可扩展。此外,电流、电压等也需要神经传递通路,当仅仅传递信号时,无需神经元群;当需要放大或缩小信号时,则需要简单的神经元群(至少一个神经元)。

4) 运动神经诱导规则

运动神经诱导。如果有速度感受器或加速度感受器,且邻接连接不是单元连接,则在外侧(沿箭头方向)衍生感觉神经元;如果有速度或加速度效应器,则在内侧衍生运动神经元;如果两者信号一致,则停止发育;否则,可按照多种规则发育神经元群。

方法1:可采用自组织网络,无法满足精度则添加层或节点。

方法2:按照神经传递通路模型类型,发育为特定功能神经元群。

其他感应模式类似。

5.5 特性阶段

代理阶段通过诱导作用后形成特性阶段,特性阶段为多能子结构,发育模式为调整型发育模式。诱导的实质是特性—子特性映射。

5.5.1　表述

其表述形式同代理阶段，但是特性和特性联系变化。一般有 $N_p>N$。

$$\text{Property}=\{\text{Property}(i)\}_{N_p},\quad R=\{w,r\}\,|\,w=\{w_{ij}\}_{N_pN_p},\quad r=\{r_{ij}\}_{N_pN_p} \tag{5-8}$$

矩阵维数是变量，随着发育进程增加，但是其中存在过渡子结构，只存在于发育过程中的一个阶段，最终由于亲合作用发生子结构聚集而消失，或者完成局部引导发育任务关闭。因此宏观上子结构增加，但是在局部阶段可能减少。矩阵元素本身是矩阵，包含多变量，变量参数依据功能复杂程度而增加。

5.5.2　原基分布图和自治程度

信息联系模式决定了系统的自治程度。以小卫星模块盒为例，模块盒之间用螺栓连接为一体，模块盒底板作为局部结构，其发射过程的动力学信息表现形式为局部结构的位移、速度、加速度响应，服役期间的动力学信息表现为整星姿态。如果没有信息感应、测量、处理、控制，则小卫星的自治程度为零。如果设置局部结构位移信息测量、处理、控制，则可实现自适应结构；如果设置星体位置和速度的测量、处理、控制，即设置姿态控制系统，则具有一定程度的自治能力。

5.5.3　与一般功能—行为映射模式的比较

一般的设计模型中功能—行为映射关系通过设计者的领域知识和经验知识获得，或者在计算机辅助设计的情况下通过在知识库之间搜索匹配实现。

用代理阶段建立映射关系，将主观需求转化为客观特性，抽象概括了实现特定功能需要的特性，提炼了外部环境和内部环境的接口特性，将问题空间转化为内部环境（人工制品）的性质，可用少量物理量表述。

从代理阶段发展为特性阶段，映射关系可遵循诱导规则实现，则可实现自治设计。

诱导规则可用简洁、规范的形式表述，也可通过矩阵运算获得。特性阶段表述未来产品的基本特性集合，具有高度概括性和抽象性，因此不需要复杂的知识库和推理机制。后面的应用实例将进一步说明特性阶段的概括性和抽象性。

5.6　实　　例

本节给出四个胚胎设计实例说明胚胎设计过程。四个实例分别为支撑载荷、振动控制、运动控制以及程序设计。

5.6.1　支撑载荷

Case 1:支撑载荷为W_2、W_3,对应面积为A_2、A_3,体积为V_2、V_3,最大载荷加速度为a,支撑平面最大允许变形为$\Delta_{\max}$。

功能分解:参考模型;功能1,支撑;功能2,支撑。

代理阶段:面积A_2,薄板弯曲刚度k_2;面积A_3,薄板弯曲刚度k_3。特性阶段见图5.10。

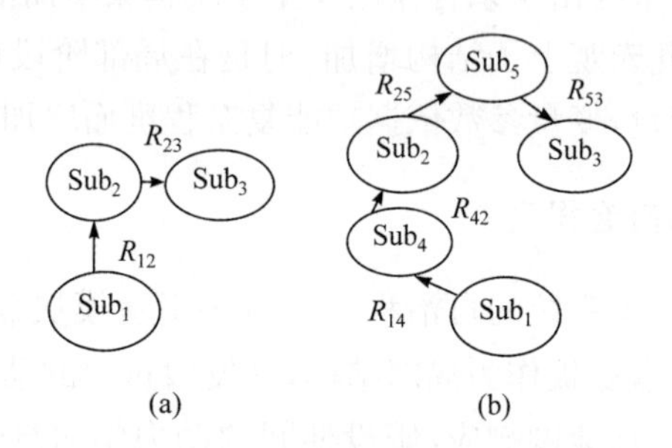

图5.10　支撑载荷胚胎发育

特性:Property$=\{\text{Property}_2=[k_2,A_2],\text{Property}_3=[k_3,A_3]\}$

物理连接特性为:$R=\{r_{12}=[\text{Static},F,0,0],r_{23}=[\text{Static},F,0,0]\}$

信息连接特性为$w=0$。Static表示连接类型为静态连接。F表示连接力。

根据静态连接规则,子结构之间衍生体连接部件结构。

特性阶段为

$$
\text{Property}=\begin{Bmatrix} — \\ k_2,A_2 \\ k_3,A_3 \\ F_4 \\ F_5 \end{Bmatrix}
$$

$$
r=\begin{Bmatrix} — & & & \text{Static},F,0,0 & \\ & — & & & \text{Static},F,0,0 \\ & & — & & \\ & \text{Static},F,0,0 & & — & \\ & & \text{Static},F,0,0 & & — \end{Bmatrix}
$$

从形式上看,胚胎模式简单,不构成三胚层,没有神经系统、驱动系统、能量循环系统,故只能生长为材质、骨架等结构件。

5.6.2　运动控制

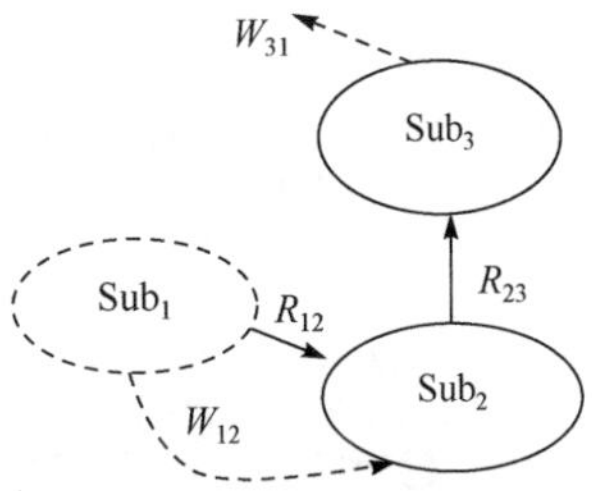

Case 2：Case 1 改变连接形式并补充信息连接，设置信息反馈。功能设计见图 5.11。Sub_1、Sub_2、Sub_3 分别表示参考系、结构体、有效载荷；W_{12}、W_{31} 表示信号传递，用虚线表示；R_{12}、R_{23} 表示物理连接。

图 5.11　功能阶段

代理阶段：

$$\text{Property}=\left\{\begin{matrix} & - & \\ k_2, v_{e_2} & & \\ & k_3 & \end{matrix}\right\}$$

$$r_{ij}=\left\{\begin{matrix} - & \text{Rotation}, F_2, v_{e_2}, 0 & \\ & - & \text{Static}, F_3, 0, 0 \\ & & - \end{matrix}\right\}$$

$$w_{ij}=\left\{\begin{matrix} - & 0,0,0,0,0,0,0,0,F & \\ & - & 0 \\ 0,0,0,0,0,\omega_3 & & - \end{matrix}\right\}$$

关联矩阵为

$$cr=\frac{\partial r_{ij}}{\partial r_{ij}(i,j)},\quad cw=\frac{\partial w_{ij}}{\partial w_{ij}(i,j)},\quad cr=\begin{bmatrix} - & 1 & 0 \\ & - & 1 \\ & & - \end{bmatrix},\quad cw=\begin{bmatrix} - & 1 & 0 \\ & - & 0 \\ 1 & & - \end{bmatrix}$$

邻接矩阵为

$$br=(cr+cr^{\mathrm{T}})\times\left\{\begin{matrix} 1 & & \\ & 2 & \\ & & 3 \end{matrix}\right\},\quad bw=(cw+cw^{\mathrm{T}})\times\left\{\begin{matrix} 1 & & \\ & 2 & \\ & & 3 \end{matrix}\right\}$$

$$b=\{bw,br\}=\left\{\begin{matrix} 3,2,0,2 \\ 1,0,1,3 \\ 0,1,2,0 \end{matrix}\right\}$$

R_{12}^0 相对转动连接诱导衍生出驱动部件 Sub_8 和能源部件 Sub_9。信息连接 W_{34} 和 W_{12} 诱导衍生传感单元和驱动单元，传感单元和驱动单元继续衍生处理单元，并退化为惰性单元，相关连接退化为惰性连接。此外，R_{23}^0 静态连接衍生体连接部件结构。胚胎见图 5.12，图 5.12(a) 为计算机生成图，图 5.12(b) 为基本组成示意图。

特性阶段：连接关系矩阵为稀疏矩阵，编程时压缩存储，见表 5.2。

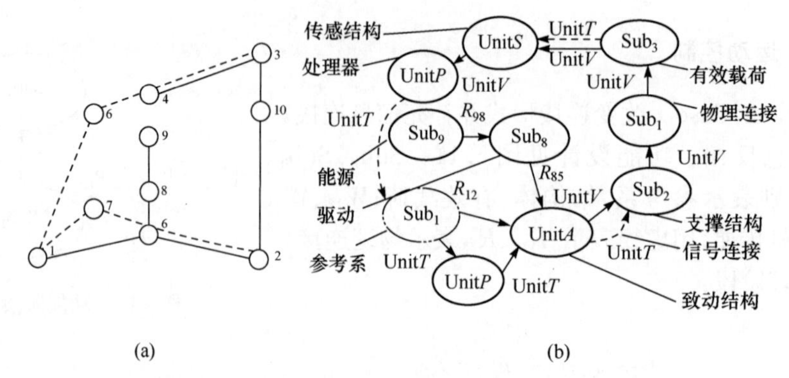

图 5.12　运动控制胚胎

表 5.2　连接关系

i,j	r_{ij}	i,j	w_{ij}
1,5	$R,F,v_e,0$	1,7	$0,I,0,0,0$
5,2	$S,F,0,0$	7,5	$0,I,0,0,0$
2,10	$S,F,0,0$	5,2	$0,0,0,0,0,0,0,0,F$
10,3	$S,F,0,0$	3,4	$0,0,0,0,0,\omega$
3,4	$S,F,0,0$	4,6	$0,I,0,0,0$
5,8	$S,F,0,0$	6,1	$0,I,0,0,0$
8,9	$S,F,0,0$		

特性:

$$\text{Property}=\left\{\begin{matrix} — \\ k_2, A_2, v_{e_2} \\ k_3, A_3 \\ \omega_4 \\ M_5 \\ g_6 \\ g_7 \\ F_8, v_{e_8} \\ E_9 \\ k_{10}, A_{10} \end{matrix}\right\}$$

d_4、d_5 为转换系数,当使用压电材料时为压电常数。g_6、g_7 为处理器转换系数,对控制系统为控制增益。

胚胎模式具有中胚层和外胚层,则可发育出躯干、神经系统以及表皮(传感器件)、心脏(驱动系统)、能量循环系统。

神经诱导衍生感受器 Sub_{11} 和效应器 Sub_{12} 以及神经网络(继承处理器子结构

Sub_6、Sub_7)，此处可采用四回路运动控制网络。

神经诱导后胚胎见图 5.13。

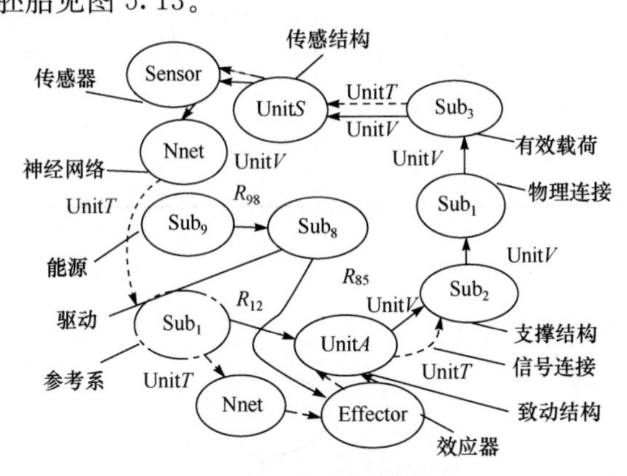

图 5.13　运动控制胚胎

连接特性见表 5.3。其中驱动为部件结构，若姿态控制采用动量轮则可选用电机，所以无需分解。若用压电材料则需要驱动电源。

特性：

$$\text{Property}=\left\{\begin{matrix} — \\ k_2, A_2, v_{e_2} \\ k_3, A_3 \\ \omega_4 \\ M_5 \\ g_6 \\ g_7 \\ F_8, v_{e_8} \\ E_9 \\ k_{10}, A_{10} \\ k_{11}, A_{11}, d_{11} \\ k_{12}, A_{12}, d_{12} \end{matrix}\right\}$$

表 5.3　连接关系

i,j	r_{ij}	i,j	w_{ij}
1,5	$R,F,v_e,0$	1,7	$0,I,0,0,0$
5,2	$S,F,0,0$	7,12	$0,I,0,0,0$
2,10	$S,F,0,0$	5,2	$0,0,0,0,0,0,0,0,F$
10,3	$S,F,0,0$	3,4	$0,0,0,0,0,\omega$
3,4	$S,F,0,0$	11,6	$0,I,0,0,0$
5,8	$S,F,0,0$	6,1	$0,I,0,0,0$

续表

i,j	r_{ij}	i,j	w_{ij}
8,9	$S,F,0,0$	4,11	$0,I,0,0,0$
4,11	$S,F,0,0$	12,5	$0,I,0,0,0$
12,5	$S,F,0,0$		
11,6	$S,F,0,0$		
12,5	$S,F,0,0$		

5.6.3　振动控制

Case 3：功能阶段见图 5.14。

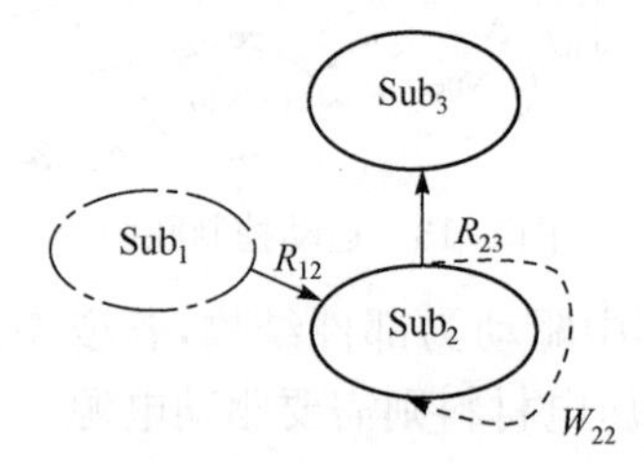

图 5.14　功能阶段

代理阶段：特性同 Case 1，但是特性联系不同：

$$\text{Property}=\{\text{Property}y_2=[k_2,A_2];\text{Property}y_3=[k_3,A_3]\}$$

$$r_{ij}=\begin{Bmatrix} - & \text{Static},F_{12},0,0 & \\ & - & \text{Static},F_{23},0,0 \\ & & - \end{Bmatrix},\quad w=\begin{Bmatrix} - & & \\ & u,0,0,0,0 & \\ & & - \end{Bmatrix}$$

静态连接衍生体连接部件结构，信号连接衍生传感结构单元、致动结构单元和处理单元。胚胎见图 5.15，连接关系见表 5.4，子结构组成见表 5.5。胚层形成中胚层和外胚层，即结构体和控制系统。其中，d_4、d_6 为转换系数，用压电片时为压电常数，感受器和效用器的特性均含有转换系数。g_5 为处理器转换系数，对控制系统为控制增益。

表 5.4　连接关系

i,j	r_{ij}	i,j	w_{ij}
1,8	$S,F,0$	2,4	$u,0,0$
8,2	$S,F,0,0$	4,5	$0,0,Vt$
2,7	$S,F,0,0$	5,6	$0,0,Vt$
7,3	$S,F,0,0$	6,2	$0,0,0,0,0,0,0,0,F$
9,2	$S,F,0,0$		
10,9	$S,F,0,0$		
2,4	$S,F,0,0$		
6,2	$S,F,0,0$		

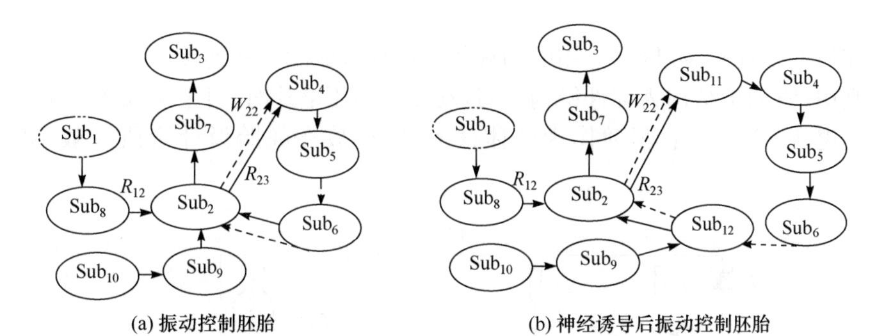

图 5.15　振动控制胚胎及神经诱导后控制胚胎

表 5.5　子结构组成

Sub	Property	功能	Sub	Property	功能
1	k_1,A_1	基架	6	M_6	致动结构
2	k_2,A_2	支撑	7	k_7,A_7	连接
3	k_3,A_3	支撑	8	k_8,A_8	连接
4	u_4	传感结构	9	P_9	驱动
5	g_5	处理器	10	E_{10}	能源

神经诱导衍生感受器 Sub$_{11}$ 和效应器 Sub$_{12}$ 以及神经网络(继承原处理器子结构 Sub$_5$),此处可采用神经反射弧。神经诱导后胚胎见图 5.15(b),连接关系见表 5.6,子结构组成和特性见表 5.7。

表 5.6　连接关系

i,j	r_{ij}	i,j	w_{ij}
1,8	$S,F,0$	2,11	$u,0,0$
8,2	$S,F,0,0$	12,2	$0,0,Vt$
2,7	$S,F,0,0$	5,6	$0,0,Vt$
7,3	$S,F,0,0$	6,12	$0,0,0,0,0,0,0,0,0,F$
9,2	$S,F,0,0$	11,4	$0,I,0$
10,9	$S,F,0,0$	6,12	$0,I,0$
2,11	$S,F,0,0$		
12,2	$S,F,0$		

表 5.7　子结构组成

Sub	Property	功能	Sub	Property	功能
1	k_1,A_1	基架	7	k_7,A_7	连接
2	k_2,A_2	支撑	8	k_8,A_8	连接
3	k_3,A_3	支撑	9	P_9	驱动
4	u_4	传感结构	10	E_{10}	能源
5	g_5	处理器	11	k_{11},A_{11},d_{11}	感受器
6	M_6	致动结构	12	k_{12},A_{12},d_{12}	效应器

在后期设计阶段,依据应用的物理效应增加或删除某些连接。

其中,驱动子结构为部件结构,当致动器采用压电片时,可采用如图 5.16 所示的驱动电源[280]。一般驱动作为整体任务进行,故在胚胎设计阶段一般不需要分解。

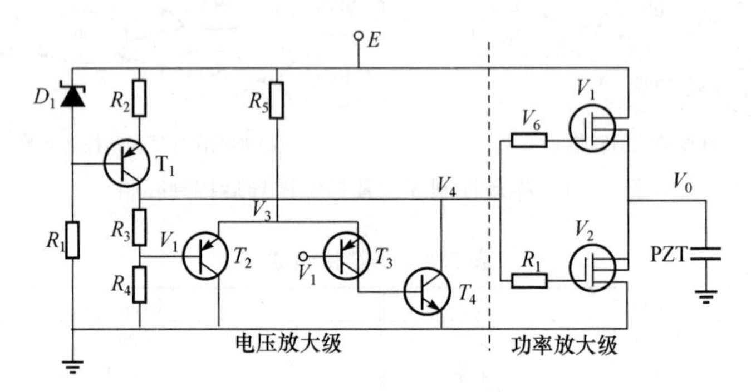

图 5.16　压电陶瓷驱动电源[280]

5.6.4　程序设计

Case 4:子结构诱导程序设计。

功能设计见图 5.17(a),Sub_1 为主程序,确定决策变量,并存储不断更新的特性集合;Sub_2 为胚胎诱导子程序;Sub_3、Sub_4 分别为规则。开启哪个规则由开关变量 Switch 确定,Switch 在主程序中确定。w_{23}、w_{24} 为[Switch,Sub,Property,w];w_{12}、w_{21}、w_{32}、w_{42} 为[Sub,Property,w]。

诱导后生成特性阶段见图 5.17(b)。没有物理连接,全部为信号连接。诱导模式类似,诱导出 6 个感受器、6 个效应器和 6 个处理器。共 22 个子结构。

$w_{2,11}$、$w_{2,17}$ 为[Switch,Sub,Property,w],其余所有连接传递信息为[Sub,Property,w],但是值不同。

Sub_7、Sub_{10}、Sub_{13}、Sub_{16}、Sub_{19}、Sub_{22} 为效应器;Sub_5、Sub_8、Sub_{11}、Sub_{14}、Sub_{17}、Sub_{20} 为感受器;Sub_6、Sub_9、Sub_{12}、Sub_{15}、Sub_{18}、Sub_{21} 为处理器;Sub_1、Sub_2、Sub_3、Sub_4 为程序主体。

在程序设计中,所有子结构为程序代码段。处理器代码段功能为数据处理;感受器代码段功能为数据转换;效应器代码段功能为逆向数据转换。特性关系为数据接口。

如果需要添加绘胚胎图功能,则添加绘图子结构,并衍生感受器、效应器、处理器子结构,分别执行数据转换、数据处理(如坐标位置、字符串转换)等功能。

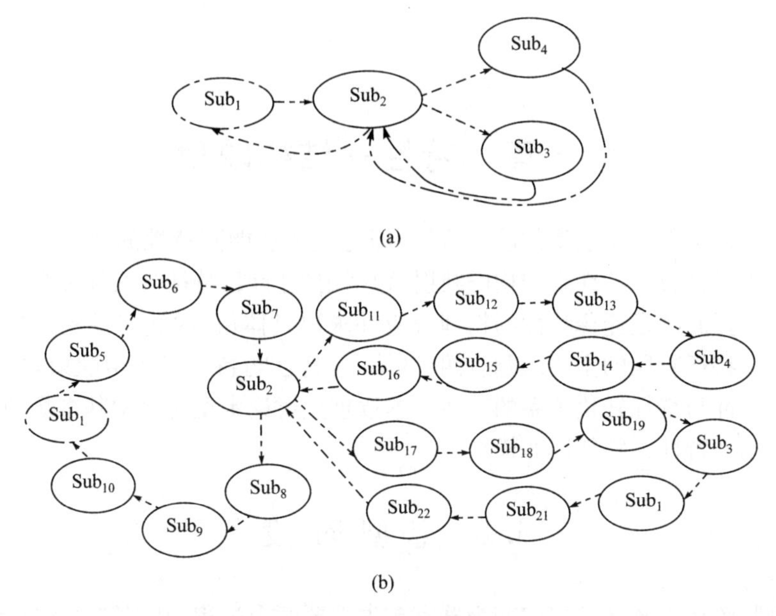

图5.17　程序设计

5.7 总　　结

功能阶段由基本功能结构表述。基本功能结构是将设计需求直接表述为子功能(不包括衍生功能),并依据空间、时间顺序建立子功能之间的基本相互连接关系。

代理阶段的内涵是提炼人工制品与环境的主要界面特性,用特性和特性联系表征,从而建立功能—特性的映射关系。

代理阶段的几何表述形式是特征平面,根据设计约束确定特征平面特性。数学表述形式为:特性矩阵、特性联系矩阵。

特性阶段表述未来产品的基本特性集合,从代理阶段到特性阶段通过诱导作用实现,诱导实质是特性—子特性映射。诱导规则的建立基于领域知识和经验知识,建立规则的原则是概括和抽象。因此,不同的功能阶段特性阶段结构可相似,区别在于特性值和特性联系表述不同。诱导规则是代理阶段—特性阶段的映射桥梁,是自治设计的基础。

在功能阶段属于镶嵌型发育模式,在特性阶段属于调节型发育模式。在代理阶段是基因转录过程。

通过支撑结构、运动控制、振动抑制和程序设计四个实例具体分析功能阶段、代理阶段和特性阶段的生成,验证了模型的有效性。

第 6 章　特性—结构映射

胚胎设计是生长型模型的前一阶段，即完成从功能到特性的映射。生长模型的后一阶段是完成从特性到结构的映射，包括定型阶段、特征阶段和参数阶段。定型阶段的主要问题是诠释特性的物理效应并求出具体值，因此需要建立物理效应基本分类。特征阶段的主要问题有两个：第一，特性与特征是多值映射，故需要决策；第二，特性与特征转化关系的表述。本章重点讨论定型阶段中基本物理效应分类和表述以及特性—特征博弈模型。

6.1　定 型 阶 段

生物胚胎从原肠胚发展演变为器官首先需要两个过程：基因转录和细胞定型。定型阶段兼有基因转录和定型的功用。

定型阶段是对特性诠释并赋值。诠释指确定实现特性的原理或物理效应。例如，刚度可以诠释为弯曲、拉伸、扭转等；传感器能量转换系数可以依据传感器原理诠释为不同参数。赋值过程涉及多学科计算和分析。如小卫星多功能结构设计涉及振动控制、姿态控制、传感器、致动器、材料设计、层加工制造技术等多学科。赋值过程是交叉计算和分析过程，一般存在多值映射，需要决策，但是此阶段主要任务是分析、计算。

需要确定的特性值主要是子结构刚度、连接刚度、传感结构、致动结构、传感器和效应器能量转换系数、处理器转换系数。其他如面积、能源类型、功率能可依据设计约束确定。

1）子结构刚度特性

基本类型为弯曲、拉伸、扭转、剪切。不同类型对应不同物理效应。

一般载荷情况可以用梁或板的弯曲刚度表征人工制品界面特性。弯曲刚度由允许最大变形、外载荷确定，或由允许最大应力、允许最低固有频率确定，见代理阶段部分。在此，仅以简单边界环境为例列出方程。

简支梁弯曲微分方程为

$$D_{\text{beam}}=\frac{5qL^{4}}{384\Delta_{\max}} \tag{6-1a}$$

简支薄板弯曲微分方程为

$$D=\frac{16q}{\pi^6\left(\frac{1}{a^2}+\frac{1}{b^2}\right)^2}\frac{1}{\Delta_{\max}} \tag{6-1b}$$

薄板振动方程为

$$\nabla^4 w+\frac{\bar{m}}{D}\frac{\partial^2 w}{\partial t^2}=0,\omega_{\min}=\omega_{11}=\pi^2\left(\frac{1}{a^2}+\frac{1}{b^2}\right)\sqrt{\frac{D}{\bar{m}}} \tag{6-1c}$$

强度方程为

$$\sigma_{x\max}=\frac{6}{t^2}D\Delta_{\max}\pi^2\left(\frac{1}{a^2}+\frac{\upsilon}{b^2}\right) \tag{6-1d}$$

$$\sigma_{y\max}=\frac{6}{t^2}D\Delta_{\max}\pi^2\left(\frac{1}{b^2}+\frac{\upsilon}{a^2}\right) \tag{6-1e}$$

2）连接刚度特性

在动连接的情况下，经过子结构诱导，最终退化为静连接。

在静连接情况下，涉及连接件的拉伸刚度、扭转刚度、接触应力等。一般可选刚度作为连接特性。

梁拉伸刚度为

$$D_{\text{tension}}=\frac{PL}{\Delta_{\max}},\quad D_{\text{tension}}=EA \tag{6-2}$$

梁扭转刚度为

$$D_{\text{torsion}}=\frac{M_nL}{\varphi_{\max}},\quad D_{\text{torsion}}=GJ_\rho \tag{6-3}$$

式中，A 为面积；P、M_n 为外力和扭矩；G、J_ρ 为剪切模量和极惯性矩[281]。

当考虑摩擦时，需要进行接触分析。

本章引入当量弹性模量 E_e 和当量刚度 D_e。

设

$$\frac{1}{E_e}=\frac{1-\upsilon_1^2}{E_1}+\frac{1-\upsilon_2^2}{E_2},\quad \frac{1}{r_e}=\frac{1}{r_1}+\frac{1}{r_2} \tag{6-4a}$$

$$D_e=r_eE_e=\frac{r_1+r_2}{r_1r_2}\bigg/\left(\frac{1-\upsilon_1^2}{E_1}+\frac{1-\upsilon_2^2}{E_2}\right) \tag{6-4b}$$

式中，r 为接触点曲率半径，E_e、r_e 为等效材料弹性模量和等效曲率半径，D_e 为等效接触刚度，q_0 为最大接触应力，则有如下公式。

球-球接触：

$$q_0^3=\frac{6}{\pi^3}{D_e}^2P \tag{6-5a}$$

圆柱-圆柱接触：

$$q_0=\sqrt{\frac{P}{\pi}D_e} \tag{6-5b}$$

圆柱-面接触：

$$r_e=r,\quad D_e=r_eE_e=\frac{r_1+r_2}{r_1r_2}\left(\frac{1-\upsilon_1^2}{E_1}+\frac{1-\upsilon_2^2}{E_2}\right),\quad q_0=\sqrt{\frac{P}{\pi}D_e} \tag{6-5c}$$

3）信号连接特性

主要表述需要传递的变量的类型。在子结构诱导后，一般为电学量，如电流 I。在液压控制系统中为流体压力 p。

4）传感结构和致动结构特性

主要表述需要获取变量或需要施加载荷类型和阈值，如力矩 M、力 F、位移 u、速度 v_e、温度 T、压力 P_r 等。

传感结构和传感器是不同子结构，传感结构是输出信号子结构，可与传感器合并或独立存在，取决于技术可实现的水平。致动结构与效应器是不同子结构，致动结构是施加控制载荷的结构，效应器类似神经—肌肉接头。

5）感受器和效应器能量转换系数

能量转换系数将一种形式的能量转换为另一种形式的能量，如压电材料将机械能转换为电能，或相反。可以选择现有材料特性，也可依据计算确定，再依据计算特性设计材料特性。

一般感受器为组件。在工业产品中基本类似于传感器。将感受到的某一物理量转换为有稳定单值关系的电量输出的完整装置称为传感器。

传感器组成：敏感元件，感受被测量；传感元件，将敏感元件输出的被测量转换成电量；测量电路。对于压电材料，电阻应变片既为敏感元件又为传感元件。

(1) 机电耦合系数作为能量转换系数。

机电耦合系数 k 综合反映机械能与电能之间的耦合关系。

效应器为逆压电效应：

$$k_a=\text{转化的机械能/静电场下输入的电能} \tag{6-6a}$$

传感器为正压电效应：

$$k_s=\text{机械能转变的电能/输入的机械能} \tag{6-6b}$$

设对效应器 X 向施加电场 E_x，输入的电能为 $U_E=\frac{E_x^2\varepsilon_1}{8\pi}(10^{-7}\text{J/cm}^3)$，引起应力 T_{xx}，储存的机械能为 $U_M=\frac{T_{xx}X_x}{2}$，$T_{xx}=e'_{11}E_x$，$U_M=\frac{T_{xx}X_x}{2}=\frac{e_{11}'^2E_x^2}{2C_{11}}$，则 $k_a=\frac{4\pi e_{11}'^2}{\varepsilon_1C_{11}}$，$C_{11}$ 为弹性模量矩阵中的元素[282,283]。

(2) 压电常数作为能量转换系数。

以目前最常用的压电材料为例。电信号与应变间的转换可用压电方程描述[282,283]。第一类压电方程为

$$x=S^E X+d^T E \tag{6-7a}$$

$$D=dX+\varepsilon^X E \tag{6-7b}$$

式中，x 为应变；X 为应力；d 为压电应变常数；d^T 为 d 的转置矩阵；D 为电位移矢量；E 为电场强度；S^E 是恒定电场条件下的弹性柔度系数；ε^X 是常应变时的介电常数。

通过换算获得

$$d_{31}=\Phi_d(V_{\max}, EJ_e)$$

(3) 常用传感器能量转换系数。

电阻应变式传感器：电阻丝应变灵敏度系数 K，表示电阻丝每单位应变所引起的电阻值的相对变化。$\frac{dR}{R}=K\frac{dl}{l}=K\varepsilon$，$K$ 一般为常数，一般要求尽可能大。

电容式传感器：电容量 C 与极板间距离 d、面积 A 以及介质的介电常数 ε 有关，即 $C=\frac{\varepsilon A}{d}$。

效应器即执行器。执行器将控制信号转换成力或力矩。

① 电动机：以电动机作为动力元件的电动机型电动执行机构，通常由电动机和减速器组成，电动机输出通过减速器变为低速而较大的力矩或推力。

② 压电片：压电材料直接将电信号转化为机械能。

③ 生物效应器：将化学能转化为机械能。

6) 处理器转换系数

属于控制参数设计，一般为控制增益。简单可表示为矩阵。

$$\Delta u=G^T h \tag{6-8a}$$

式中，Δu 为控制参量增量；G 为增益向量；h 为误差向量。

对于 PID 控制，应用位置式算法，则 G 中元素分别为比例、积分、微分系数[286,287]。h 为

$$h=\left\{\begin{matrix} e(t) \\ \sum_{0}^{t} e(i) \\ \Delta e(t)=e(t)-e(t-1) \end{matrix}\right\} \tag{6-8b}$$

应用增量式算法，则 h 为

$$h=\left\{\begin{matrix} \Delta e(t)=e(t)-e(t-1) \\ e(t) \\ \Delta^2 e(t) \end{matrix}\right\} \tag{6-8c}$$

7) 驱动结构和能源结构特性

驱动结构特性为功率,即 $P=Fv_e$,$P=M\omega$,$P=VtI$。

能源结构特性为能量,一般有 $E=Pt$,对于电动机,$E=VtIt$。

8) 实例分析

(1) 刚度特性。

设底板长度和宽度为 $a=b=0.32\text{m}$,简化为梁,则长度为 $L=a$。

则梁的挠度为

$$\Delta_{\text{maxbeam}}=\frac{5q_{\text{beam}}L^4}{384D_{\text{beam}}}$$

设 $\Delta_{\max}=0.05\times10^{-3}\text{m}$,$q=-ma$,$m=2\text{kg}$,$a=2g$,$g$ 为重力加速度。

则弯曲刚度 $D=1.0417\times10^3\text{N}\cdot\text{m}^2$,面积 $A=a\times b=0.32\times0.32=0.1024\text{m}^2$。

即得到子结构的特性。

(2) 感受器和效应器特性。

设底板长度与梁相同,宽度为 b_s,设 $b_s=0.01\times10^{-3}\text{m}$,则面积 $A_s=L\times b_s=0.32\times10^{-5}\text{m}^2$。

设效应器的特性同感受器,$A_a=A_s$,$k_a=k_s$。设刚度 $D_a=E_aJ_a$,$D_s=E_sJ_s$。

设 d_s、d_a 为感受器和效应器能量转换系数。当确定使用压电材料后,d_s、d_a 为压电应变常数。

若选用设计材料,如 PZT 和 PVDF 复合材料,则 d_s、d_a 可依据需要设定。选择依据受驱动电压上限 $V_{\max}$限制,并与效应器压电材料层数 n_a 有关。驱动电压是材料参数(等效弯曲刚度$(EJ)_e$,简写为 EJ_e)、控制增益 g 以及载荷 q 的函数,即 $V=\Phi_V(E_eJ_e,d_s,d_a,g,n_a,q)$。

当载荷和抑制幅度确定,效应器和感受器材料相同时,$d=d_s=d_a$,$V=\Phi_V(EJ_e,d,n_a)$。

通过试算,对给定外载荷使驱动电压小于设定值时,可以确定 d。

当用设计材料时,需要获得函数关系 $d=\Phi_d(V_{\max},EJ_e)$,或用神经网络模拟。

(3) 处理器特性。

处理器转换系数对控制系统即为控制增益。设控制增益仅为位移反馈增益,通过试算,对给定振幅抑制幅度,可以得到 $g=\Phi_g(EI_e)$。

当无控制时,E、J 参数通过博弈模型确定。有控制时,构成三方博弈。

6.2 部件特性

当子结构为部件时,部件特性可取部件类型。部件结构 Sub_i 继续分化,但一般具有独立性,属于镶嵌型发育模式。

分化原则为 Sub_i 衍生为两个子结构 Sub_{i1}、Sub_{i2}。Sub_{i1}、Sub_{i2} 可为单元结构或部件结构，r_{ij12} 为单元连接或部件连接。r_{ij12} 最小单位为运动副，Sub_{i1}、Sub_{i2} 最小单位为基本杆组。

当采用成品时，如减速机、万向联轴节等，仅需确定类型即可，故省略特征阶段和参数化模型阶段。也可采用新物理效用类型，即创造性设计。

(1) 旋转连接部件。

旋转连接部件传递两轴之间相对转动。类型可为齿轮传动（Type＝Gear）、连杆机构（Type＝Linkage）、皮带传动（Type＝Belt）、链轮传动（Type＝Chain）等。当相对转关系满足特定函数时，可用椭圆齿轮传动，也可为连杆机构。

若 Type＝Gear，则 r_{ij12}＝Ⅳ级副（高副，自由度为转动＋移动）。

若 Type＝Linkage，在平面情况下，则 Sub_i 分化为原动件 Sub_{i1} 和Ⅱ级杆组 Sub_{i2}，r_{ij12}＝Ⅴ级副（转动副，自由度为 1）连接。

(2) 调速部件。

调速部件大幅度改变传动比。类型可为轮系、减速机或其他系统。当为轮系时（Type＝Gear Chain），分化原则与运动转换部件 Type＝Gear 类似。

(3) 移动连接部件。

移动转换部件将转动转化为移动，类型可为曲柄滑块机构（Type＝Linkage2），螺旋机构（Type＝Screw）等。

当 Type＝Linkage2 时，与 Type＝Linkage 类似。若 Type＝Screw，则 r_{ij12}＝Ⅴ级副（螺旋副，自由度为 1）。

(4) 运动转换部件。

运动转换部件转换复合运动。若实现复杂运动轨迹，类型可为组合机构、连杆机构等。若实现转动＋移动运动，分化为旋转部件结构 Sub_{i1} 和移动部件 Sub_{i2}。旋转部件结构衍生致动结构。移动部件结构直接衍生致动结构或衍生移动连接部件。r_{ij12} 继承原有连接特性。

6.3　神经网络模型

信息连接由神经网络表述，每个神经元最终也体现为子结构，如电子器件、神经元器件。当仅仅作为算法时，子结构为节点，称为**虚拟子结构**。

神经网络集合：

$$\mathrm{Net}=[\mathrm{net}_i],\qquad i=1,2,\cdots \tag{6-9a}$$

神经网络之间权：

$$W_{\mathrm{net}}=[W^{ij}(\mathrm{net}_i,\mathrm{net}_j)],\qquad i,j=1,2,\cdots \tag{6-9b}$$

神经元之间权：

$$W=[W_{kl}^{i}],\qquad i=1,2,\cdots,k;l=1,2,\cdots,N \tag{6-9c}$$

式中,i、j 为任意两个神经网络;k、l 为同一神经网络内任意两个神经元;W_{kl}^{i} 为第 i 个神经网络的第 k 和 l 神经元之间的权值。

两个神经元之间存在连接则能互相影响,影响程度用权值表示。

神经网络属于部件结构,其特征可取网络权和阈值。

神经网络的性质取决于两个因素:网络拓扑结构和学习规则。

依据第 4 章讨论的神经系统建模原则,本章讨论两种运动控制神经网络:反射运动和随意运动,拓扑结构分别为神经反射弧和四反馈回路网络。

6.4 反射运动

6.4.1 反射弧结构

模拟神经系统有两种方法:一种是物理忠实模型,依据已知的单个神经元的全部信息构造单个模拟神经元,缺点是其复杂性导致其如同生物本身一样难于理解把握;另一种是并行分布处理(PDP)模式,将生物不同类型特定功能的神经元简化为具有均一特性的相同神经元[287]。

本节尝试基于神经发射弧的结构和作用机理,在均一神经元的假设基础上,构造模拟神经反射弧,见图 4.14。即在模拟神经反射弧的物理结构的基础上,采用 PDP 模式构造神经发射弧。神经发射弧为固定结构的神经网络,直接与系统连接达到自平衡效果。

6.4.2 神经反射弧神经网络数理模型

1) 传入神经元

连续时间—连续信息模型为[272]

$$\tau\frac{\mathrm{d}u_j(t)}{\mathrm{d}t}=-u_j(t)+\sum_{i=1}^{m}w_{ji}x_i+s_j(t)-h_i \tag{6-10a}$$

式中,τ 是学习的时常数;w_{ji} 为神经元 i 的权值 。

离散时间—连续信息模型为

$$u_j(t)=\sum_{i=1}^{N}w_{ji}x_i+s_j(t)-h_j \tag{6-10b}$$

输出为

$$z_j(t)=f[u_j(t)] \tag{6-10c}$$

符号意义见表 6.1。

表 6.1　符号意义

N	$u_i(t)$	$x_j(t)$	w_{ij}	$s_j(t)$	h_i	z_j	$f(\cdot)$
神经元输入数目	空间综合后的信号	神经元输入信号	神经元 i 到 j 加权系数	外部信号	阈值常数	输出	输出函数

2）中间神经元

x_i 在 t 时刻引起的膜电位变化量需考虑时间相加性。所谓相加性是指输入信号对神经元状态的影响会持续一段时间。中间神经元的作用是对信号进行时间综合。设 $h_i(\tau)$表示输入信号 x_i 为单位强度时对 τ 秒以后的膜电位的影响，则相当于单输入输出线性动态系统，输入输出关系为

$$X_i(s)=H_i(s)X_i(s) \tag{6-11a}$$

时域描述为

$$u_i(t)=\int_{-\infty}^{t} h_i(t-\tau)x_i(\tau)\mathrm{d}\tau=h_i(t)x_i(t) \tag{6-11b}$$

$H(s)$与 $h(t)$为拉氏变换对。$H(s)=1/(a_0s+a_1)$。a_0、a_1 的取值决定了该神经元所构成的网络性质。静态网络：$a_0=0,a_1=1$；动态网络：具有反馈连接，$a_0=T,a_1=1$[150,288]。

3）运动神经元

经过时空综合后的非线性函数，一般应满足单调、递增、连续。

$$y_i(t)=f(x_i) \tag{6-12}$$

(1) 硬限幅函数(图 6.1(a))：

$$f(x)=\begin{cases}0, & x\leqslant 0\\ 1, & x>0\end{cases}$$

(2) 线性限幅函数(图 6.1(b))：

$$f(x)=\begin{cases}0, & x<0\\ x, & 0\leqslant x\leqslant \beta\\ 1, & x\geqslant \beta\end{cases}$$

(3) S(Sigmoid)函数(图 6.1(c))：

$$f(x)=\frac{1}{1+\mathrm{e}^{-x}}$$

(4) 对称型 S(Sigmoid)函数(图 6.1(d))：

$$f(x)=\frac{1-\mathrm{e}^{-x}}{1+\mathrm{e}^{-x}}$$

6.4.3　反射弧神经网络模型

神经网络结构见图 6.2。

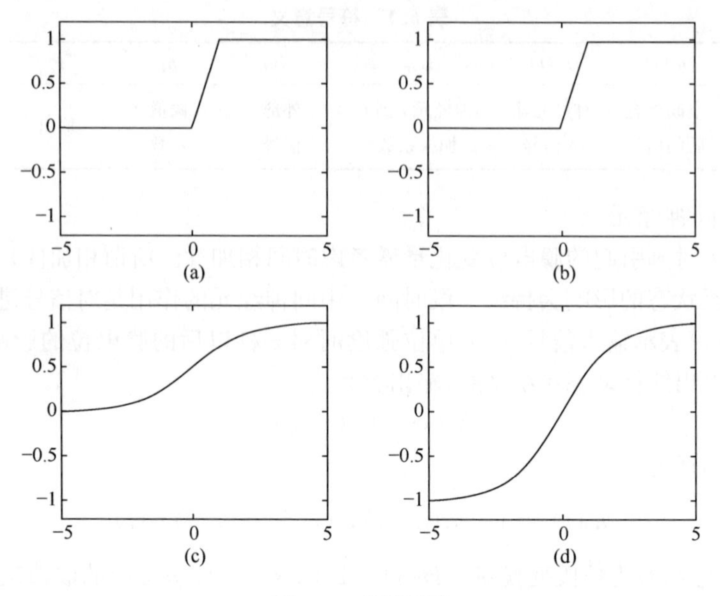

图 6.1　传递函数

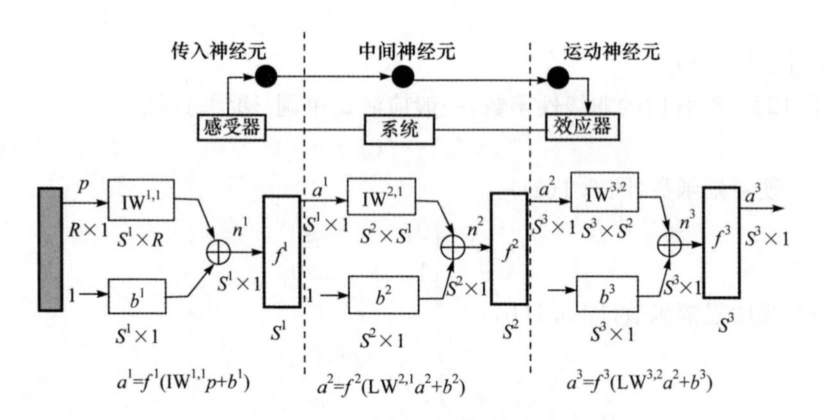

图 6.2　反射弧神经网络模型

图中,P 为输入矢量,R 为输入矢量维数,$\mathrm{IW}^{1,1}$ 为输入层权值矩阵,$\mathrm{LW}^{i,j}$ 为 i,j 层网络权值矩阵,b^i 为第 i 层网络阈值矢量,f 为传递函数,S^i 第 i 层神经元个数,a^i 为第 i 层网络输出矢量。

6.4.4　学习算法

采用反向传播算法(error back propagation,EBP)。反向传播指将误差信号(样本输出与网络输出)按原连接通路反向计算,由梯度下降法调整各层神经元的权值和阈值,使误差信号减小。采用 δ 学习规则。

算法步骤如下[151]。

(1) 用较小随机数初始化权:$W(0)$。

(2) 输入样本对并计算输出。

$$\{u_{1p},u_{2p},\cdots,u_{np}\};\{d_{1p},d_{2p},\cdots,d_{np}\},\qquad p=1,2,\cdots,L$$

$$y_{ip}(t)=f[x_{ip}(t)]=f[\sum_j w_{ij}(t)I_{jp}] \tag{6-13a}$$

式中,I_{jp} 为第 p 组样本输入时,节点 i 的第 j 个输入。

(3) 计算目标函数 J:设 E_p 为第 p 组样本输入时网络的目标函数,取 L_2 范数,则

$$J(t)=\sum_p E_p(t) \tag{6-13b}$$

$$E_p(t)=\frac{1}{2}\|d_p-y_p(t)\|_2^2=\frac{1}{2}\sum_k[d_{kp}-y_{kp}(t)]^2=\frac{1}{2}\sum_k e_{kp}^2(t) \tag{6-13c}$$

式中,k 是输出层第 k 个节点。

(4) 判断:如果 $J(t)\leqslant\varepsilon,\varepsilon>0$,结束;否则继续。

(5) 反向传播算法:反向计算,逐层调整权值。

$$\Delta w_{ij}(t)=-\eta\sum_p\frac{\partial E_p(t)}{\partial w_{ij}(t)} \tag{6-13d}$$

式中,η 为步长,也称为收敛因子、学习算子。

$$\begin{aligned}&\frac{\partial E_p}{\partial w_{ij}}=\delta_{ip}I_{jp},\quad \delta_{ip}=-e_{kp}f'(x_{kp}),\qquad i=k\\&\delta_{ip}=f'(x_{ip})\sum_m\delta_{mp}w_{mi},\qquad i\neq k\end{aligned} \tag{6-13e}$$

为了避免锯齿现象,采用 Levenberg-Marquardt 优化方法,初始采用梯度法,在极小点附近采用牛顿法。

6.5　4 回路控制网络

决定网络性质的第一个因素是构型。依据随意运动神经传递通路,可建立简化运动控制模型,见图 6.3。

6.5.1　神经元分类

(1) 一级、二级、三级传入神经元,即感觉神经元,见图 4.10。

(2) 一级、二级传出神经元,即运动神经元,见图 4.10。

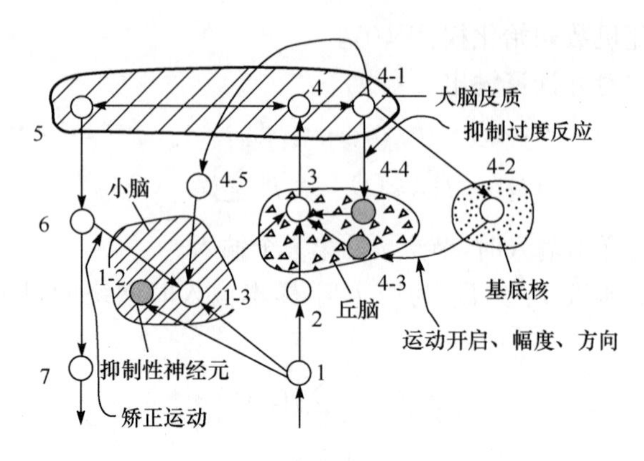

图 6.3　4 回路控制网络模型

(3) 中间神经元:大脑皮质内运动区中间神经元、丘脑中间神经元、基底核中间神经元、小脑中间神经元。

已有研究采用均一神经元[151],在此采用分区均一神经元假设,分为五类:传入、传出、大脑皮质区中间神经元、基底核中间神经元、小脑中间神经元。区别在于:胞体的传递函数、输入函数、树突和轴突的形态、树突输入加权函数、轴突输出不同。

6.5.2　神经网络

网络结构规范化得到层网络结构。单输入,单输出,中间 5 层神经元,4 个侧枝回路,基底核回路、丘脑回路、小脑回路、运动神经元回路,分别控制运动启动和规划执行、感知和整合信息、调节姿态、核对和矫正运动等功能。灰色为抑制神经元。

网络输入设定两种方式:①输入运动信息;②输入运动信息和控制幅度,以实现随意控制。

将图 6.4 转化为神经网络,为动态网络,见图 6.5。动态网络含有网络输入延迟或反馈环节,因此,网络的仿真输出不仅与当前的网络输入数据有关,还与过去的输入数据有关,数据元素的顺序不同,仿真结果也不同。

对于上述网络,一种方式是具体指定每个神经元特性,包括胞体传递函数、树突输入函数和轴突输出函数、加权函数等;另一种方式是试算,寻找适当的网络特性和训练函数。前者需要从神经元胞体、树突、轴突层次编程,因此需要寻找满足丘脑、小脑、大脑等整合信息的机制,或借助训练算法寻找。

为了便于实际计算,上述网络需要进一步变形。依据随意控制神经系统模型的拓扑结构,可以建立两种网络:一种是构建原型网络,见图 6.5;另一种按照神经元网络的形式构建变形网络,见图 6.6 和图 6.7。

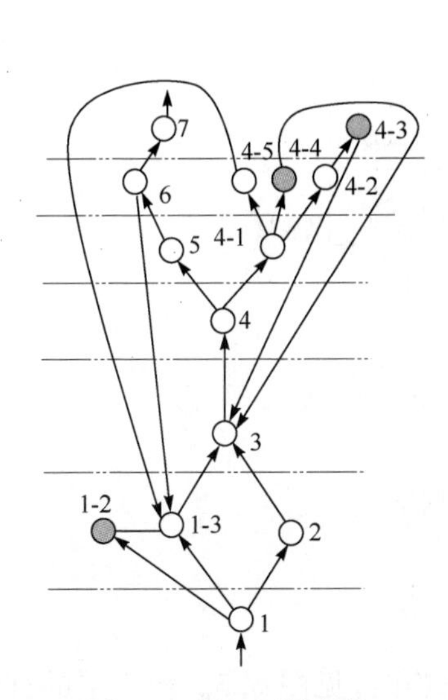

图 6.4　神经网络结构

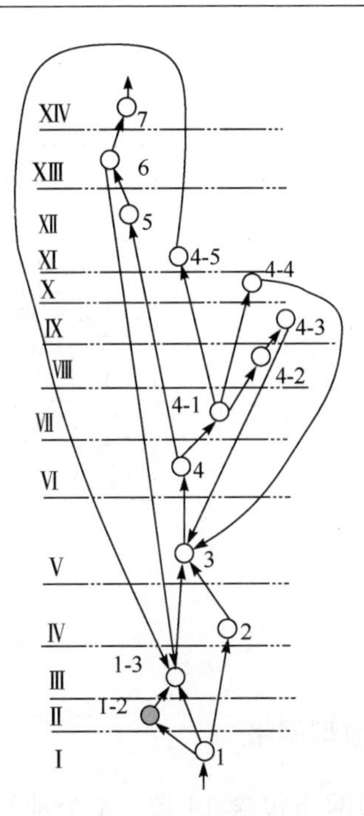

图 6.5　原型网络

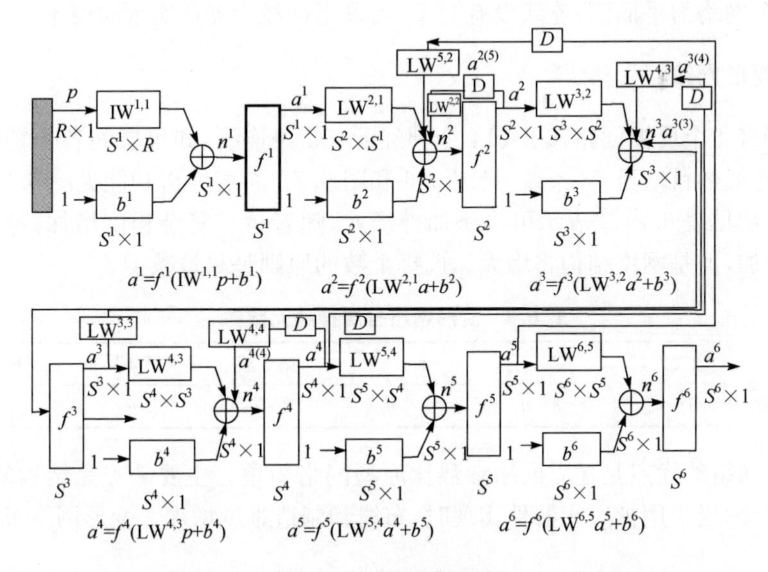

图 6.6　变形网络模型

图中，P 为输入矢量，R 为输入矢量维数，$\mathrm{IW}^{1,1}$ 为输入层权值矩阵，

$\mathrm{LW}^{i,j}$ 为 i,j 层网络权值矩阵，b^i 为第 i 层网络阈值矢量，f 为传递函数，

S^i 为第 i 层神经元个数，a^i 为第 i 层网络输出矢量，D 为延迟反馈

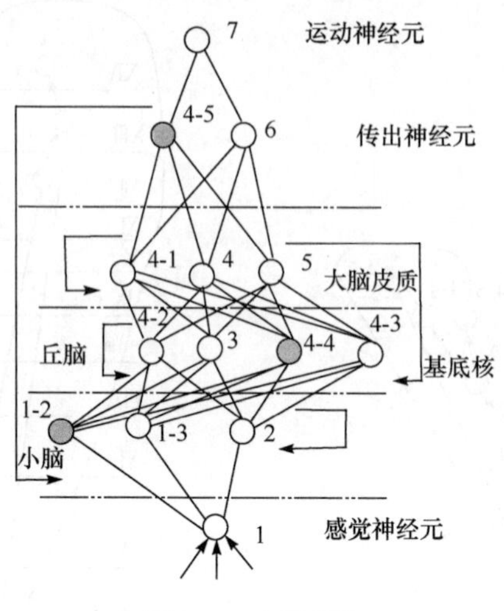

图 6.7　变形网络

6.5.3　原型网络

原型网络包含 14 层、14 个神经元、19 条连线，见图 6.5。输入层的神经元数目可增加，也可在输入层前加一层。网络含有 4 个回路。网络的主要优点是连线少，且整个网络为平面图，连线没有交叉，当采用神经元器件实现时便于加工布线。

6.5.4　变形网络

网络有 4 个反馈回路，6 层、14 个神经元、53 条连线，如果层间各个神经元都相连，则连线数目增至 78 条线，见图 6.6 和图 6.7。神经元群功能见图 6.3。各层神经元个数见表 6.2，n_i 表示可以添加神经元，随着运动复杂程度增加，神经元个数可以增加，但是网络结构将增大。选择个数的原则是尽量减少。

表 6.2　变形网络各层神经元数量

层	输入矢量	第 1 层	第 2 层	第 3 层	第 4 层	输出层
神经元个数	$1\sim n_0$	$3\sim n_1$	$4\sim n_2$	$3\sim n_3$	$2\sim n_4$	$1\sim n_5$

上述网络的优点是建立网络参数比原型网络简单。主要缺点是结构复杂、层间连线交叉，当采用神经元器件实现时，布线和制造难度增加。变形网络可以有多种变形。

6.5.5　神经元数理模型

(1) 神经元胞体：一级、二级传入神经元胞体数理模型同式(6-11)。中间神经元输入输出关系同式(6-12)，传出神经元同式(6-13)。

(2) 轴突：传入神经元、中间神经元以及非传出运动神经元为

$$a=2/(1+\exp(-2n))-1 \tag{6-14a}$$

传出神经元为

$$a=n \tag{6-14b}$$

(3) 树突：分加权函数和输入函数两部分。

加权函数为欧氏距离加权函数，即

$$D=\text{sum}((x-y)\cdot 2)\cdot 0.5 \tag{6-15}$$

输入函数为以加权方式将加权输入和阈值组合。MATLAB 函数为

$$N=\text{netsum}(Z_1,Z_2,\cdots,Z_n)$$

6.5.6　网络学习和训练

决定网络性质的第二个因素是学习特性。

学习能力依靠突触结合权的变化实现。学习分为三类：二分割、输出值学习和无教师学习。前两者依据教师信号学习；后者是自组织学习，收敛于外界信息的信息构造。

4 回路控制网络采用有教师输出值学习。

1) 训练函数

训练分为两步。第一步采用弹性反向传播算法(resilient backpropagation algorithm，RPROP)对网络进行训练；第二步采用 BFGS 准牛顿(quasi-Newton)反向传播算法对网络进行训练。选用两种算法的目的是为了避免锯齿现象，加快收敛。

需要说明的是，对不同的系统特性，需选取不同的训练函数。对有噪声的输入—输出系统，弹性反向传播算法有利；对于 PID 姿态控制系统，应用实例(见第 8 章)表明选用单一贝叶斯正则化训练函数即可。

反向传播算法见 6.4.4 节。弹性反向传播算法依据误差能量函数独立调整网络各层权重和偏差以控制步长，权值和阈值更新时只考虑梯度符号。牛顿反向传播算法是将目标函数在极小点附近用二次函数逼近，避免锯齿现象。

贝叶斯正则化方法可自动调整网络规模，防止过度训练。在训练样本集大小一定的情况下，网络的推广能力与网络规模直接相关。如果网络规模远远小于训练样本集的大小，则发生过度训练的机会小。确定合适的规模通常是十分困难的。正则化方法通过修正网络训练性能函数来提高其推广能力。网络性能函数改进为[289]

$$\text{msereg}=\gamma\cdot\text{mse}+(1-\gamma)\text{msw} \tag{6-16a}$$

$$\text{msw}=\frac{1}{n}\sum_{j=1}^{n}w_j^2 \tag{6-16b}$$

式中,γ为比例系数。通过采用新的性能指标函数,可以在保证网络训练误差尽可能小的情况下使网络有效权值尽可能少,即缩小了网络规模。贝叶斯正则化方法在网络训练过程中自动调节γ的大小,并使其达到最优。

2) 学习函数

采用动量梯度下降权值和阈值学习函数,即权值和阈值的调整值由动量因子mc、前一次学习时的调整量dWprev、学习速率lr和梯度gW共同确定,方程为[289]:

$$dW(i,j)=mc\times dW\text{prev}(i,j)+(1-mc)\times lr\times gW(i,j) \tag{6-17}$$

6.5.7 网络特点

1) 网络验证

采用多个实例计算表明,两种网络均可以满足一般输入输出映射关系。一般而言,对于任意一个网络,通过增加网络层数和神经元数目可逼近任意函数,但是结构增大。对于同样的神经元数目,原型网络和变形网络能适应更多类型的函数映射关系。

2) 两种网络性能比较

① 在线训练:变形网络收敛速度快,故在线训练采用变形网络。

② 网络作为算法:采用变形网络,收敛速度快。

③ 网络用神经元器件实现:采用原型网络,因为连线少。

原型网络和变形网络在算法上容易实现,适应性强。前者收敛速度慢,但是结构简单,易于布线,并利用基于激光的层加工技术实现神经元器件埋设;后者收敛速度快,但是连线多,适用于数字模拟实现。

3) 多个网络并联实现复杂控制

4 回路控制网络模型的潜在应用是实现复杂的姿位控制,如具有自治性的卫星、机器人等。在此情况下,需要多个神经传递通路协作实现预定目标。

4) 与其他网络比较

网络与其他网络比较:①对任意函数逼近能力;②在相同训练次数条件下泛化能力。泛化能力(generalization ability)指用较少的样本进行训练,使网络能在给定的区域内达到要求的精度。或者说用较少的样本进行训练,使网络能对未经训练的输入给出合适的输出[286]。

函数逼近能力见表 6.3,泛化能力见表 6.4。标准网络构型选择原则为连线数大于原形网络。

观察表 6.3 和表 6.4 可见,对随机函数和非线性函数,在相同训练次数情况下,4 回路网络与其他网络相比,同时具有更好的函数逼近能力和泛化能力。由于原形网络连线数少且连线在同一平面内,因而更利于硬件实现。

表 6.3　函数逼近

逼近函数：$P=[-1:0.05:1]$，$T=0.1\mathrm{randn}(\mathrm{size}(P))$

randn('seed',78341223)

虚线：T 目标曲线；实线：逼近曲线

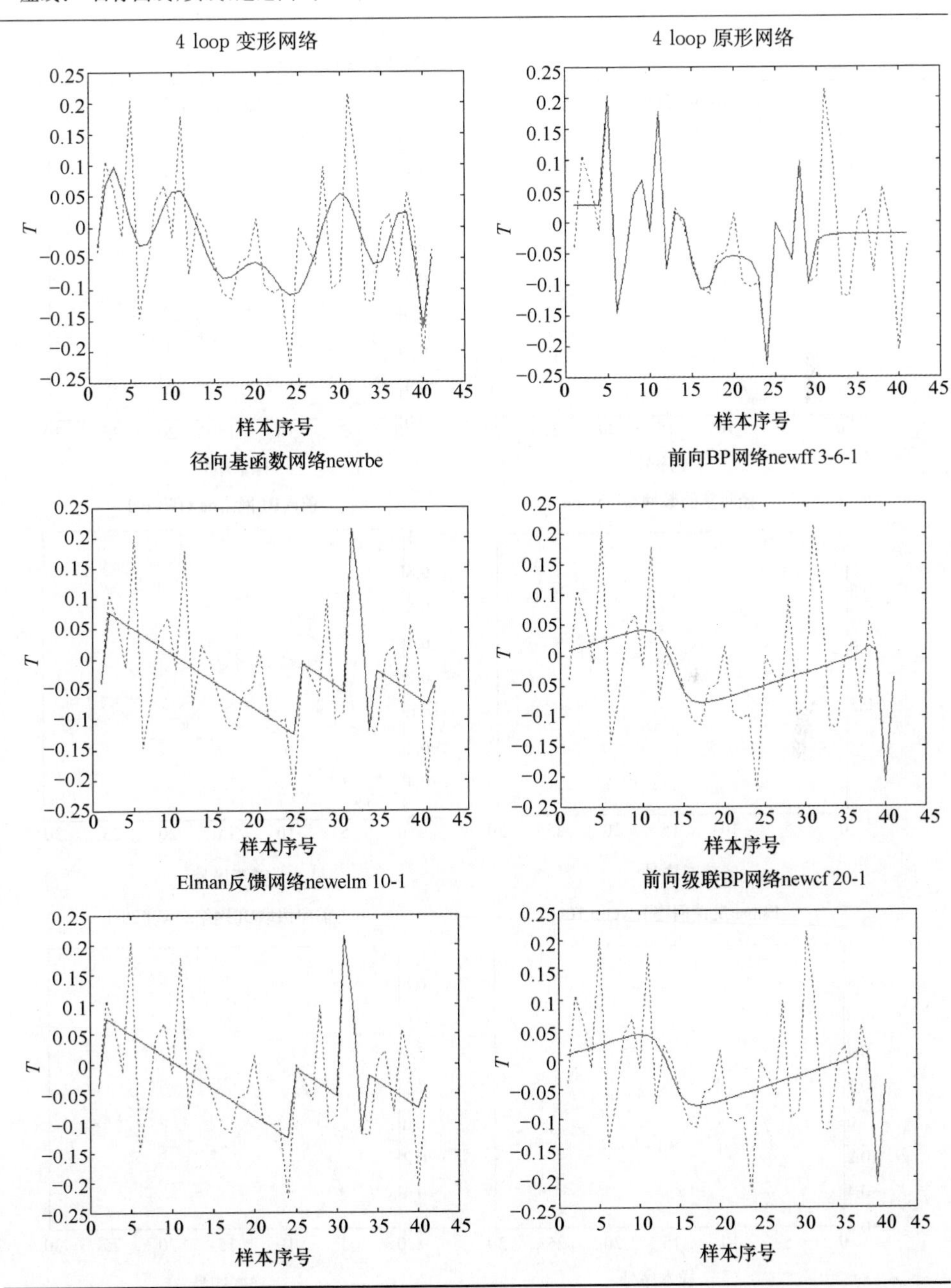

表 6.4　泛化能力

逼近函数:	图线:
$f(u)=e^{-1.9(u+0.5)}\sin(10u)$	“+”:$f(P)$
训练样本:$P=[-0.5:0.05:0.85]$	“—”:网络输出 $z(P)$
测试集:$P_2=[-0.3:0.05:1.05]$	“*”:$f(P_2)$
epoch=500	“…”:网络输出 $z(P_2)$

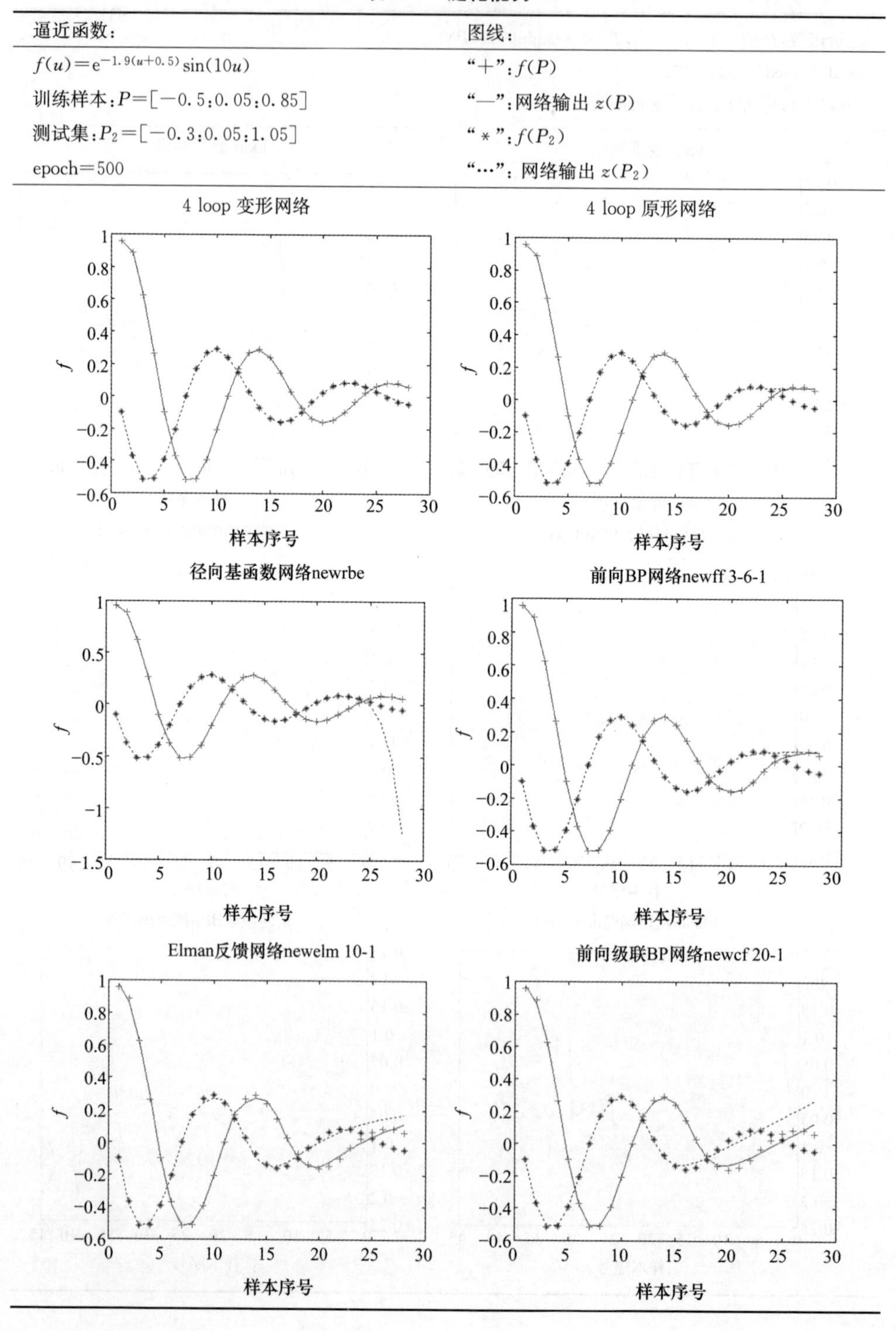

6.6　特征阶段

定型阶段一旦确定,下一步是确定满足特性的子结构的构型和材料参数,称为特征阶段。一般地,有多个解可以满足特性,但是仅仅优选具有最好经济效益的解。由于构型和材料参数均未知,如此需要决策模型。博弈论已经广泛引入设计计算,主要用于算法,以及将多目标转化为单目标。本节提出依据特性构建构型—材料的博弈模型。

6.6.1　子结构特征表述

子结构由专能结构实现。物理连接也由专能连接结构实现,如轴承、铰链、螺栓等,最终表现为子结构。专能结构特征表述为

$$\text{Substructure}=\{S_i\,|\,S_i=s_i(\Omega,m);\Omega\in R^3,m=\{E,\upsilon,\alpha_t,\alpha_d\}=\Phi(t,C,v),i=1,2,\cdots,n\} \tag{6-18}$$

式中,$v=\left\{V_i/V,\sum_{i=1}^{p}V_i=1,V_i\geqslant 0\right\}$,是体分比;$\Omega$ 为子结构构型;m 为材料;E、υ、α_t、α_d 分别为杨氏弹性模量、波松比、热传导系数、导电系数。材料由微结构构成,t 为微结构类型,C 是几何参数,见图 6.8。

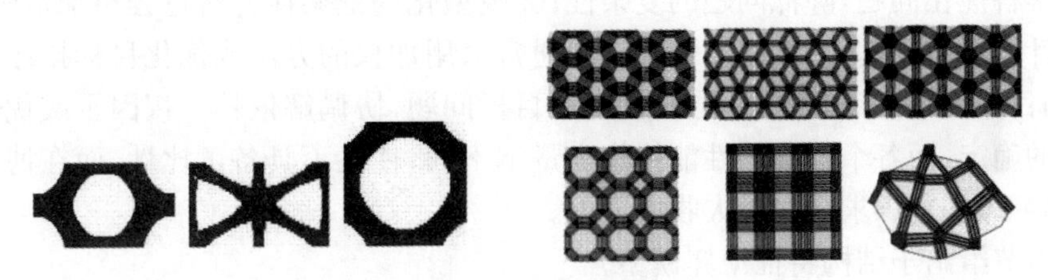

图 6.8　微结构示意图[290]

专能结构的特征包括构型和材料性质。专能结构特征是参数化模型的输入接口,可以作为单独的模型,也可包含在参数化模型之中,取决于设计的复杂程度,在简单结构情况下,与参数化模型合并为一个模型。

显然,从定型阶段转化为特征阶段需要映射关系,即依据特性确定构型参数和材料参数。

特性阶段是多能结构,从特性阶段到特征阶段存在多值映射,故是决策过程。

对于神经网络,Ω 为神经网络类型,如反射弧或 4 回路控制网络;m 为网络参数。当驱动结构为电机时,Ω 为电机安装参数,m 为额定电压、电流等参数。当采用成品部件、零件、元件或外协时,特征参数表述有相当大的灵活性。可依据需求将外型参数和基本性能参数作为特征参数。

6.6.2　建立映射关系

直接由自然定律可得到特性和特征的联系。

如刚度特性—结构特征:

$$D=\frac{Eh^3}{12(1-\upsilon^2)}=E_e h^3,\quad D_{beam}=EJ$$

式中,D_{beam}梁弯曲刚度;J 为惯性矩;D 为为薄板弯曲刚度;E、υ、h 分别为杨氏弹性模量、泊松比、板厚度;E_e 为等效杨氏弹性模量。

结构特征参数为:构型 h、J;材料 E_e 或 E。

特性—特征存在多值映射,因此特性(定型)模型—特征阶段映射关系的获得有多种途径。可采用的基本方法是优化设计,包括构型优化、多目标优化、多学科优化等。优化方法的精髓是迭代求优:给出初始解、确定搜索方向、确定步长、计算、检验、迭代。缺点是计算量大,有时不能获得可行解。此外,有时难以给出初始解。目前主流方法是推理:基于知识库推理以及定性推理。本节采用博弈论。

博弈论的本质:由于局中人的相互依存性,理性决策必须建立在预测其他人反应之上。一个局中人将自己置身于其他局中人的位置并为他着想,从而预测其他局中人将选择的行动。

用博弈论的框架分析多学科优化问题有几个优势:①将多学科优化问题转变成单学科优化问题,降低问题的复杂性;②模型化的框架使分析过程更加清晰,也利于计算机实现;③传统的多目标规划通常采用加权的方法或优化目标排序的方法(如目标规划)将多目标问题转化为单目标问题,协调解依赖于权因子或优先级排序的确定,而各个目标的性能指标和量纲不同,往往不具备可比性,而在博弈论的框架下,各方谋求相对最大收益即可。

本节给出子结构特征博弈模型。

6.6.3　构型和材料设计方程

设子结构功能为支撑载荷。如在代理阶段中所述,结构可以简化为梁或板。梁可作为板的特例。

结构设计方程为

$$\begin{bmatrix} h^3 \\ J \end{bmatrix}=\begin{bmatrix} w_1 & 0 \\ 0 & w_2 \end{bmatrix}\begin{bmatrix} 12(1-\upsilon^2)/E_1 & 0 \\ 0 & 1/E_2 \end{bmatrix}\begin{bmatrix} D_1 \\ D_2 \end{bmatrix} \tag{6-19a}$$

材料设计方程为

$$\begin{bmatrix} E_1/(1-\upsilon^2) \\ E_2 \end{bmatrix}=\begin{bmatrix} w_{e1} & 0 \\ 0 & w_{e2} \end{bmatrix}\begin{bmatrix} 12/h^3 & 0 \\ 0 & 1/J \end{bmatrix}\begin{bmatrix} D_1 \\ D_2 \end{bmatrix} \tag{6-19b}$$

式中,h、J 分别为板的厚度和梁的截面惯性矩;w_1、w_2、w_{e1}、w_{e2} 为决策矩阵元素;

D_1、D_2 分别为板和梁的刚度，根据 D 确定。最简单的情况，只用板，则 w_2 为零。

6.6.4　博弈论基本概念和模型

博弈论概念和术语见文献[291]～[295]以及附录 A。在此给出基本概念。

1）效用

效用用来表示对结果而不是选择的偏好，可以折算为数值，无量纲。

建立效用函数一般采用提问法确定。一种是直接提问法，将决策者的主观意愿分类为等级再折合为[0,1]内数值。另一种是对比提问法，采用改进的 V-M (von Neumann-Morgenstern)法确定决策者的效用曲线。方程为 $0.5U(x_1)+0.5U(x_3)=U(x_2)$。$x_2$ 为无风险可获得收益，效用为 $U(x_2)$；其效用等价于以 50%概率获得收益 x_1，以 50%概率损失收益 x_3。改变 x_2 三次，提问三次，即可确定效用曲线。

在工程设计中，可预先估算成本，故可直接建立成本效用曲线。

2）纳什均衡

纳什均衡(Nash equilibrium)：为了极大化自己的效用，每个局中人所采取的策略一定应该是关于其他局中人所取策略的最佳反应，因此，任何一个局中人轻率地偏离这个策略组合都将使自己的效用降低。

纳什均衡是非合作博弈平衡点，主要解决对策中如何假定对手的行为而决定自己的对策。

3）博弈

博弈分为合作和非合作博弈。

(1) 非合作博弈。

在非合作博弈中，局中人不合作，决策前局中人没有信息交换，没有任何约束性协议，各方仅仅寻求各自得益最大，平衡解通常不会使任意一方获得最大得益，而是任意一方都不会通过改变决策获得收益。

设 I 是局中人集合，S_i是局中人 i 的有限纯策略，P_i 是相对 S_i 的支付，则

$$r\equiv[I,\{S_i\},\{P_i\}],I=\{1,2,\cdots,n\}$$

$$\{S_i\}=\{S_1,S_2,\cdots,S_n\},\quad \{P_i\}=\{P_1,P_2,\cdots,P_n\} \tag{6-20a}$$

$$S_i=\{s^{(i)}\}=\{s_1^{(i)},\cdots,s_{mi}^{(i)}\},\qquad i=1,2,\cdots,n \tag{6-20b}$$

均衡点 s^* 是纳什均衡。

$$P_i(s^*||s(i))\leqslant P_i(s^*) \tag{6-20c}$$

纳什均衡存在的必要前提为博弈具有完全信息。

(2) 合作博弈。

在合作博弈中，局中人可以充分合作，谋取各方得益之和最大，达成协议重新分配终局后得益，因协议而获得了附加得益的局中人支付给其他博弈方因协议而

损失的收益。支付规则是其他方最终得益刚好大于非合作博弈最大可能得益[294]。

合作博弈的每个局中人应当从联盟的收益中分得各自应得的份额，称为支付或转归。设转归 $x=(x_1,x_2,\cdots,x_q)$，则应满足以下两个条件。

① 个体合理性条件：

$$x_i \geqslant v(\{i\}), \qquad i=1,2,\cdots,q \tag{6-21a}$$

② 集体合理性条件：

$$\sum_{i=1}^{n} x_i = v(I) \tag{6-21b}$$

设 $v(S)$ 为定义在 I 上的一切子集的集上的实值函数，并满足条件

$$v(I) \geqslant \sum_{i=1}^{q} v(\{i\}) \tag{6-21c}$$

$$v(S) = \max_{x \in X_s} \min_{y \in X_{I/S}} \sum_{i \in s} E_i(x,y) \tag{6-21d}$$

则 $\Gamma \equiv [I,v]$ 为合作博弈，$v(S)$ 是特征函数；E_i 是局中人 i 在混合策略下的期望支付。

4) 先进入者利益

首先行动者由于首先行动造成既成事实，迫使对方依据自己的选择行动，由此所带来的利益。

6.6.5 结构和材料博弈模型

1) 非合作博弈

(1) 建立效用函数。

直接建立成本效用曲线。

设单位重量-价格曲线为

$$P_W = P_{W0} - K_W W = P_{W0} - K_{W\rho}(E)V = P_{W0} - K_W K_\rho EV \tag{6-22a}$$

单位弹性模量-价格曲线为

$$P_E = P_{E0} - K_{EW} W - K_E E = P_{E0} - K_{EW} K_\rho EV - K_E E \tag{6-22b}$$

式中，P_W 为单位重量价格；P_{W0}、K_W、K_ρ 为系数；W 为权；E 为杨氏弹性模量；P_E 为单位弹性模量的价格；P_{E0} 和 K_{EW} 为系数；V 为体积。

单位重量-价格曲线的意义是由于重量增加而增加的单位成本。以小卫星为例，发射成本为每公斤 5000～10000 美元，加上制造、运输、保险等其他成本，以及发射方式对成本的影响，可以求得上述曲线。此曲线确定刚度和体积上限。

单位弹性模量-价格曲线的意义是由于改变弹性模量而增加的单位成本。例如，为了减轻重量选用铝材，但是此时弹性模量不能满足要求，只能采用复合材料

如蜂窝材料。此时,考虑增加弹性模量而增加的成本构成上述曲线。此曲线确定材料弹性模量的极限。

$$u_W = \max(P_W W) = P_{W0} K_\rho E V - K_W K_\rho^2 E^2 V^2 \tag{6-23a}$$

$$u_E = \max(P_E E) = P_{E0} E - K_{EW} K_\rho E^2 V - K_E E^2 \tag{6-23b}$$

(2) 反应函数。

$$E = \frac{P_{E0}}{2(K_{EW} K_\rho V - K_E)},\quad V = \frac{P_{W0}}{2K_W K_\rho E} \tag{6-23c}$$

(3) 平衡点。

$$V = \frac{K_Z / K_W K_\rho}{\dfrac{K_{EW}}{K_W} - \dfrac{P_{E0}}{P_{W0}}},\quad E = \frac{P_{E0}\left(\dfrac{K_{EW}}{K_W} - \dfrac{P_{E0}}{P_{W0}}\right)}{2\left(K_{EW} K_\rho \dfrac{K_E}{K_W K_\rho} - \dfrac{K_E K_W P_{W0}}{K_{EW} P_{W0} - P_{E0} K_W}\right)} \tag{6-23d}$$

均衡点为纳什均衡,对于序列博弈,均衡点取决于决策顺序,存在先进入者利益。纳什均衡仅对混合策略必然存在。但是对完全信息博弈,纯策略存在纳什均衡。均衡点必须满足设计方程。因而,先决策者能够获得满足设计方程的最好决策。

在设计中,如果首先选择材料,在一定的成本和特性限制下,其他如控制参数和结构参数则只能在此前提下确定。

2) 合作博弈

合作博弈效用函数为

$$u_W = \max(P_W W + P_E E) = P_{W0} K_\rho E V - K_W K_\rho^2 E^2 V^2 + P_{E0} E - K_{EW} K_\rho E^2 V - K_E E^2 \tag{6-24a}$$

反应函数为

$$V = \frac{P_{W0} - K_{EW} E}{2K_W K_\rho E},\quad E = \frac{P_{E0} + P_{w0} K_\rho V}{2(K_{EW} K_\rho V + K_E + K_W K_\rho^2 V^2)} \tag{6-24b}$$

代入效用函数可以求出效用值。满足效用值的任意 V、E 组合都可获得最佳效益,但是只有满足设计方程的解为设计解,如果方程组没有交点,则调整价格曲线的系数可获得最佳效益。

V、E 确定后,进一步确定构型和微结构。各种构型优化方法、材料优化方法、遗传算法、进化设计等都有助于获得最佳构型和微结构。

设 $w_1 = 1, w_2 = 0, q = -\bar{m} a_g$,其中 $\bar{m}$ 为单位面积质量,a_g 为加速度,则依据方程式(6-20)存在下列关系:$h \propto K_\rho = \dfrac{\rho}{E}$,因此 K_ρ 越小,为了满足特性,板厚度应越小。然而,由方程式(6-24)可知,K_ρ 越小,为了满足经济效应,板厚度应越大。

二者结论矛盾。这就解释了为什么需要博弈模型,结合两个方程能够发现最好的策略,显然,合理的决策依据信息的完全程度。一般商品材料的特性是已知的，设计的材料的成本曲线以及产品的重量价格曲线是难以获得的，目前可行的方法是构造定性效用曲线。此外，在上述实例中，板的厚度取决于 ρ 与 E 的比率而非绝对值。因此材料设计的目标集中在以尽可能低的成本选取适当的 ρ/E。

6.6.6　连接特征

连接特征表述是非常复杂的问题。参数的内容和表述依据连接关系类型的不同有相当大的灵活性，同时也高度依赖于设计者的知识背景和经验。依据定型阶段确定的物理效应如滚动、滑动、固联等，一般地，可由广义接触长度表征特征，表示为 L。L 可为矩阵和细胞矩阵，取决于特征的复杂程度。L 一般可为面积，可退化为长度（包括弧长）、点。

一般地，滑动轴承、滚动轴承、齿轮副、滑动副、液压缸、联轴器、键连接等作为部件结构，一般确定接触长度即可。当需要创新时，将部件单独作为子任务设计，将定型阶段作为代理阶段，然后继续进行。

6.7　参数阶段

一旦获得子结构构型和位置以及材料特征参数，下一阶段进入参数化模型阶段，即详细设计阶段。利用各种决策方法、优化方法、有限元方法等完成结构详细设计以及电子器件的详细设计。

此阶段主要任务为在特征阶段的基础上基于领域知识优化结构参数，相当于生物器官建成。发育模式为镶嵌型发育模式，在子结构连接部分的发育模式为调整型发育模式。

模型表述：

$$P=\{P_i\},\qquad i=1,2,\cdots,N_p \tag{6-25a}$$

式中，P 描述子结构的数据模型，包括尺寸参数、公差、技术要求等；N_p 为子结构数目。

特征阶段—参数化模型映射关系通过优化计算获得。

对每个子结构建立多维有约束优化模型。

$$f_1(x)=\begin{Bmatrix}\Omega-\Omega'(x)\\ m-m'(x)\end{Bmatrix},\quad f_2(x)=\{L-L'(x)\},f_3(x)=\{X-X'(x)\} \tag{6-25b}$$

$$\begin{cases}\min f=\begin{Bmatrix}f_1\\ f_2\\ f_3\end{Bmatrix}\\ \text{s. t. } h_i(x)=0,\qquad i=1,2,\cdots,q\\ \qquad g_j(x)\geqslant 0,\qquad j=1,2,\cdots,r\end{cases} \tag{6-25c}$$

式中，Ω'、m'、L'为实际结构特征参数和连接特征参数；h_i、g_i 为领域知识约束，如公差、制造、测量、环保、人机工程学等；x 为结构参数，可通过基于有限元法的构型优化技术、基于均匀化方法的夹杂体设计以及基于激光的层加工制造技术、基于领域知识的多目标优化等获得满意参数。设得到优化解 x^*，则 $P=x^*$。

连接性能由连接特征参数保证。连接特征参数的表述依据连接关系类型的不同有相当大的灵活性。

6.8　总结和讨论

定型阶段主要是力学分析和控制分析；特征阶段主要是效用分析和决策；参数化模型阶段主要是构型优化和参数优化。在定型阶段也包含决策，如确定物理效应，一般可供选择的物理效应有限，故此阶段基本任务为分析。在特征阶段，一般存在特性—特征多值映射，需要建立效应函数和决策模型。建立效用分析需考虑多种因素，如制造成本(不可制造则为∞)、污染成本、回收成本、维护成本等多种因素，信息完全程度决定了决策的优劣。决策模型分为两类：合作博弈和非合作博弈。参数阶段的建立主要是基于多学科领域知识的优化问题，有大量可资利用的资源。

处理器特性可由神经网络实现，此时特征对应于神经网络结构参数。本章提出两种基本网络构型：基于反射弧的 1-1-1 网络和基于随意控制神经系统 4 回路控制网络。计算分析表明，对随机函数和非线性函数，4 回路网络比 BP 网络具有更好的函数逼近能力和泛化能力。对于复杂和精细的运动控制，需要多个原型网络并联。

第7章　发育设计建模:数学表述和特点

本章首先用图论描述生长型设计模型的各个阶段,然后讨论生长型模型的特点,以及与其他设计模型的比较分析。

图论基本术语见附录B和相关文献。在此只给出基本概念。

7.1　图论基本概念[296~300]

(1) 图。

图$G=(V,E)$是由一系列顶点$V=\{v_1,v_2,\cdots\}$以及一系列边$E=\{E_1,E_2,\cdots\}$组成的结构。每一条边e与有序顶点集合$\{u,v\}$中的特定元素关联。

(2) 平面图。

一个图是可平面的,如果其可表示为一个没有任何边交叉的平面图。

(3) 对偶图。

定义:在图G的每个面S_i中放置一个顶点v_i,如果S_i和S_j相邻,则用边(v_i,v_j)连接v_i和v_j,使它与面S_i、S_j的公共边只相交一次(此时称(v_i,v_j)与所相交的边为对应边),且与G的其他边无交点,这样得到的图G^*称为G的对偶图。

(4) 赋权图。

赋权图:图$G(V,E)$,对G中每一条边(v_i,v_j)相应地有一个数w_{ij},则图称为赋权图,w_{ij}称为对应边(v_i,v_j)上的权。

边点赋权图:图$G(V,E)$,对G中每一条边(v_i,v_j)相应地有一个数w_{ij},w_{ij}为对应边(v_i,v_j)上的权,对G中每一顶点v_i相应地有一个数p_i,p_i为对应顶点上的权,即顶点和边均有权值的图。本章简称为边点赋权图。

(5) 矩阵表述[299,300]。

关联矩阵表征顶点与边的连接关系;邻接矩阵表示顶点之间的邻接关系。

(6) 厚度。

如果一个图G是非平面的,为了埋置一个非平面图G,就要把G分成若干个平面的子图,分别埋置在几个平面上,而合成一个非平面图最少的平面子图数就叫做G的厚度[298]。

7.2　代理阶段和特性阶段表述

用顶点表征子结构,边表征连接关系,则代理阶段、特性阶段和量化模型可表

述为边点赋权图:

$$G(V,E)\,|\,V=\{\text{Vertex},\text{Property},\text{Sub}\},\quad E=\{\text{Edge},R,\text{Connection}\} \tag{7-1}$$

式中,v=Vertex、p=Property、Sub 分别表示顶点序号、特性以及子结构类型,子结构类型为传感单元、效应单元、零件单元、元件单元、部件单元等;Edge、R、Connection 分别为边序号、连接特性以及连接类型,连接类型为体连接、轴连接、元信号连接等。Connection 是过渡矩阵,一般可简写为

$$G(V,E)\,|\,V=\{v,p\},\quad E=\{e,R\} \tag{7-2}$$

7.3　测试平面性

测试平面性有两个目的:①在多功能结构情况下,尽量将元件、布线设置为易于层加工制造的布局,即合理的厚度;②测试相邻子结构材料以及其他特性的相容程度。

(1) 厚度。

将电路分解为有限层,每层是可平面的。例如,图 7.1 所示的神经网络用人工神经元器件实现,并埋入十字梁内,则网络连接可分成两层,虚线与实线分别表示不同层,即厚度为 2。

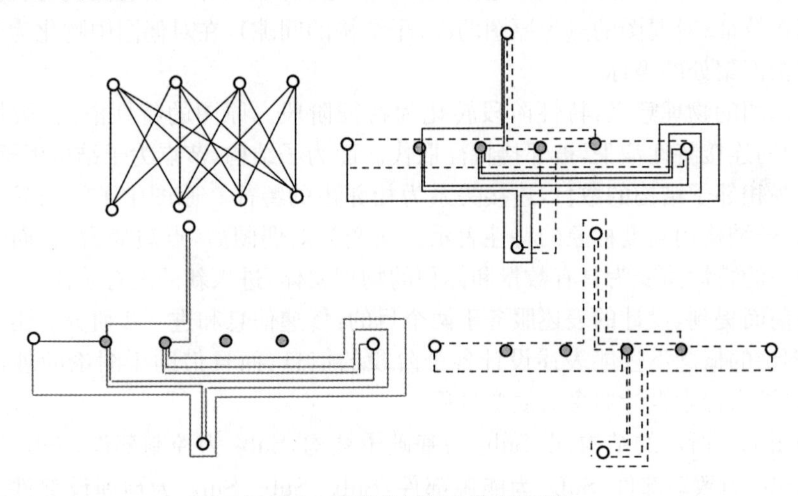

图 7.1　网络分层转化为平面图

(2) 子结构相容性。

材料的相容性可用两个点之间是否存在边表示。所有预埋的子结构与基底结构应具有材料相容性,可以表述为以基底材料为根的树,预埋子结构为枝。基底材料为埋设子结构于其中的基础结构。如果材料不相容,则需在其中添加新的材料,或用梯度材料过渡,如图 7.2 所示。

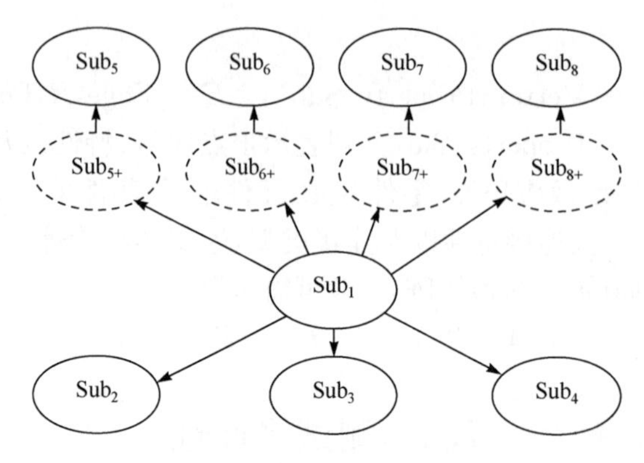

图 7.2　材料相容性

7.4　特征阶段—对偶图

原图中的节点为子结构特性,边为子结构连接关系,面为子结构之间间隙。对偶图中,原子结构代表特性的点消失,代之以对偶图的面表示;原子结构的面演变为对偶图的节点;原子结构之间的边连接两个子结构,对偶图中的边穿越原来图的边连接原图中的面(间隙),故原连接关系被新连接关系取代,新边演变为表征子结构的邻接特征;对偶图的点为原图的面(子结构的间隙),在对偶图中物化为子结构在子结构汇聚处的坐标。

对偶图的物理意义:特性阶段转化为特征阶段。原图的特性消失,被特征取代;原图的连接特性消失,被邻接特征取代。面为子结构,节点为子结构汇聚点,节点度数为相邻子结构的数目,连接关系为相邻边的特征。原图中子结构只用一个点表示,子结构用高度抽象的特性表示。演变为对偶图后,点演变为面,而子结构也从抽象的特性演变为具有数量和体积的物理实体,进入新的发育阶段。

在前面提到,设计的表述服务于两个目的:传递信息和进一步研究。由上述可看出,图论的概念不仅能表述设计各个阶段的信息,而且借助于图论的理论和算法,可以深入探索设计概念的演变过程。

如图 7.3 所示的结构,设 Sub_1 为基础子结构,Sub_2 为控制部件,Sub_3 为传感器件,Sub_4 为致动部件,Sub_5 为能源部件,Sub_6、Sub_7、Sub_8 为预埋设部件。该图演示了特性阶段转化为特征阶段的对偶图。

观察对偶图,面与原图的节点对应,面为子结构域。有公共边的邻接面(子结构域)之间有信号连接,仅由节点相连的面(子结构域)之间没有信号连接。在图示情况下,外面为能源域,内部面中心为控制域,其他传感元件和激励元件或执行元件位于与能源域邻接的内部面。

对偶图不是唯一的,故能获得多种布局,见图 7.4。观察图 7.4(a)和图 7.4(b),

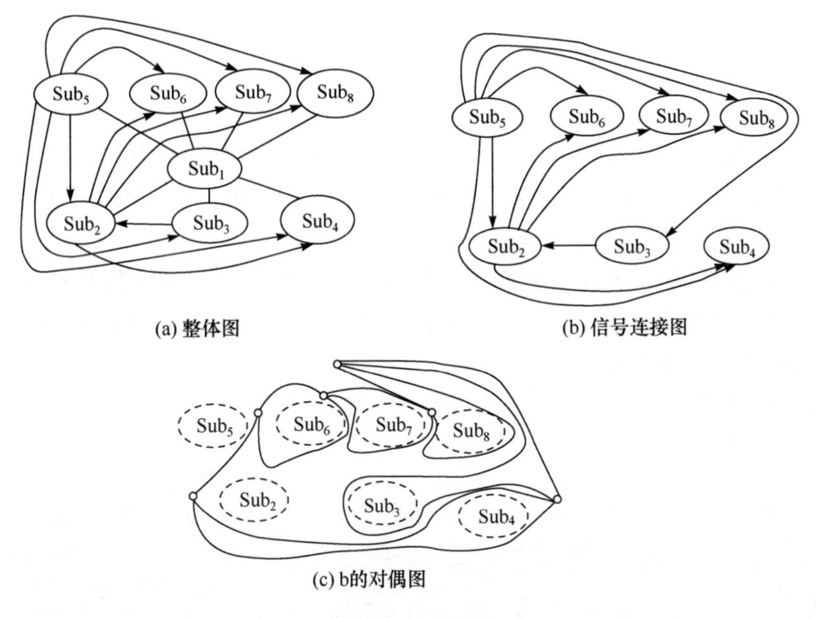

图 7.3　MFS 图

控制域在外面,能源域在内面中间,其他传感、激励、作动元件在内面,与控制和能源域邻接。能源域和控制域位于中心或外围是必然的,因为能源或控制子结构输送或接收多路信号,所以节点为多个面公共点,因而其对偶图对应面必为多个节点包围,并与多个面邻接。

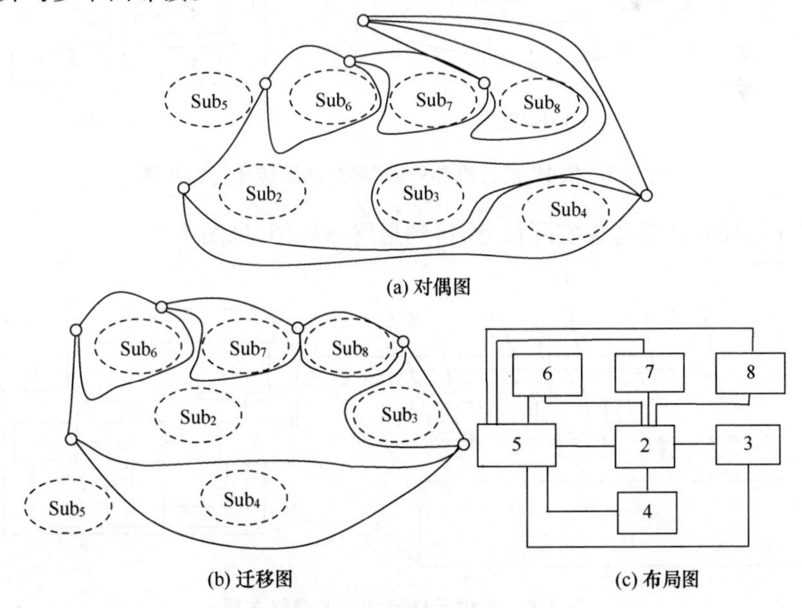

图 7.4　对偶图转化为布局图

7.5　子结构迁移

根据对偶图，依据设定的规则，子结构发生迁移，形成新的布局。子结构依据最近毗邻规则迁移。缺省状态下迁移原则是转化为平面图并减少信号连接通道长度，即迁移原则一般为边长缩短。

最近毗邻规则：①转化为平面图，且平面图的层最少；②减少信号连接通道长度；③子结构彼此靠近。具体表现为表征信号连接路径的边长最短，平面图的层最少，子结构的面尽可能小。

由此可确定满足布线要求的子结构基本布局，见图 7.5。

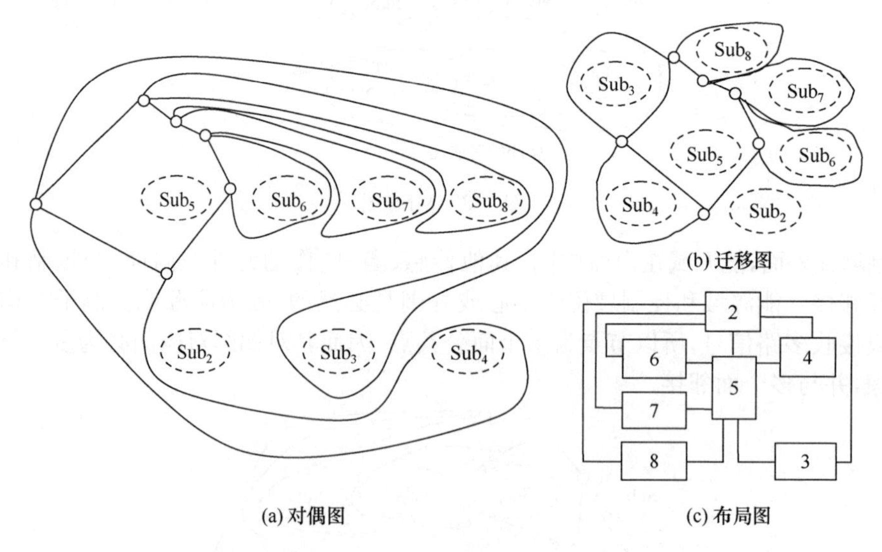

图 7.5　依据“最近毗邻规则”将对偶图转化为布局图

实际布局时还需考虑实际尺寸，得到最终布局图，见图 7.6。

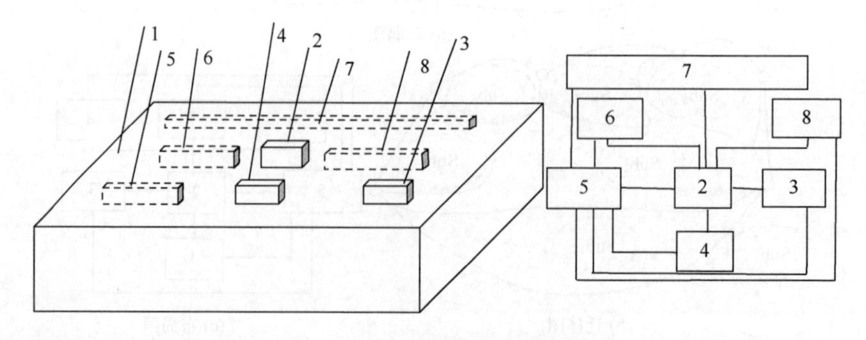

图 7.6　考虑元件尺寸后的最终布局

7.6　子结构特征表述

在前边将点有权和边有权图的概念扩充为**边点赋权图**。本节进一步扩充赋权图的概念,将点、边和面赋权,称为**点边面赋权图**。点边面赋权图用来表征对偶图中的子结构特征和邻接特征。特性和特征的主要区别是:前者是高度抽象的子结构特性,后者是物化的结构特征。具体对支撑结构,前者主要用刚度表征;后者主要用尺寸特征和材料特征表征。

设 $G=(V,E)_{n\times p\times q}$,下标 n、p、q 分别表示点、边、面数。

设 $G^*=(V^*,E^*,F^*)$ 为 $G=(V,E)$的对偶图。

$$V^*=\{v_k^*\mid v_k^*\leftarrow f_k,X_k^*\},\qquad k=1,2,\cdots,q \tag{7-3a}$$

式中,X_k^* 代表子结构坐标,是点 v^* 的权值。

$$E^*=\{e_l^*\mid e_l^*\leftarrow e_l,L_l\},\qquad l=1,2,\cdots,p;L_l=\mathrm{Sub}_i\wedge\mathrm{Sub}_j \tag{7-3b}$$

$$F^*=\{f_i^*\mid f_i^*\leftarrow v_i,S_i\},\qquad i=1,2,\cdots,n \tag{7-3c}$$

式中,S 为结构特征参数;L 为广义邻接特征,一般为邻接长度;“←”表示映射关系。

对偶图的点为原图的面(子结构的间隙),在对偶图中物化为子结构在子结构汇聚处的坐标。

7.7　多功能结构表述

多功能结构板 MFS 图表述见图 7.7(a),物理结构见图 7.7(b)。

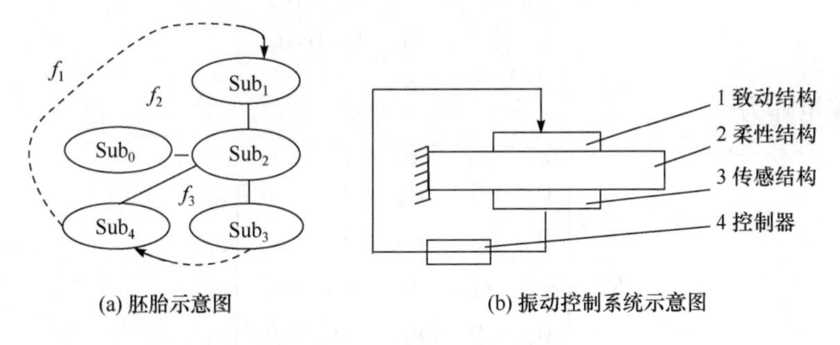

图 7.7　多功能结构板

7.7.1　点边赋权图

设 v_i 为顶点序号,n 为顶点数目,表示子结构数目,$p_i=\mathrm{Property}_i$ 为顶点权,表述子结构特性。

$$\text{Property}=\{\text{Property}_i \mid \text{Property}_i=(\tau_1,\tau_2,\cdots)\},\quad i=1,2,\cdots,N \tag{7-4a}$$

则子结构特性集合可表述为顶点状态变量:

$$V=\{v_i,p_i\} \tag{7-4b}$$

或 $V=\{[v_1,v_2,,v_n]^{\mathrm{T}},[\text{Property}_1\quad \text{Property}_2\quad \cdots\quad \text{Property}_n]^{\mathrm{T}}\}$

子结构联系可用边状态变量表示为

$$E=\{e_l,R_l\},\quad l=1,2,\cdots,p \tag{7-4c}$$

$$R=\{R_l \mid R_l=[r_{ij}(\text{Type},F,V_e,a,\cdots),w_{ij}(u,I,V,B,T,\cdots)]\} \\ l=1,2,\cdots,p,i=1,2,\cdots,n,j=1,2,\cdots,n \tag{7-4d}$$

式中,符号同前。

关联矩阵为

$$c=\begin{array}{c}\begin{matrix} e_1 & e_2 & e_3 & e_4 & e_5 & e_6 \end{matrix}\\ \begin{bmatrix}1&0&0&0&0&0\\0&1&0&0&-1&0\\1&1&1&0&0&1\\0&0&1&1&0&0\\0&0&0&-1&1&1\end{bmatrix}\begin{matrix}v_0\\v_1\\v_2\\v_3\\v_4\end{matrix}\end{array} \tag{7-4e}$$

邻接矩阵为

$$d=\begin{array}{c}\begin{matrix} v_0 & v_1 & v_2 & v_3 & v_4 \end{matrix}\\ \begin{bmatrix}0&0&1&0&0\\0&0&1&0&1\\1&1&0&1&1\\0&0&1&0&1\\0&1&1&1&0\end{bmatrix}\begin{matrix}v_0\\v_1\\v_2\\v_3\\v_4\end{matrix}\end{array} \tag{7-4f}$$

连接矩阵为

$$R=\begin{array}{c}\begin{matrix} v_0 & v_1 & v_2 & v_3 & v_4 \end{matrix}\\ \begin{bmatrix}0&0&r_{02}&0&0\\0&0&r_{12}&0&w_{14}\\r_{02}&r_{12}&0&r_{23}&r_{24}\\0&0&r_{23}&0&w_{34}\\0&w_{14}&r_{24}&w_{34}&0\end{bmatrix}\begin{matrix}v_0\\v_1\\v_2\\v_3\\v_4\end{matrix}\end{array} \tag{7-4g}$$

一般地,顶点序列为 1,2,3,…。0 表示参考体。

在图 7.6 中,有

$$V=\{[0\quad 1\quad 2\quad 3\quad 4]^{\mathrm{T}},[p_0\quad p_1\quad p_2\quad p_3\quad p_4]^{\mathrm{T}}\} \tag{7-5a}$$

$$p=\text{Property}=\left\{\begin{matrix} — \\ k_1,A_1,d_1 \\ k_2,A_2 \\ k_3,A_3,d_3 \\ g_4 \end{matrix}\right\} \tag{7-5b}$$

$$e=\{e_1(0,2)\quad e_2(1,2)\quad e_3(2,3)\quad e_4(3,4)\quad e_5(4,1)\quad e_6(2,4)\},l=1,2,\cdots,p \tag{7-5c}$$

$$R=\left\{\begin{matrix} r_{02}(0,F_{02},0,0) & w_{02}(0,0,0,0,0) \\ r_{12}(0,F_{12},0,0) & w_{12}(0,0,0,0,0,F) \\ r_{23}(0,F_{23},0,0) & w_{23}(u,0,0,0,0) \\ r_{34}(0,0,0,0) & w_{34}(0,0,V,0,0) \\ r_{41}(0,0,0,0) & w_{41}(0,0,V,0,0) \\ r_{24}(0,F_{24},0,0) & w_{24}(0,0,0,0) \end{matrix}\right\} \tag{7-5d}$$

$$E=\{e,R\} \tag{7-5e}$$

在特性阶段中,点、边的权值是未知的,但是需要的特性和需要传递信号的种类是已知的。

7.7.2 点边面赋权图

图 7.7(a)的对偶图和迁移图见图 7.8。布局图见图 7.9。

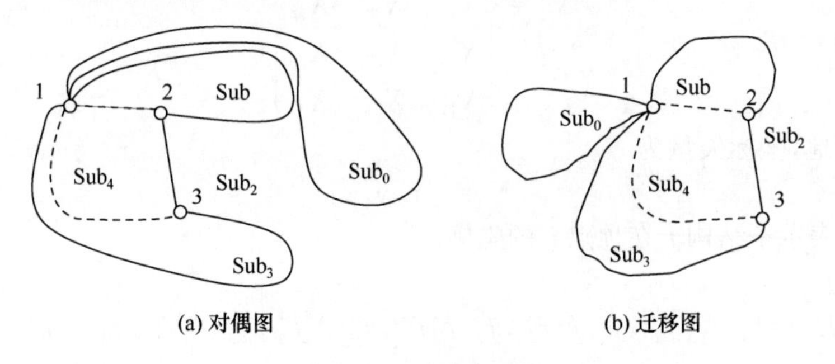

图 7.8 对偶图迁移

1) 顶点

$$V^*=\{[v_1^*\quad v_2^*\quad v_3^*]^{\mathrm{T}},[X_1^*\quad X_2^*\quad X_3^*]^{\mathrm{T}}\} \tag{7-6a}$$

设面下标表示相应的子结构序号。

$$v_1^*=(\forall v\in f_0^*)\wedge(\forall v\in f_1^*)\wedge(\forall v\in f_2^*)$$

$$v_2^*=(\forall v\in f_0^*)\wedge(\forall v\in f_3^*)\wedge(\forall v\in f_2^*)$$

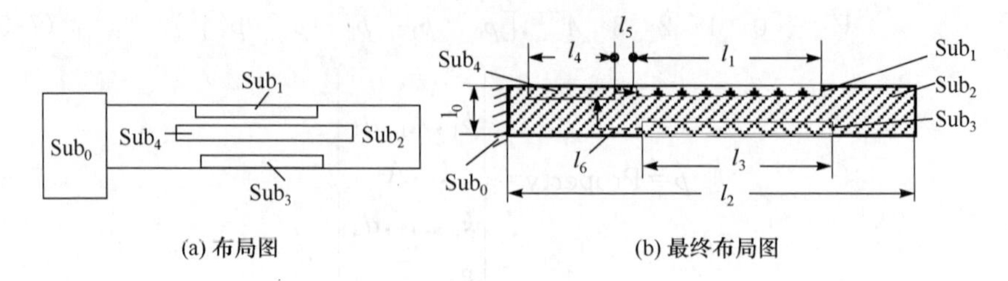

图 7.9　布局图

$$v_3^* = (\forall v \in f_3^*) \wedge (\forall v \in f_1^*) \wedge (\forall v \in f_2^*)$$

点权:

设顶点坐标为各个子结构在该点的坐标集合,坐标矢量用双下标表示,顺序为顶点序号和子结构序号。

顶点坐标即为权值。

$$X^* = \{X_1^*, X_2^*, X_3^*\} \tag{7-6b}$$

每个顶点权值为各个子结构在子结构汇聚点坐标。

$$X_1^* = [X_{10}, X_{11}, X_{12}, X_{13}, X_{14}]^{\mathrm{T}}$$
$$X_2^* = [X_{20}, X_{21}, X_{22}, X_{23}, X_{24}]^{\mathrm{T}}$$
$$X_3^* = [X_{30}, X_{31}, X_{32}, X_{33}, X_{34}]^{\mathrm{T}}$$

权矩阵为

$$X^* = \begin{Bmatrix} X_{10} & X_{20} & X_{30} \\ X_{11} & X_{21} & X_{31} \\ X_{12} & X_{22} & X_{32} \\ X_{13} & X_{23} & X_{33} \\ X_{14} & X_{24} & X_{34} \end{Bmatrix} \tag{7-6c}$$

一般地,坐标矢量为

$$X_{ij} = [x, y, z] \tag{7-6d}$$

此处,X_{ij} 表示子结构 j 在顶点 i 的坐标。

2) 边

$$E^* = \{f_0^* \wedge f_2^*, f_1^* \wedge f_2^*, f_2^* \wedge f_3^*, f_0^* \wedge f_4^*, f_1^* \wedge f_4^*, f_3^* \wedge f_4^*\} \tag{7-7a}$$

边权:

$$E^* = \begin{Bmatrix} e_1(0,2) & L_1 \\ e_2(1,2) & L_2 \\ e_3(2,3) & L_3 \\ e_4(3,4) & L_4 \\ e_5(4,1) & L_5 \\ e_6(2,4) & L_6 \end{Bmatrix} \tag{7-7b}$$

设 x_j 为子结构与参考结构间距,l_j 为子结构 j 的长度。则有

$$X_{ij}=\begin{cases}x_j, & i=k\mid v_k^*\in f_0^*=\mathrm{Sub}_0, j=0\\ —, & v_i^*\notin f_j^*=\mathrm{Sub}_j\\ x_j+l_j, & i\neq k\end{cases} \tag{7-7c}$$

$$L(e(i,j))=\begin{cases}l_j, & r_{ij}\neq\varnothing\\ l_{n+m}, & w_{ij}\neq\varnothing, m=1,2,\cdots\end{cases} \tag{7-7d}$$

表 7.1 为图 7.9 中的 X 和 l。

表 7.1　X_{ij} 和 l_k 的值

	v_1	v_2	v_3	Sub_0	Sub_1	Sub_2	Sub_3	Sub_4
Sub_0	$X_{10}=x_0$	—	—	—	—	l_0	—	—
Sub_1	$X_{11}=x_1$	$X_{21}=x_1+l_1$	—	—	—	l_1	—	l_5
Sub_2	$X_{12}=x_2$	$X_{22}=x_2+l_2$	$X_{32}=x_2+l_2$		—		l_3	l_4
Sub_3	$X_{13}=x_3$	—	$X_{33}=x_3+l_3$				—	l_6
Sub_4	$X_{14}=x_4$	$X_{24}=x_4+l_4$	$X_{34}=x_4+l_4$					—

3）面

$$F^*=\{f_i^*\mid f_i^*\leftarrow v_i, S_i\},\qquad i=1,2,\cdots,n \tag{7-8a}$$

设梁厚度为 t_{b},宽度为 b_{b},长度为 l_{b},材料为 E_{b}、υ_{b};传感器和致动器压电片尺寸相同,材料相同,分别为 t_{p}、b_{p}、E_{p}、d_{31},且处理器器件材料导电系数为 α_{d},则有

$$S=\begin{Bmatrix}— & —\\ [t_{\mathrm{p}},b_{\mathrm{p}},l_{\mathrm{p}}] & [E_{\mathrm{p}},\upsilon_{\mathrm{p}},d_{31}]\\ [t_{\mathrm{b}},b_{\mathrm{b}},l_{\mathrm{b}}] & [E_{\mathrm{b}},\upsilon_{\mathrm{b}}]\\ [t_{\mathrm{p}},b_{\mathrm{p}},l_{\mathrm{p}}] & [E_{\mathrm{p}},\upsilon_{\mathrm{p}},d_{31}]\\ [t_5,b_5,l_5] & [\alpha_{\mathrm{d}5}]\end{Bmatrix} \tag{7-8b}$$

则

$$f^*=\begin{Bmatrix}\mathrm{Sub}_0 & —\\ \mathrm{Sub}_1 & S_1\\ \mathrm{Sub}_2 & S_2\\ \mathrm{Sub}_3 & S_3\\ \mathrm{Sub}_4 & S_4\end{Bmatrix} \tag{7-8c}$$

7.8　参数化模型表述

用面赋权对偶图表述参数化模型为

$$G(V^*,E^*,F^*)|V^*=\{v\},\quad E^*=\{e\},\quad F^*=\{f,P\} \tag{7-9a}$$

有特殊需要时，可采用边点面赋权对偶图表述。

$$G(V^*,E^*,F^*)|V^*=\{v,X\},\quad E^*=\{e,L\},\quad F^*=\{f,P\} \tag{7-9b}$$

式中，P 为子结构数据模型。

7.9 发育设计特点

1) 模型描述功能—结构匹配原理和规则

设计核心问题是功能—结构匹配原理和规则。模型描述了功能到结构逐渐演变的过程。

(1) 具有明确的阶段性。功能阶段→代理阶段→特性阶段→量化模型→特征阶段→参数化模型。功能阶段描述系统的功能；代理阶段描述虚拟子结构能够实现相应功能应具备的特性；特性阶段定性描述系统基本组成；量化阶段是对特性诠释和赋值；特征阶段将特性转化为结构构型和材料特征参数；参数化阶段是物理实现的量化描述。

(2) 具有明确的映射依据。代理阶段进行基因转录(依据自然定律转换)，依据诱导规则演变为特性阶段(形成基本组织结构)，量化阶段进行基因转录(自然定律描述的物理效应)，特征阶段进行细胞定型(依据效用、决策)，参数化阶段完成器官建成(优化)。

(3) 各个阶段边界清楚，任务明确，基因开启顺序明确，需要补充基因内容明确，分析任务明确。

(4) 生长型设计模型可以表述结构的演变过程，并解释产生变异的原因。在不同阶段引入新变量则产生不同类型的设计。不引入新变量，则产生复制设计；在结构生长过程中引入新变量，则可能产生创造性设计也可能产生创新设计，主要取决于引入的时空顺序。

(5) 基因逐渐补充符合设计规律。设计初始阶段只需要依据主要特性即可形成产品基本组织结构，其他信息在各个阶段由不同学科领域知识和经验逐渐补充。

(6) 设计过程体现功能—结构的映射过程，如图 7.10 所示。这个映射过程可以描述为：功能—功能分解—确定工作原理和工作结构—综合为总特征结构—确定详细参数。

2) 具备科学属性

科学解释应具备可解释性、概括性和抽象性。生长型模型解释了功能—结构演变的原因，可解释现有设计模型，并用规范模式提炼了各个演变阶段的主要特性，具有概括性和抽象性。模型可形式化、可传递、可数学描述、可规则导向。体现了 Simon 提出的设计过程可形式化、可描述、可传授、部分经验、部分计算的思想。

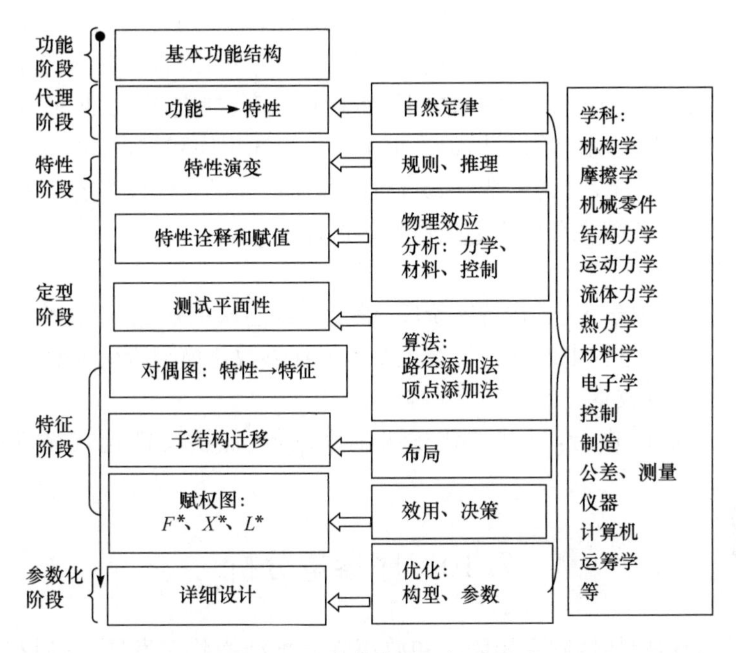

图7.10　发育设计生长过程

3) 描述了抽象层次转换过程

模型描述了主观到客观、抽象到具体两个转折阶段的转化依据和转换方法。

4) 能够容纳创造性思考

量化模型阶段是最有创造性潜力的阶段,可表示设计过程产生的性质突变。

5) 模型具有层次性和生长链

六个阶段概念抽象层次逐渐降低。每一层次的特性只取决于上一层次的简单的抽象特征,形成清晰完整的传递链。功能和结构的映射关系清晰、明确。

6) 赋权图和赋权对偶图表述设计信息完备

赋权图同时表征子结构特性和连接特性,并能表征特性传递方向;可通过测试平面性分析夹杂体结构层次,通过树分析相邻子结构相容性;基于对偶关系描述抽象特性—实体特征的转换关系,数学表达精炼、物理意义明确、可操作性好;可通过对偶图分析最优子结构布局和线路布局。

7) 基因可塑性体现设计多样性

基因取决于技术条件。子结构的尺寸由基因控制,也就是在设计约束中预定。如果设定子结构尺寸微小,各个子结构之间形成性能梯度,则可形成多功能结构,如果子结构进一步缩小,则整个系统可以生成多功能结构板。可见,人工制品的基因中还包含材料、制造、微机电等技术的制约。

基因也取决于设计者的知识。在设计过程中,设计者的想法作为部分指令控制着发育过程。如果设计者不知道某种技术存在,则不可能在设计中使用那种技术。在人工设计的情况下,不会出现设计者没有相关知识的器官,或者没有功能需求的器官;在计算机辅助设计的情况下,如果知识库、规则库、数据库等知识、推理完善,理论上可以实现自治设计,但是也不会出现知识库和推理库不能推演出的器官。相比之下,人工设计的创造性、灵活性大,而计算机设计计算容量大,数据库完备性好,因而,二者结合有利于创造性自治设计。

8) 计算特点

演变过程可数学表述;在特征阶段,满足系统层次的优化;提供多学科设计信息公共平台;设计过程中的迭代计算主要集中在参数化模型阶段,减少了迭代周期长度,降低了计算成本。

各个阶段顺序进行,反馈迭代逐级倒序进行,低层反馈迭代循环次数大于顶层。

7.10　序参量分析

序参量为初始特性联系矩阵。初始矩阵支配结构状态发展,其后在各个阶段衍生出新的特性联系矩阵。初始矩阵是**宏序参量**,支配胎层形态,决定了总的系统结构。在设计过程中衍生的新特性联系为**子序参量**,支配多能结构发展为具体专能结构。功能改变需要改变宏序参量,特性改变需要改变子序参量。宏序参量决定结构的宏观状态,子序参量决定局部结构的详细状态。

当序参量确定后,子结构发育状态具有遗传稳定性,即常规设计。如果在发育过程中某个序参量参数改变,则发生转决定。创造性设计必然起源于发育过程中某个序参量参数的改变,即由于序参量参数的突变导致发育方向改变且最终产生新产品。例如,小卫星姿态控制系统目前主要为机械系统,如推力器、动量轮。如果改变子序参量,引入压电特性引起的能量转化参数,则可利用压电材料产生驱动力调整姿态,从而产生新的姿态控制组织结构,即创新设计。

序参量支配结构发展状态,序参量即从功能到结构映射的桥梁。因而序参量是自治设计和自治系统设计的关键变量。

设计作为创制科学,意味着提供从功能到结构的新的解释或更为精确的解释。宏序参量和子序参量参数的变化和增加,则可提供新的解释以及更为精确的解释。

7.11　与其他设计模型的比较

与以下几个基本设计模型比较。

(1) 方案设计(概念设计)—技术设计(详细设计)模型[78]。方案设计包括:明确需求—抽象化—建立功能结构(分解总功能为分功能)—寻找分功能作用原理—将功能原理组合为作用结构—选择合适的组合—具体化为原理解的变形—评价(依据技术准则和经济准则)—确定原理解。

(2) 功能—行为—结构模型[240,241]。由 Gero 提出,Gero 模型比 Pahl 和 Beitz 模型更为精炼,抽象层次更高。

(3) 多层映射模型[101]。这个模型是对相同抽象层次的各种映射模型集成,本身没有提炼更高层次的抽象。

(4) 激励设计(infused design)模型[103]。激励设计用序列活动描述:①用公式表述问题(problem formulation);②建立模型和建立表达(problem modeling and representation);③求解(problem solving);④产品分析(product analysis)。主要特点是建立基于通用数学表达的公共设计信息平台。

(5) TRIZ 理论模型[91]。基本思想是利用冲突矩阵建立问题空间和原理空间二者之间的映射关系。主要特点是概括了可供选择的映射关系。

(6) 公理化设计[92,93]。可以简化为:需求分析—功能—设计—制造文件。主要特点是建立了决策依据,即两个公理。

与上述模型比较,生长型模型屏蔽了评价、分析过程,分离了领域知识和经验知识,并且分离了分析过程。着重描述了结构的生长过程和转变过程;设计信息生长和失效的阶段性和时序以及可传递性;设计过程的阶段性和各个阶段的特异性。即生长型模型从不同的角度解释了人工制品的生成原理,将设计过程各个阶段的性质抽象化和概括化,将各个阶段的任务明确化,更精确地解释了人工制品的生长过程,对设计过程各个阶段在更高层次进行抽象和概括。在 Eekels 和 Roozenburg 框架下可归类于“科学哲学”和“工程设计科学”之间,更为适当的定位是“设计作为创制科学”。

此外,生长型模型容纳了上述各个模型的设计思想,并精炼了映射过程的主要特性。具体如下。

(1) 功能阶段。是主要功能组合,不需详细分解。将 Pahl 和 Beitz 模型与 Gero 模型需求表述简化以及公理化设计中用户域产品属性和功能域的功能要求表述简化。

(2) 功能—代理阶段用功能—代理阶段特性映射代替功能—行为映射,后者映射依据是设计者知识、经验或知识库。代理阶段特性依据高度抽象的内部环境—外部环境的界面特性。提炼特性的依据是自然定律,将领域知识和经验分离。

(3) 代理阶段—特性阶段映射。规则导向,也可用矩阵迭代,或用群论描述。将 Pahl 和 Beitz 模型中的部分功能分解任务用规则和运算取代,将 Gero 等功能—行为映射模型中的知识搜索和推理规则化。

(4) 特性阶段—量化模型。将抽象特性和特性诠释分离,明确特性与领域知识的映射关系，突出创造性设计的阶段特点。

(5) 量化模型—特征阶段。将特性—结构特征映射本质定位为决策，抽象概括了一般行为—结构映射的知识搜索和推理的匹配过程以及其后的部分评价任务。更为精确地解释了公理化设计中功能域—物理域的映射过程。

(6) 特征阶段—参数化模型。将映射定位为优化计算，将计算迭代周期和范围压缩。将一般行为—结构映射的知识搜索和推理的匹配过程以及其后的部分评价任务分解为更精确的阶段并抽象为优化。更为精确地解释了公理化设计中物理域—工艺域的映射本质，以及 Pahl 和 Beitz 模型中方案设计—技术设计的转化过程和技术设计的主要特点。

7.12 总　　结

代理阶段、特性阶段和定型阶段可由边点赋权图表述。

将特性转化为结构物理参数需要一种可描述的映射关系，借助图论可以实现这一转换。将表征特性的图转化为对偶图，则特性消失代之以对偶图的面，抽象特性演变为具有物质属性的面，物质属性由材料和构型特征参数、位置坐标、广义邻接长度表征，由本章提出的边点面赋权图表征。

生长型模型验证了第 3 章中所提出的宏设计框架的可达性，并实现了设计作为创制科学应具有的科学性：具有归纳概括的特点；提供了功能—结构演变过程的更精确的解释。

第 8 章　小卫星结构系统发育设计

本章应用发育设计框架建立小卫星结构系统生长型设计框架，验证发育设计生长模型的有效性。重点讨论各个阶段变量的求解和传递。

8.1　小卫星多学科设计特性

本节分析小卫星技术的多学科特性，论述发展多学科设计理论和方法的必要性。

8.1.1　小卫星技术发展对多学科设计的需求

人类从“小”卫星开始进入太空时代。1957 年 10 月 4 日苏联发射的第一颗人造卫星“Sputnik”，重 83.6kg。1958 年 2 月美国发射的“探险者 1 号”，重 48kg。在这里，“小”的含义就是重量小。早期发展小卫星是由于技术限制。随着增强卫星容量的需求增加、大型天线及观测系统的需要，以及大型运载火箭技术的发展和军备竞赛的升级，卫星越做越大。然而，从 20 世纪 80 年代起，小卫星重新成为航天工业重要的发展方向。

促成小卫星技术发展的最初动机是经济因素。1993～1999 年 NASA 航天预算削减了大约 20%，而 1991～1996 年由于苏联解体，俄罗斯降低了 80%[301]。在这种情况下，寻求低成本的卫星作为部分通信、遥感遥测、科学实验等大卫星的替代品是必然的选择。另一方面，20 世纪 80 年代以后，由于低成本小型运载火箭的出现、高级轻型技术的发展(如特大规模集成电路的出现)、数字通信技术及计算机技术的发展，低成本小卫星发展成为可能。

冯·卡门 1960 年创建的国际宇航学会(IAA)于 1988 年在印度举行学术会议，德国的 Gerhard Harerendel 提出了“小卫星”的议题(这里，“小”特指经济上不昂贵)，并成立了一个专门的小组，后来小组发展为 IAA 下属的小卫星分会。学会的宗旨是在全世界范围内，为了人类共同的福利发展经济卫星作为开发外层空间的入口。“faster, cheaper, better”最早是由 NASA 的 Daniel Goldin 上任伊始提出的口号，而率先实施成功的是 Surrey 卫星技术公司，极大地降低了成本和研制时间，同时不显著降低大卫星的性能。

从 20 世纪 80 年代至 21 世纪初，已经发射了三百多颗小卫星，用于军事侦察、地球探测、自然灾害预报、海洋勘探、地质勘探、通信、科学和技术实验，以及抢险救灾甚至海湾战争。美国发射了多颗军事和商业卫星,在海湾战争中,成功地调动小卫星用于军事侦察。英国、捷克、瑞典、芬兰、意大利等欧洲国家都发射了小卫星;南美的巴西、智利,西亚的以色列,我国以及韩国、泰国、马来西亚、日本等也都发射了小卫星,其中日本制定了雄心勃勃的空间计划大力发展小卫星,韩国也致力于在21世纪初将韩国建成亚洲小卫星中心。我国政府在863和国防基础科研重点项目中对微小卫星的研制也做了重点安排,中国空间技术研究院主要实施小卫星型号的研制;中国科学院主要进行小卫星有效载荷和纳米卫星方面的研究;上海航天局主要进行小卫星推进技术等方面研究。在高校,哈尔滨工业大学成立了小卫星研究所,清华大学成立了宇航中心,现为宇航学院。我国发射了"实践5号"(科学试验卫星),哈尔滨工业大学"探索一号"(光学遥感),"沧济一号","创新一号",清华1号、2号等多品种小卫星。专家预测,今后空间工业的发展趋势将是大卫星和小卫星齐头并进发展。

欧美众多大学参与了小卫星计划。大学开展小卫星项目,最高最直接的追求是产生世界级的研究成果。空间技术研究涉及多学科交叉领域,目前科学技术的重大突破都是在学科交叉的领域产生。从哲学角度讲,庄子认为混沌生,秩序死。在很多问题都没有定见的交叉领域,复杂性深度大,可能产生原创性成果,有时会产生突破性的科学进展。

小卫星研制周期短(大约1年),星上设备可用商用电子器件和软件,设计模块化,已经形成规模化生产,如意大利 Alenia 宇航公司可以一周生产一颗[302];结构模块化,可以承载多种有效载荷的组合,任务单一。一个人员精选高度集成的项目小组完成从设计到发射的整个过程,需3～4年,人数不多,经费投入不高,经费在几百万美元之内,而生产一个大卫星成本高达几亿美元。

在目前的世界格局下,今天在空间工业节省经费将意味着在将来的空间技术竞争中失掉参赛资格。根据文献报道[303],美国宇航局1998～2004年预算(单位:百万美元)分别为:13647.7、13665.0、13578.4、13752.4、13757.4、13750.4、13750.4。意大利BPD公司看好小卫星市场,自己投资1000多万美元研制发射小卫星的小型火箭[304]。总体来说,卫星工业是高回报比行业,存在小卫星的商业市场,Surrey 大学等已经取得了先进入者利益,各国政府和航天机构会大力发展小卫星技术,继续寻求降低成本的新技术。

8.1.2 定义

小卫星中的"小"的概念主要指经济上不昂贵(Mekanna)。小卫星分级方法有两种,一种是按重量分,英国 Surrey 大学的标准是:小(small)卫星 1000～500kg;微(mini)卫星 500～100kg;微小(micro)卫星 100～10kg;纳(nano)星小于 10kg;皮(pico)星小于 1kg。NASA 标准:小于 500kg 为小卫星。阿里安标准:小于

800kg 为小卫星[305]。

比较大卫星重量：一种是轨道天文观测卫星重 2t，质子号卫星重 12～17t；另一种是按单位重量所能提供的功能分类，即功能密度(capability density)的概念。

小卫星不是大卫星的子系统，而是具有独立功能，能完成特定飞行任务的重量小的经济卫星。小卫星具有强大的计算能力，可以承载多种有效载荷的组合，任务单一，具有可存储性、快速检测、发射迅速的特点。小卫星可以单独使用，完成特定的飞行任务，如测绘、侦察、天气预报、通信。

由多用途小卫星组成星座可以替代一些大卫星对地球实现全时域和全空域覆盖，同时成本远远低于大卫星。例如，大容量同步轨道通信卫星约 2.07 亿美元，8 颗小卫星用飞马座火箭发射组成星座，费用约 3700 万美元，相差一个数量级[306]。通信星网可随时随地进行全球话音、数据个人移动通信，对地观测网观测地球环境，天际网治安救灾等。

8.1.3　基本组成

1) 外形

现代小卫星主要为多面体，如长方体、六棱柱、梯形界面，也有圆形和圆柱体，视有效载荷而定。外形主要形式见图 8.1。

外形设计的主要依据是有效载荷，主要取决于光学仪器的外形。太阳能帆板的面积则取决于星上设备的能源需求，最低要求为体装式，贴在卫星的柱面上，当太阳能电池板的面积超过卫星柱面时，则需要展开式帆板。

2) 结构

一般的小卫星结构大致相同，都是模块式结构。由于飞行任务不同，有效载荷差异较大。小卫星的基本模块为：姿态敏感与控制模块、星上计算机、遥测遥控模块、电源模块；PSK 调制器与 UHF 波段发射机(星发射机)、FSK 调制器与 VHF 接收机(卫星接收机)、蓄电池模块。

图 8.1　清华 1 号小卫星

有效载荷为：GPS 接收机(测量卫星轨道参数)、微型惯性测量组合(运动物体的综合惯性测量)、S 波段发射机和接收机(入轨和运行阶段的测控，发射机下行传输遥测数据，接收机上行接收遥控指令)。

各模块嵌入主框架内，用螺栓连接为整体。现行主框架材料为硬铝，外层覆盖砷化镓(GaAs)太阳能电池阵，头部尾部装有四根天线。通信、遥感、姿态控制等任

图 8.2　卫星布局示意图

务需要的能源由太阳能电池板提供，光照时提供太阳能，每侧电池板大约可以提供 35W 能源，多余的能量镍镉(NiCd)电池储存供非光照时使用。以以色列的 TECH-SAT 卫星为例，飞行任务是科学研究实验和通信，基本模块：能源模块；通信系统、热控系统、姿态控制。卫星主体结构：管框架，6 块铝板，太阳能电池覆盖于其上，第 5 块朝向地球，装有天线、后反射器、臭氧测量仪器、CD 摄像机，第 6 块朝向太阳，是星箭分离面[307]。图 8.2 为清华 1 号模块图。图 8.3是斯坦福大学的 CubeSat，帆板和框架已移去。

由上述可见，外形虽然多种多样，基本模块大致相同，由支持系统和有效载荷组成，主要差异源于飞行任务不同带来的有效载荷差异，有效载荷差异导致结构、姿态、能源、太阳能帆板、驱动等差异，但是基本特征是模块化。实施可重构模块化设计思想有利于实现低成本快速重设计和缩短制造周期。

小卫星的机械部分由支撑结构(各个模块)、姿态控制执行元件(飞轮、轴承、推力器)、能源(电能和工质)以及展开机构(天线、太阳能帆板)、分离机构(星箭分离机构)等组成。

3) 单个模块特征

单个模块和载荷示意图见图 8.4。各个模块基本相同，但星上元件和设备不同导致模块高度和接线口不同。目前的研究方向是将电缆等器件埋设于梁内，形成集成模块或功能结构，或将传感、驱动等埋设在材料内。

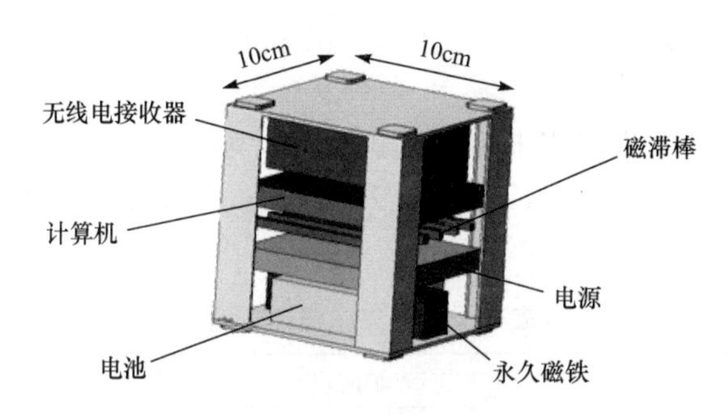

图 8.3　小卫星结构示意图[308]

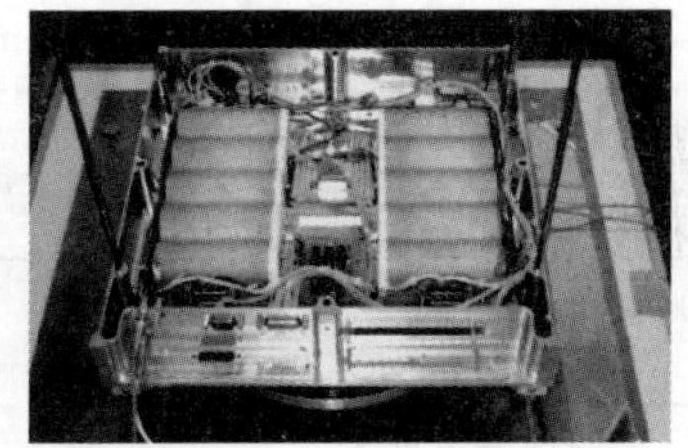

图 8.4　单个模块示意图

8.1.4　运行环境

1）发射过程力学环境

火箭在发射过程中主要承受轴向（火箭发动机推力增长或下降、级间分离等）和横向动载荷（大气扰动、级间分离碰撞、控制系统自振等），从而产生弹性纵向振动和弯曲振动。

卫星在吊装、发射、分离各个阶段承受各种过载，具体过载系数与发射方式和火箭型号有关。主要过载有[309]：火箭改变飞行速度机动飞行段最大过载，阵风过载，垂直风暴、助推器推力偏心等非机动段过载，导弹发射时过载，吊装升降时加速度和冲击造成过载，运输过载，发射前发射装置调转时过载。起飞到星箭分离过程承受几分钟（7～8min）10g 以上轴向过载。主要载荷有：火箭发动机推力、重力、空气动力、火箭级间分离产生冲击推力。

在发射过程中，卫星置于火箭整流罩内，卫星与火箭由适配器连接。在调试和发射过程中，卫星的载荷分为静载荷和动载荷，静载荷主要是螺栓预紧力和各个模块载荷以及结构自重和弹簧压缩力；动态载荷为火箭作为基础的激振。

各种动态载荷环境可以归纳为以下几种（以清华模拟星为例）。

简谐振动：描述控制、发动机推力偏心等导致周期作用载荷，见表 8.1(a)。

瞬态振动:描述火箭级间分离、起飞、发动机点火、熄火等瞬态载荷引起的振动,见表 8.1(b)。

随机振动:描述风载、电机振动等随机载荷或与时间无关的载荷以及其他不确定性载荷,见表 8.1(c)。显然,卫星载荷环境只是一种估计统计值,具有相当高的不确定性。

表 8.1(a)　正弦振动环境

频率/Hz	冲击谱(轴向)/g	冲击谱(横向)/g
6～35	2.7	2.25
35～100	1.8	1.5

表 8.1(b)　冲击环境

频率/Hz	100	1500	10,000
冲击谱/g	20	2000	2000

表 8.1(c)　随机振动环境

频率/Hz	功率谱密度/(g^2/Hz)
30	+6dB/Oct
100～250	0.12
400～1000	0.08
2000	−3dB/Oct

星箭对接面加速度:轴向为 $10g$;横向为 $2.5g$。

2) 在轨运行力学环境

卫星在轨运行主要分为姿态机动、姿态保持和变轨,后两者总称姿态控制。姿态机动:入轨后初始对准,或称为捕获,星箭分离时,星体以旋转、翻滚等不确定状态(不确定姿态角、姿态角速度)进入定向轨道。捕获分为粗对准(控制力矩较大、精度低)和精对准(力矩小)。控制力矩短暂、大。姿态控制:包括定向、再定向(变轨)、捕获(定向,保持姿态稳定,星体以一定精度保持在给定参考方向上,控制力矩小,长时间、持续)。控制力矩有几种方式:利用环境力矩产生;控制力矩产生器:推力器、飞轮;地磁力矩产生器。姿态控制方式与姿态精度有关,被动控制姿态精度低,姿态精度要求高时,必须施行主动控制。

姿态控制方法:自旋稳定控制卫星,卫星整体绕对称轴旋转以获得稳定姿态,需校正装置,用速度喷嘴增加速度,用磁性线圈校正自旋轴,用阻尼器阻止自旋轴摆动[310];重力梯度稳定控制卫星,利用卫星各部分质量所受到的引力不相等等因素产生的重力梯度力矩来稳定卫星姿态,使卫星的某一面始终朝向地球;磁力稳定法，在卫星的一面上装上一个电磁铁，使有磁铁的一面永远朝向地球；三轴稳定控制卫星，星体本身不自转，利用气体喷嘴、反作用轮以及感应元件(测量姿态偏差)，使卫星在三轴方向维持稳定的取向，使卫星始终对准地球平面。一般用红外线传感器探测俯仰及滚动误差，用太阳传感器探测偏航误差。太阳传感器安装在太阳能电池帆板架上，以消除阴影遮蔽。

轨道控制方法：轨道控制包括变轨控制、轨道校正、轨道保持、交会、对接、返回再入、落点控制。轨道保持是克服摄动影响，以对地静止卫星为例，主要是靠星体上的轴向喷嘴和横向喷嘴完成。简言之，姿态控制系统由姿态测量、姿态确定和姿态控制执行系统组成。

3) 空间环境

空间环境力：万有引力、微重力、空气阻力(使星体螺旋下降，轨道降低)、太阳辐射压力、地球磁场、空间碎片撞击、环境力矩(环境作用力对航天器质心力矩，值并不大，但长期持续作用，最简单的情况是引力矩，当卫星为球形时为零)。

高真空、超纯净、强辐射、无对流、显著温差和相对地球的高远位置。

微重力定义：设飞行器重力为 g，地面标准重力加速度为 g_0，定义载荷系数 $K=g/g_0$，则 $K>1$，为超重力；$10^{-4}\leqslant K<1$ 为低重力；$10^{-7}\leqslant K<10^{-4}$ 为微重力状态。

环境对航天器的影响。材料升华：海拔 800m 高空，气压约为 10^{-9} Torr (1Torr＝1mmHg＝1.33322×10^{2} Pa)，导致材料表层的升华加速。10^{7} Torr 真空和 393K 条件下航天器温控涂层有明显质量损失，仅氟化丙烯和氟化乙烯无显著升华。升华的原因是材料中的分子和原子从电磁辐射获得了足以克服结合能的能量；热传导变坏，系数与压力的变化成比例；表面电导发生改变和放电；材料雾化；材料机械性能改变：在极低压力下，材料的外表面和内表面发生变化，表面出现微细的裂纹或晶隙腐蚀，表面保护膜被破坏。真空中，表面氧化膜保护膜被破坏，材料与环境介质摩擦加剧。

在热控系统正常工作条件下，温度变化为 5～35℃。

8.1.5　小卫星主要失效形式

小卫星主要失效形式：波导管、调速管、晶体管、磁控管、固体电路、微电子元件及其引线、管脚和导线磨损、折断；紧固件松动；结构件、印刷板变形、破裂和失效；光学元件振动使光学系统失效；联结器、继电器、传感器、活门、开关的不正常瞬时断开，电子插件性能下降，导引头特性及引信装置和电气功能下降、黏层、键合点断开，电路瞬时短路，陀螺漂移增大，精度降低，甚至故障。根据美国有关机构调查，飞行器全年故障中，环境因素造成的故障占 50%以上，动力学、温度、湿度造成的故障占 80%以上。20 世纪 80 年代中期，4 个飞行计划中 12 个航天器和 12 个有效载荷系统,发生故障 88 次,其中,3 次是振动环境引起的,41 次是飞行过程中爆脱引起的,44 次是冲击引起的[311]。

8.1.6 在支持技术方面[312]

(1) 研制多功能结构或 Smart 结构,将电子设备、电缆、热控系统、结构功能集成,与无源电子线路一起敷设在复合材料之间。

(2) 纳米技术和微机电系统应用于通信、姿态控制和推进系统。

(3) 分布式卫星系统,连接星座的卫星数据。

(4) 一体化结构设计,统一的连接构件的壳体;新型复合材料,石墨复合材料,聚氢酸盐树脂连接结构,高模数纤维等。

不同的文献数据中小卫星各分系统重量比不同[313],见表 8.2。

表 8.2 各分系统重量比

分系统	占卫星总重量比例/%	占投资总额比例/%
电源	38～42	6～13
结构	22～30	11～15
姿态控制	9～14	12～18
测控通信	10	
推进部分	10	
指令数据处理	4～5	
热控制部分	3～4	

从表中可以看出,卫星重量一半以上是电源和结构的重量,其次是姿态控制系统。这三项成本构成占总成本 30%以上。主要是电源所占比例大,姿态控制占 10%。考察能源预算表 8.3,姿态控制占能源预算 30%以上。可见,影响重量的主要因素是能源系统,而姿态控制是能源消耗的主要因素之一。

表 8.3 能源预算表

分系统名称	预算/W	占能源总量比例/%
有效载荷	11.55	16.21
姿态控制	22.174	31.11

上述分析可见,多功能结构是小卫星的研究方向和研究热点之一。另一个值得研究的方向是包括姿控的整星结构设计,通过减少能源消耗或消耗方式来减少重量。

8.1.7 小卫星材料和 Smart 结构

为了提高刚度、降低重量和满足特殊性能(防热、吸波等),21 世纪的卫星结构材料从铝合金转向复合材料，主要有 PMC 聚合物复合材料、MMC 金属基复合材料、CMC 陶瓷基复合材料；比强度、比刚度等性能可设计的合金（designer alloys）金属编织的先进复合材料（intermetallic and advanced composites, including metal and ceramic matrix materials）。先进材料的关键部分是高性能增强剂，如石墨纤维、凯芙拉纤维、SiC 纤维、β 纤维[314]，以及卫星太阳电池阵上的铝蜂窝芯等。其中重点发展 SiC 纤维。此外，金属蜂窝结构不但具有高比刚度和比强度，而且可以具有噪声衰减的作用[315,316]。

主要材料如下。

(1) 铝合金。

(2) 铝锂合金。低密度，比强度和比刚度高，比常规铝合金质量减轻 10%～20%，刚度提高 15%～20%。此外，韧性明显提高，价格比常规铝合金贵 2～3 倍。苏联应用水平比欧美高。

(3) 先进复合材料。比强度和比刚度可以设计，并可以设计使其具有特殊性能入防热、吸波。预计到 2005 年，先进复合材料在卫星上使用超过 80%。主要材料如下[317]。

① PMC 聚合物复合材料，轻质、高强度、高刚度、性能可设计。航天领域应用最大最广的结构，与金属比可减轻 20%～60%。

② MMC 金属基复合材料，比强度和比刚度比较高，线膨胀系数低，抗辐射，能在较高温度（400～800℃）飞行，是卫星理想结构材料。

③ CMC 陶瓷基复合材料，碳化硅（比铝轻 25%）。

④ 高温树脂，BMI 双马来酰胺，PI 聚酰亚胺，PEEK 聚醚醚酮。

⑤ C/C 复合材料，应用广泛，可作为卫星支架。

阻碍先进复合材料使用的关键因素是成本，降低成本的途径：一方面需要改进制造过程；另一方面需要通过制造使用新材料的产品自身创造对新材料的需求，通过增加材料产量以降低成本。

Smart 结构十几年来一直是研究的热点。Smart 结构是指结构系统的几何和内在结构特性通过遥控或者通过自动内部激励（压电材料）朝向适应发射任务需求变化。Smart 结构技术主要包括：控制算法、与结构集成一体的新传感器和激励器技术、轻型有效的功率电子学（power electronics）[318,319]。

Smart 结构具有高度自我诊断、自我完善能力（修补、变形或特征性能的自我调节等）；对外部环境的高度自识别，即可自动感受、检测应力、应变、冲击、温度、损伤和裂纹的发生与扩展等状况，并相应有高度的自适应能力；高度集成、整体和微型化，把结构的静动特性、环境载荷的监测、寿命预估与结构自我调节变成一体[320]。

美国空军实验室与麻省理工学院、密歇根大学、弗吉尼亚理工大学、洛克希德导弹发射和空间公司合作完成一个 Smart 结构飞行试验项目。该项目由 NASA 资助,进行四个试验:先进控制技术试验,试验目标是主动控制抑制,结构由复合材料组成,压电传感器和激励器埋设在复合材料中;超静隔离技术试验,采用主动压电激励器和阻尼弯曲实现主动和被动混合控制;振动隔离、抑制和导向试验,采用黏滞阻尼器和电磁声线圈激励器实现红外望远镜的隔离阕导向;振动隔离和抑制试验,采用被动隔离和声线圈激励器结合,隔离精密有效载荷和航天器扰动[318]。

Smart 结构研究具有多学科交叉的特点,研究队伍需要多学科背景。密歇根大学机械系振动实验室从事 Smart 结构设计的研究,重点研究能够植入适应材料的先进激励器,如压电材料、电致伸缩材料和形状记忆合金。其他研究包括 Smart 结构在结构控制、形状控制和健康诊断的应用。研究人员在设计、固体力学、动力学、振动、材料处理、声学和制造领域具有深厚背景。

8.1.8　多学科设计

卫星的服役质量依赖卫星的姿态精度,姿态精度依赖结构的动力学性能以及卫星的姿态确定精度和控制精度。后两者都高度依赖结构的动力学性能和控制执行机构的控制精度和运行性能。同时卫星星上设备对环境温度、湿度有不同要求,各自的振动频率不同,精度要求不同,加上载荷环境的恶劣性和不确定性,为系统动力学分析和控制系统设计增加了理论模型的复杂性和计算复杂性。

卫星在轨运行运动精度直接影响卫星服役寿命,要求结构对干扰力的灵敏度低,同时要求姿态控制执行元件控制精度高而质量和成本以及消耗能源少。研究表明,控制器设计和结构设计耦合,传统的序列设计方法不能达到整体性能最优,因而必须打破设计和控制的界限,研究机械系统和控制一体化的优化设计方法和分析方法。

目前各种面向制造、成本、市场、环保等一系列设计方法,具体实施起来都有一定的限制,设计人员不可能精通各个层面的细节问题,特别是目前电子、光学、计算机、控制、材料、制造等方面的科学技术发展很快,成本和环保政策指标也日益更新,因而实际实施效果并不好。机械设计人员的专业特长是机械系统分析和设计,包括总体构型和装配设计、细节设计,主要设计目标是功能。所以,设计人员的主要贡献在总体功能层次,主要精力也应该放在功能层次。考虑到制造性、成本等各个尺度,所生成的设计结果在满足功能的前提下应该具有开放性,如对连接、制造、材料等开放,以达到整个寿命周期的最优组合,同时设计自身创造对材料和制造的创新需求。这种开放性对卫星尤其重要,因为新一代小卫星的主要材料是可设计的复合材料、功能材料,降低成本的压力迫使小卫星进一步降低重量、减少体积和缩短研制生产周期,将电缆、传感、驱动等布局与材料和结构一体化设计,因而需要探索基于功能的对制造、材料、连接、构型、成本等开放的设计理论和方法。

卫星结构本身、星上元件高度集中体现最新材料科学、制造科学、电子学、光学、计算机、微机械、微驱动、通信、测试等技术的尖端成果，对多学科交叉与衔接提出了新的问题和挑战，对多学科交叉的设计理论和方法、设计组织和管理也提出了新的挑战。

小卫星机械零部件的材料和结构目前采用的是比较传统的技术，小卫星今后的发展方向是发展低成本新型复合材料，以及材料与电子器件、电缆、光学元件、敏感元件敷设为一体的功能材料。因而需要结构、材料一体化的功能设计理论和方法。

综上分析，小卫星技术涉及多学科设计，因此需要支持合作设计的有效的多学科设计理论和方法。

小卫星的核心竞争力在于进一步降低成本。阻碍小卫星成本降低的一个因素在火箭方面，因此需要研制低成本的小型火箭。与卫星本身有关的因素主要是重量，对重量的主要贡献来源于星上设备以及分离器。其中，姿控系统本身大约占总体重量的 10%，能源系统大约占 40%，结构大约占 25%(包括分离器)。同时，姿态控制大约消耗 30%的能源。从另一方面，卫星的一个重要性能参数是姿态精度。因此，需要将结构、材料、控制并行设计，利用或减少结构与控制的耦合作用，改进姿态精度、减少能源消耗、降低卫星重量。

小卫星是多学科领域知识和技术的高度集成，为了在小卫星技术上达到世界级水平，进行总体多学科优化设计是必由之路。需要一种包容性广而又简洁的设计思想和方法，能够及时吸纳各个学科领域的最新成果，如机、电、光等尖端科学技术，并能超越现有技术的局限，提出具有前瞻性的产品方案。

8.2　发育设计过程

当有明确的产品需求时从阶段 1 开始，否则从阶段 0 开始。

阶段 0:宏观分析设计需求。

分析任务:分析产品经济学特性、运行环境和相关支撑技术。经济学特性主要包括市场特点、成本分析、外部性、核心竞争力等。运行环境包括载荷分析、运行环境等。

目的:确定产品特色。具体描述功能需求和产品约束。

阶段 1:功能阶段。用基本功能结构描述功能需求和约束，用图表征。

阶段 2:代理阶段。将主观意图功能转化为可用自然定律描述的客观抽象特性。用特性和特性联系表征基本子结构和相互联系。用赋权图表征。

理论资源和分析工具:自然定律。

阶段 3:特性阶段。依据诱导规则特性分化演变直至形成能够决定产品(系统)基本特性和组成的胚胎。用赋权图表征。

理论资源和分析工具:推理和规则。

阶段 4:定型。对特性诠释和赋值,具体化特性。此阶段最具创造性潜力。用赋权图表征。

理论资源和分析工具:物理效应、自然定律、机械学、神经网络、控制及材料、器件、制造等支撑技术。

阶段 5:特征阶段。将具体特性转化为结构的基本特征参数:构型和材料特征。用赋权对偶图表征。

理论资源和分析工具:效用分析、决策等。

阶段 6:参数化模型。将结构特征具体为形状参数和材料参数,即详细设计。用工程图纸表征。

理论资源和分析工具:优化等。

各个阶段顺序进行,反馈迭代逐级倒序进行,低层反馈迭代循环次数大于顶层。

8.3　产品特性分析

现代小卫星外形主要为多面体,外形设计的主要依据是光学仪器的外形。太阳能帆板的面积则取决于星上设备的能源需求,最低要求为体装式,不能满足时采用展开式帆板。

小卫星结构大致为模块式结构,主要差异源于飞行任务不同带来的有效载荷差异。单个模块基本相同,星上元件和设备不同导致模块高度和接线口不同。目前的研究方向是将电缆等器件埋设于梁内,形成集成模块或多功能结构、Smart 结构[318,319]。

发射过程中小卫星承受运载火箭的基础激振,可归纳为简谐振动、瞬态振动和随机振动。星体动力学试验和有限元计算表明,主要动响应特点为星体摆动和模块底板振动,各模块底板固有振动频率密集。主要失效形式为紧固件松动、结构件、印刷板变形、破裂和失效、光学元件振动使光学系统失效等[248]。

在轨运行期间,姿态精度由姿态控制系统保证。控制力矩有几种方式:利用环境力矩产生;控制力矩产生器:推力器、飞轮;地磁力矩产生器。姿控系统本身占据大约 10%的总体重量,同时,姿态控制消耗大约 30%的能源。分析和计算表明,姿态控制精度和能源消耗与星体惯性参数有关。

卫星成本包括研制成本、生产成本、发射成本,并具有正的外部性——社会收益和负的外部性——社会成本(如污染)等。发射费用是整个卫星计划的 35%~40%,与重量和火箭型号有关。用小型运载火箭发射可以降低费用 24%以上。搭载费用每公斤 5000～10000 美元[312]，还有发射系统失效的隐藏成本[321]。小卫星回报比大约为 1∶10[322]。

小卫星的核心竞争力在于进一步降低成本。与卫星本身有关的因素主要是重量，对重量的主要贡献来源于星上设备以及分离器。其中，姿控系统本身占据大约 10％的总体重量，能源系统占据大约 40％，结构占大约 25％(包括分离器)。另一方面，卫星的一个重要性能参数是姿态精度。

小卫星是多学科领域知识和技术的高度集成，为了在小卫星技术上达到世界级水平，进行多学科优化设计是必由之路。设计目标确定为结构、材料、控制并行设计，采用集成结构或多功能结构，减少能源消耗、降低卫星重量。多功能结构(multi functional structures，MFS)则指结构具备两个或多个功能的集成或夹杂体结构[323,324]。夹杂体材料分析计算理论基础为均匀化方法，需同时描述几何和材料信息。材料设计变量一般为弹性模量、泊松比和热膨胀系数，输出为密度分布和材料微结构。夹杂体可采用直接金属溶积方法(DMD)制造。

8.4　功能阶段、代理阶段和特性阶段

将运动控制胚胎和振动控制胚胎求并，可得到小卫星姿态控制和振动控制集成系统。设控制胚胎为 $\mathrm{Embryo_C}$，振动控制胚胎为 $\mathrm{Embryo_V}$，则集成控制系统胚胎为 $\mathrm{Embryo_I}=\mathrm{Embryo_C}\cup\mathrm{Embryo_V}$。

8.4.1　运动控制

直接采用运动控制胚胎，见图 8.5，虚线为信号连接。连接关系见表 8.4，特性见式(8-1)。

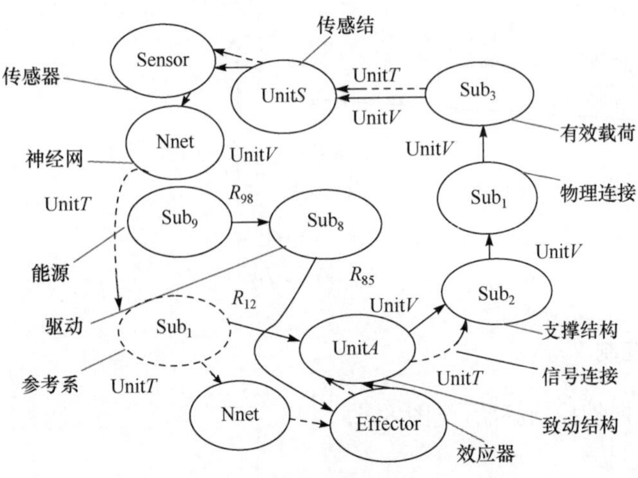

图 8.5　运动控制胚胎

表 8.4　连接关系

i,j	r_{ij}	i,j	w_{ij}
1,5	$R,F,v_e,0$	1,7	$0,I,0,0,0$
5,2	$S,F,0,0$	7,12	$0,I,0,0,0$
2,10	$S,F,0,0$	5,2	$0,0,0,0,0,0,0,0,0,F$
10,3	$S,F,0,0$	3,4	$0,0,0,0,0,\omega$
3,4	$S,F,0,0$	11,6	$0,I,0,0,0$
5,8	$S,F,0,0$	6,1	$0,I,0,0,0$
8,9	$S,F,0,0$	4,11	$0,I,0,0,0$
4,11	$S,F,0,0$	12,5	$0,I,0,0,0$
12,5	$S,F,0,0$		
11,6	$S,F,0,0$		
12,5	$S,F,0,0$		

特性为

$$\text{Property}=\left\{\begin{matrix} - \\ k_2,A_2,v_{e_2} \\ k_3,A_3 \\ \omega_4 \\ M_5 \\ g_6 \\ g_7 \\ F_8,v_{e_8} \\ E_9 \\ k_{10},A_{10} \\ k_{11},A_{11},d_{11} \\ k_{12},A_{12},d_{12} \end{matrix}\right\} \tag{8-1}$$

8.4.2　振动控制

直接采用振动控制胚胎,见图 8.6。

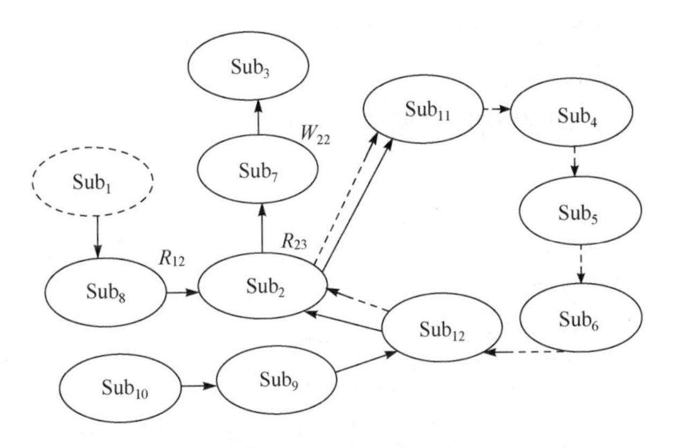

图 8.6　振动控制胚胎

连接关系见表 8.5。子结构特性见表 8.6。

表 8.5　连接关系

i,j	r_{ij}	i,j	w_{ij}
1,8	$S,F,0$	2,11	$u,0,0$
8,2	$S,F,0,0$	12,2	$0,0,Vt$
2,7	$S,F,0,0$	5,6	$0,0,Vt$
7,3	$S,F,0,0$	6,12	$0,0,0,0,0,0,0,0,F$
9,2	$S,F,0,0$	11,4	$0,I,0$
10,9	$S,F,0,0$	6,12	$0,I,0$
2,11	$S,F,0,0$		
12,2	$S,F,0$		

表 8.6　子结构功能和特性

Sub	Property	功能	Sub	Property	功能
1	k_1,A_1	基架	7	k_7,A_7	连接
2	k_2,A_2	支撑	8	k_8,A_8	连接
3	k_3,A_3	支撑	9	P_9	驱动
4	u_4	感受结构	10	E_{10}	能源
5	g_5	处理器	11	k_{11},A_{11},d_{11}	感受器
6	M_6	致动结构	12	k_{12},A_{12},d_{12}	效应器

8.4.3　特性阶段

将上述两个胚胎求并，得到集成系统胚胎。注意两个胚胎参考体物理意义不同。对姿态控制胚胎，参考体为地球；对振动控制胚胎，参考体为火箭。故胚胎含两个参考体。设控制胚胎子结构个数为 N_C,振动胚胎子结构个数为 N_V。则 $Embryo_I = Embryo_C \cup Embryo_V$。

胚胎见图 8.7(a),子结构序号见图 8.7(b)。

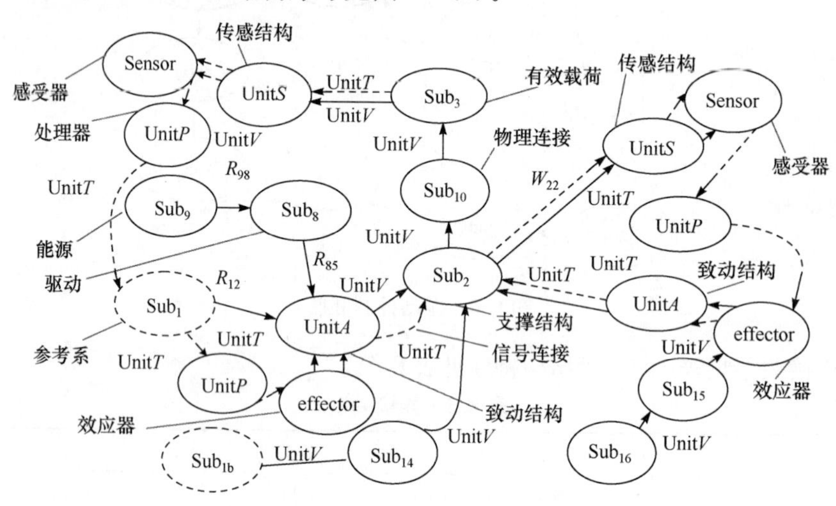

(a) 结构胚胎

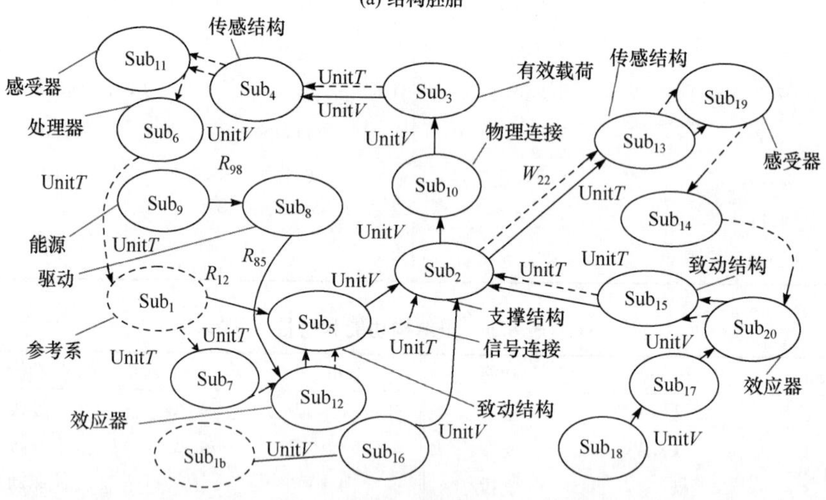

(b) 子结构序号

图 8.7 结构胚胎

各个矩阵求并

$$Sub_I = Sub_C \cup Sub_V \tag{8-2a}$$

$$R_I = R_C \cup R_V \tag{8-2b}$$

$$Property_I = Property_C \cup Property_V \mid i \leftarrow i + N_C, i \notin Sub_C \cap Sub_V \tag{8-2c}$$

计算机实现为

$$\mathrm{Sub_I}=\{\mathrm{Sub_C},\mathrm{Sub_V}\,|\,i\leftarrow i+N_\mathrm{C},i\notin \mathrm{Sub_C}\cap \mathrm{Sub_V})\}\tag{8-3a}$$

$$R_\mathrm{I}=R_\mathrm{C}+R_\mathrm{V}\,|\,i,j\leftarrow i+N_\mathrm{C},j+N_\mathrm{C},i,j\notin \mathrm{Sub_C}\cap \mathrm{Sub_V}\tag{8-3b}$$

$$\mathrm{Property_I}=\begin{Bmatrix}\mathrm{Property_C}\\ \mathrm{Property_V}\,|\,i\leftarrow i+N_\mathrm{C},i\notin \mathrm{Sub_C}\cap \mathrm{Sub_V}\end{Bmatrix}\tag{8-3c}$$

特性与功能对应关系见表 8.7,连接关系见表 8.8。

表 8.7　子结构功能

Sub	Property	功能	Sub	Property	功能
1	—	地球	11	k_{s11},A_{11},d_{11}	感受器
1b	—	火箭	12	k_{a12},A_{12},d_{12}	效应器
2	k_2,A_2,v_{e_2}	支撑	13	u_{13}	传感结构
3	k_3,A_3	支撑	14	g_{14}	处理器
4	ω_4		15	M_{15}	致动结构
5	M_5		16	k_{16},A_{16}	连接
6	g_6	处理器	17	P_{17}	驱动
7	g_7	处理器	18	E_{18}	能源
8	P_8	驱动	19	k_{s19},A_{19},d_{19}	感受器
9	E_9	能源	20	k_{a20},A_{20},d_{20}	效应器
10	k_{10},A_{10}	连接			

表 8.8　连接关系

i,j	r_{ij}	i,j	w_{ij}
1,5	$R,F_{15},v_e,0$	1,7	$0,I,0,0,0$
5,2	$S,F,0,0$	7,12	$0,I,0,0,0$
2,10	$S,F,0,0$	12,5	$0,I,0,0,0$
10,3	$S,F,0,0$	5,2	$0,0,0,F$
3,4	$S,F,0,0$	3,4	$0,0,0,0,0,\omega$
8,12	$S,F,0,0$	4,11	$0,I,0,0,0$
9,8	$S,F,0,0$	11,6	$0,I,0,0,0$
4,11	$S,F,0,0$	6,1	$0,I,0,0,0$
12,5	$S,F,0,0$		
1b,16	$S,F,0,0$	13,19	$0,I$
16,2	$S,F,0,0$	19,14	$0,I$
2,13	$S,F,0,0$	2,13	$u,0,0$
15,2	$S,F,0,0$	15,2	$0,0,M$
13,19	$S,F,0,0$	14,20	$0,I$
20,15	$S,F,0,0$	20,15	$0,I$
17,20	$S,F,0,0$		
18,17	$S,F,0,0$		

将上述胚胎中子结构 Sub_{10} 转换为部件结构,并依据镶嵌型发育模式继续分化演变为若干个模块盒,即形成支撑结构胚胎,则胚胎成为完整结构系统。此处只考虑以 Sub_2 为主的集成结构系统。

8.5 定　　型

设计目标为 50kg 重量级小卫星。50kg 级小卫星一般为 10 个模块,每个模块盒承重不超过 2kg。其他参数基本依据现有小卫星模块盒尺寸参数。为了简便起见,只选一个多功能模块,不计适配器,模块承重 2kg。

面积:$a \times b = 0.32 \times 0.32 \mathrm{m}^2$。

载荷:$q = -ma, m = 2\mathrm{kg}, a = 2g$, g 为重力加速度。

承载重量:$m_{\mathrm{load}} = 2\mathrm{kg}$。

轨道高度:$r_{\mathrm{r}} = 700 \sim 800 \mathrm{km}$。

姿态精度:$\theta_{\mathrm{e}} = \pm 3°$。

寿命:1 年。

卫星载荷环境:整星动力学计算分析以及试验表明,正弦激振引起模块底板横向振动响应幅值最大,最大频率发生在模块盒底板首阶横向固有振动频率。故只考虑正弦激振引起的横向振动的首阶频率段。

频率:首阶固有频率;冲击谱:$2g$。

允许模块盒底板最大弯曲变形 $\Delta_{\max} = 0.0005\mathrm{m}$。

主要振动响应为模块盒底板简谐响应,危险频率是模块盒首阶横向振动频率。因此可针对简谐激振进行振动特性分析。

8.5.1 刚度特性计算

对小卫星而言,在发射过程中 g 逐渐降低,$g_{\max} = 9.8\mathrm{m/s^2}$。为简便起见,按照最大加速度计算。设底板简化为梁,则长度为 $L = a$。

梁的挠度为[325]

$$\Delta_{\mathrm{maxbeam}} = \frac{5 q_{\mathrm{beam}} L^4}{384 D_{\mathrm{beam}}} \tag{8-4}$$

则弯曲刚度 $D = 33.4507\mathrm{N \cdot m^2}$,面积 $A = a \times b = 0.32 \times 0.32 = 0.1024(\mathrm{m}^2)$。若 $m = 1\mathrm{kg}$,则 $D = 16.7253\mathrm{N \cdot m^2}$。得到子结构 Sub_2 和 Sub_3 的特性。

$$k_2 = k_3 = [D, A]$$

8.5.2　振动信号处理器转换系数计算

1. 问题描述

在此,处理器转换系数为控制增益 g,振动控制设置为反射弧。

问题可表述为在正弦激振下模块盒底板振幅不超过允许值,或在正弦激振下动态响应幅度小于预定幅度。在此具体问题为:抑制振动使得在横向振动首阶自然频率邻域振幅降低 70%需要的最佳控制增益 g。

在定型阶段,子结构的具体结构参数和材料参数未知,因此需要求出 g 与子结构刚度的关系。$g=\varphi_g(D)$,对梁有 $g=\varphi_g(EI)$。

设控制目标为

$$\min \left\| \frac{u(g,y)}{y} - 0.1k_y \right\| \tag{8-5}$$

式中,u 为施加控制后输出;y 为未加控制时输出;k_y 为抑制幅度系数。如果限制最大电压则为约束优化,否则为无约束优化。

当为无约束优化时,由于函数关系为多个方程联立,用各种牛顿方法、梯度方法、一维搜索方法效果不好,甚至不收敛,故采用单纯形法。单纯形法无需函数梯度,鲁棒性好。单纯形法见附录 C。

2. 结构振动方程

(1) 压电方程。

设

$$E_R = \frac{E_a}{E_b}, \quad K = \frac{-3ht_a(t_a+2h)}{2(h^3+E_R t_a^3+3E_R h t_a^2)}, \quad P = KE_R \tag{8-6a}$$

$$C_0 = -E_b \frac{P}{1-P}\frac{2}{3}bh^2 \tag{8-6b}$$

$$\varepsilon_P = d_{31}\frac{V}{t_a} \tag{8-6c}$$

式中,E_a 和 E_b 为压电材料和基底材料的杨氏弹性模量;t_a 和 h 为压电材料和基底材料厚度;b 为梁宽度;V 为电压;d_{31} 为压电应变常数[285]。

则致动器产生单位面积力矩

$$m(x) = C_0\varepsilon_P[H(x-x_1) - H(x-x_2)] \tag{8-6d}$$

Heaviside 阶跃函数

$$H(x) = \begin{cases} 0, & x<0 \\ 1, & x>0 \end{cases} \tag{8-6e}$$

$$\frac{\mathrm{d}^2}{\mathrm{d}x^2}m(x)=C_0\varepsilon_P[\delta'(x-x_1)-\delta'(x-x_2)] \tag{8-6f}$$

振动方程为

$$\frac{\partial^2}{\partial x^2}[M(x)-m(x)]+\rho A\frac{\partial^2 y(x,t)}{\partial t^2}=F(x,t) \tag{8-6g}$$

边界条件

$$w(0)=0,\quad w''(0)=0,\quad w(L)=0,\quad w''(L)=0$$

得到

$$k=n\pi/L,\quad \omega_1=\frac{\pi^2}{L^2}\sqrt{\frac{EI}{m}},\quad Y_1(x)=D_1\sin\frac{\pi}{L}x \tag{8-6h}$$

则型函数为

$$Y_n(x)=\sqrt{\frac{2}{mL}}\sin\frac{n\pi}{L}x \tag{8-6i}$$

挠度为

$$w(x,t)=\sum_{n=1}^{\infty}Y_n(x)\cdot\sin(\omega_n t+\varphi_n)=\sum_{n=1}^{\infty}D_n\cdot\sin\frac{n\pi}{L}x\cdot\sin(\omega_n t+\varphi_n) \tag{8-6j}$$

由边界条件确定系数 D。

$$\frac{qL}{2}=-\left(\frac{\pi}{L}\right)^3 D_1\cos\frac{\pi}{L}L=-\left(\frac{\pi}{L}\right)^3 D_1 \tag{8-6k}$$

$$Y_1=D_1=-\frac{qL^4}{2\pi^3} \tag{8-6l}$$

式中,q 为单位长度载荷,N/m 。

(2) 施加正弦激振。

设激振力为

$$f(x,t)=Q_0\sin(\Omega t) \tag{8-7a}$$

则

$$\begin{aligned}y(x,t)&=\sum_{i=1}^{\infty}Y_i(x)\left[\frac{1}{\omega_i}(1-\cos i\pi)\frac{L}{i\pi}\sqrt{\frac{2}{mL}}\frac{Q_0}{2}\left(\frac{\sin\omega_i t-\sin\Omega t}{\Omega-\omega_i}+\frac{\sin\omega_i t+\sin\Omega t}{\Omega+\omega_i}\right)\right]\\&=\frac{2Q_0L^4}{\pi^5 EI}\sum_{i=1}^{\infty}\frac{1}{1-\left(\frac{\Omega}{\omega_i}\right)^2}\sin\frac{i\pi x}{L}\left[\frac{1}{(i)^5}(1-\cos i\pi)\left(\sin\Omega t-\frac{\Omega}{\omega_i}\sin\omega_i t\right)\right]\end{aligned} \tag{8-7b}$$

(3) 施加驱动电压。

应变引起电压。加压电片后振动方程为[284,285]

$$\frac{\partial^2}{\partial x^2}[M(x)-m(x)]+\rho A\frac{\partial^2 w(x,t)}{\partial t^2}=0 \tag{8-8a}$$

$$w(x,t) = \sum_{i=1}^{\infty} \phi_i(x) q_i(t) \tag{8-8b}$$

振型函数

$$\phi_i(x) = A_i \sin\lambda_i x + B_i \cos\lambda_i x + C_i \sinh\lambda_i x + D_i \cosh\lambda_i x \tag{8-8c}$$

式中，$\phi_i(x)$满足正交特性。

当为简支梁时，振型函数为

$$\phi_n(x) = D_n \sin\frac{n\pi}{L}x \tag{8-8d}$$

3. 控制增益与相关参数关系

控制增益与支撑刚度、压电片层数等多种因素耦合。

(1) 控制增益与支撑刚度的关系。

采用比例控制器，$V_a = -gV_s$，利用最小二乘法拟合曲线得到控制增益与支撑结构刚度的函数关系：

$$g = 10^7 \times (3.607D - 0.0326) \tag{8-9a}$$

如果采用比例微分控制器，$V_a = -[g_1 \quad g_2]\begin{bmatrix} V_s \\ \dot{V}_s \end{bmatrix}$。在量化阶段不需要精度很高，故取一次多项式模拟函数关系为

$$g = 10^7 \times (0.0605D + 1.3377), \quad g_v = 10^7 \times (0.2975D + 3.1707) \tag{8-9b}$$

如果限定最大驱动电压，则需要调整 EI 值。此时 $g = \varphi_g(V_{amax}, D)$。

(2) 控制增益与压电片层数关系。

最大驱动电压与压电材料性质和压电片的层数有关。一般需要铺设两层以上，否则驱动电压过大。最大驱动电压与铺设个数的关系见图 8.8，计算条件同前，采用 PZT 材料参数。

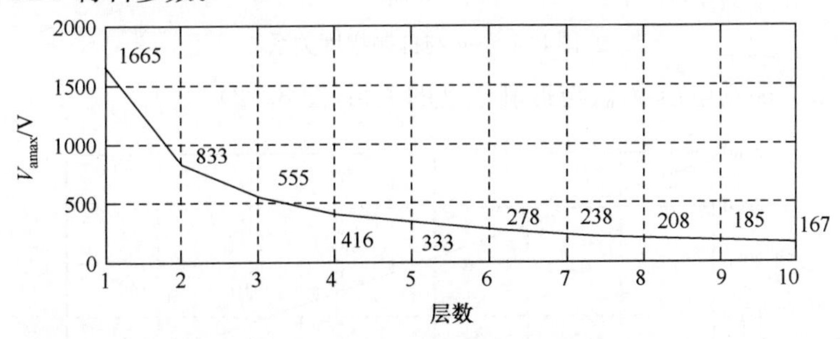

图 8.8　最大驱动电压与压电片层数关系

(3) 驱动电压与承载重量关系(图 8.9)。

(4) 最优增益与承载质量关系(图 8.10)。

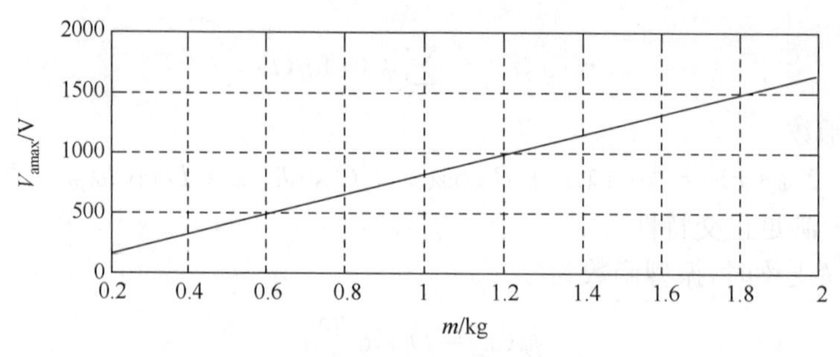

图 8.9　驱动电压与承载重量的关系

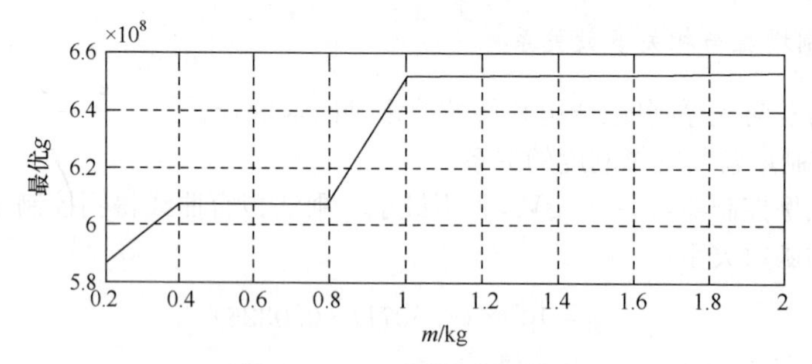

图 8.10　g 与承载质量关系

(5) 控制增益与抑制幅度的关系(图 8.11)其中,u 为控制量,y 为限制幅度。

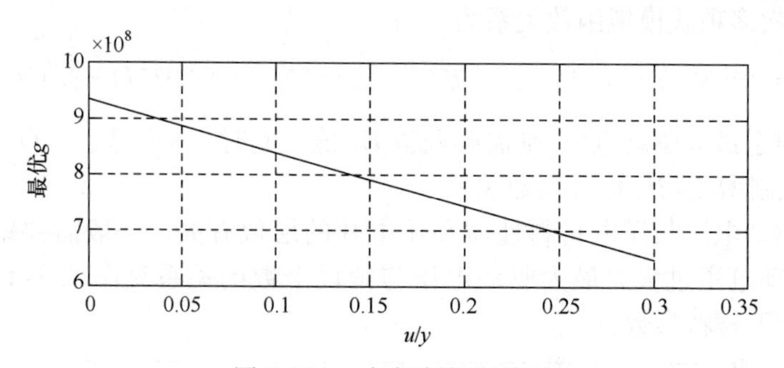

图 8.11　g 与抑制幅度关系

(6) 最大驱动电压 V_{amax} 与抑制幅度的关系(图 8.12)。

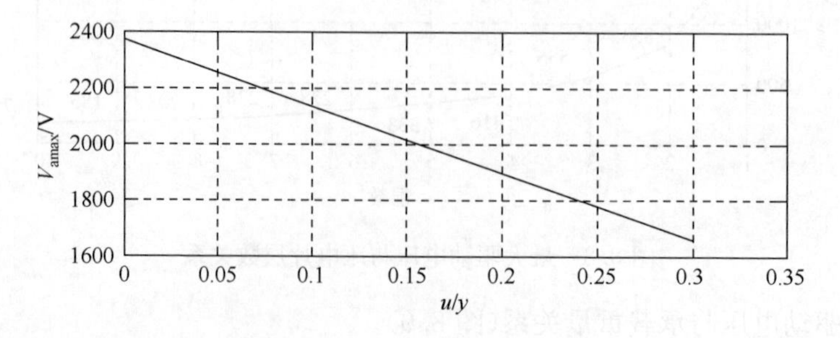

图 8.12　V_{amax} 与抑制幅度关系

(7) 综合分析。

由上述可见，处理器转换系数与哪些因素有关取决于设计约束，当支撑载荷、最大驱动电压、传感器和驱动器结构及材料确定时，具有最简单的形式 $g=\varphi_g(D)$，否则有 $g=\varphi_g(V_{\max},m,D,D_a,D_s,d_a,d_s)$，设计过程耦合。决策过程一般可为序列博弈、合作博弈和非合作博弈。

当压电材料采用复合材料以获得理想的压电常数时，具有上述复杂的形式。理想压电复合材料应具有 PZT 压电应变系数的优点，以及 PVDF 介电强度高、便于铺设的优点。一般压电粉末含量高则压电常数 d_{31} 越大。

如果考虑压电复合材料的成本过高而采用常用材料 PZT 或 PVDF，则能量转换系数为确定值。

通过分析，限制最大驱动电压为 $V_{\lim}=300\text{V}$，则需由两个梁承受支撑，单个梁载荷降低为 $m=1\text{kg}$，确定压电材料性质为

$$d_{31}=-150\times10^{-12}\text{mV}^{-1},\quad E_a=50\times10^9\text{Pa},\quad t_a=0.0005\text{m},\quad b_a=0.02\text{m}$$

$$b=0.023\text{m},\quad m=1\text{kg},\quad D=17.01\text{N}\cdot\text{m}^2,\quad V_{a\max}=215.6905\text{V}$$

有 $g_{14}=1.0\times10^8\times3.1813$。

8.5.3 姿态信号处理器转换系数计算

对于零动量飞轮控制，其开环模型近似呈动力学解耦特征，即可描述为三个由双积分环节构成主轴传递函数的单输入单输出系统，因此可采取主轴独立控制设计[326,327]。

采用比例+积分+微分(PID)控制器，输入为姿态给定量与测量值之差。

$$e_y(s)=\theta_r(s)-\hat{\theta}(s) \tag{8-10a}$$

则力矩与误差传递函数为

$$G_y(s)=\frac{P_y(s)}{e_y(s)}=K_P+K_I\frac{1}{s}+K_Ds \tag{8-10b}$$

即增益为

$$g=\{K_P\quad K_I\quad K_D\} \tag{8-10c}$$

1. 采用飞轮控制计算步骤

1) 确定理想调节时间和超调量

调节时间 t_s：是被调量 $n(t)$ 与稳态值 $n(\infty)$ 之间的偏差达到允许范围(5%～10%)时动态过程所经历的时间[328]。

$$t_s(2\%)\approx\frac{4}{\zeta\omega_n},\quad t_s(5\%)\approx\frac{3}{\zeta\omega_n},0<\zeta<0.9 \tag{8-11a}$$

超调量 σ_p：由于惯性，系统在调节过程中会产生过冲现象，超调量 σ_p 描述过冲

的程度。超调量越大,稳定性越差。

$$\sigma_{\mathrm{p}}=\frac{n(t_{\mathrm{p}})-n(\infty)}{n(\infty)}\times 100\% \tag{8-11b}$$

式中,t_{p}为峰值时间,即单位阶越响应曲线 $n(t)$超过其稳态值而达到第一个峰值所需要的时间;$n(\infty)$为稳态值[329]。

$$\sigma_{\mathrm{p}}=\alpha e^{-\frac{\zeta\pi}{\sqrt{1-\zeta^2}}}\times 100\%, \quad \alpha=\frac{1}{\alpha_{\mathrm{f}}} \tag{8-11c}$$

式中,α_{f} 为测速反馈回路的比例系数。

2) 确定阻尼比和固有频率

阻尼比 ζ 通常由最大超调量决定,当 $\zeta>1$ 时,没有超调和振荡,但调节时间长,系统反应迟缓。当 $\zeta\leqslant 0$ 时,输出量等幅振荡或发散振荡,系统不能稳定工作。一般 $0.4<\zeta<0.8$,超调量在 25%～1.5%。在不改变超调量的情况下可通过改变 ω_n 改变调节时间。ζ 值越大,超调量越小,系统的稳定性越好。ω_n 越大,调节时间越小。

3) 依据星体参数和 ω_n、ζ 确定增益系数

I_y 为俯仰惯量,由 I_y 可得到无阻尼自振频率和阻尼比

$$\omega_n=\sqrt{\frac{K_{\mathrm{P}}}{I_y}}, \quad \xi=\frac{K_{\mathrm{D}}}{2\sqrt{K_{\mathrm{P}}I_y}} \tag{8-11d}$$

4) 依据增益系数确定电机、飞轮等参数

增益与电动机参数的关系为

$$\begin{bmatrix} k_{\mathrm{P}} \\ k_{\mathrm{I}} \\ k_{\mathrm{D}} \end{bmatrix}=\frac{J_{sy}G_pK'_mK'_s}{I_y}\begin{bmatrix} K_{\mathrm{P}} \\ K_{\mathrm{I}} \\ K_{\mathrm{D}} \end{bmatrix} \tag{8-11e}$$

与电机和飞轮参数、姿态确定参数、星体质量特性有关。给定 α 值,依据 $\omega_n=\frac{\omega_m+\omega_s}{2\xi(\alpha+1)}$,确定 ω_m、ω_s,则

$$\begin{cases} k_{\mathrm{D}}=\omega_n^2(\alpha^2+4\alpha\xi^2+1)-\omega_m\omega_s \\ k_{\mathrm{P}}=2\xi\omega_n^3(\alpha^2+\alpha) \\ k_{\mathrm{I}}=\alpha^2\omega_n^4 \end{cases} \tag{8-11f}$$

确定飞轮和电机的机电时间常数 T_m,姿态确定时间常数 T_s。

$$\omega_m=\frac{1}{T_m}, \quad \omega_s=\frac{1}{T_s} \tag{8-11g}$$

确定姿态确定参数 K_s。

$$G_s(s)=\frac{\hat{\theta}(s)}{\theta(s)}=\frac{K_s}{T_ss+1}=\frac{K'_s}{s+\omega_s}, \quad K'_s=\frac{K_s}{T_s} \tag{8-11h}$$

则可确定电机参数：电动机转子及飞轮惯量 J_{sy}，力矩常数 C_{my}，电动机电枢电阻 R_y，飞轮和电机的机电时间常数和增益 T_m、K_m，它们之间的关系为

$$K'_m=\frac{K_m}{T_m}=\frac{C_{my}}{R_yJ_{sy}} \tag{8-11i}$$

力矩与电机电枢电压传递函数为

$$G_p(s)=\frac{R_y}{C_{my}} \tag{8-11j}$$

具体步骤如下。

第 1 步：设超调量和调节时间为 $\sigma=4\%$，$t_{s(0.02)}=80\text{s}$，并设 $\alpha_f=0.1$。

第 2 步：则由 $t_s(2\%)\approx\frac{4}{\zeta\omega_n}$，$\sigma_p=\alpha e^{-\frac{\zeta\pi}{\sqrt{1-\zeta^2}}}\times100\%$，$\alpha=\frac{1}{\alpha_f}$，可推出无阻尼自振频率和阻尼比分别为 $\omega_n=\frac{1}{10\sqrt{2}}\text{s}^{-1}$，$\zeta=\frac{1}{\sqrt{2}}$。

第 3 步：由 $\omega_n=\sqrt{\frac{K_P}{I_y}}$，$\xi=\frac{K_D}{2\sqrt{K_PI_y}}$，进一步推出增益系数和星体质量参数的关系。设质量参数确定为 $I_y=2670\text{kg}\cdot\text{m}^2$，可推出 $K_P=3.21\text{N}\cdot\text{m/rad}$，$K_D=29.44\text{N}\cdot\text{m}\cdot\text{s/rad}$。

第 4 步：确定飞轮、电机等参数（属于特征阶段）。

由 $k_D=\omega_n^2(\alpha^2+4\alpha\xi^2+1)-\omega_m\omega_s$，$k_P=2\xi\omega_n^3(\alpha^2+\alpha)$，$k_I=\alpha^2\omega_n^4$ 可推出 $k_D=0.505$，$k_P=0.055$，$k_I=1/400$。

由 $\begin{bmatrix}k_P\\k_I\\k_D\end{bmatrix}=\frac{J_{sy}G_pK'_mK'_s}{I_y}\begin{bmatrix}K_P\\K_I\\K_D\end{bmatrix}$ 可知，电机、飞轮、姿态确定参数与增益系数有关。

一般飞轮参数选择余地大，故可先确定姿态确定参数和电机参数。

设姿态确定参数 $T_s=1\text{s}$，$K_s=45.8\text{V/rad}$，$\omega_s=1\text{s}^{-1}$，$K'_s=45.8\text{V/(rad}\cdot\text{s)}$。

设电机参数 $R_y=0.4\Omega$，$C_{ey}=0.1\text{Nm/A}$，$U_{ymax}=26\text{V}$，得到 $T_m=10\text{s}$，$K_m=10\text{rad/(s}\cdot\text{V}^{-1})$，$\omega_m=0.1\text{s}^{-1}$，$K'_m=1\text{rad/(s}^2\cdot\text{V}^{-1})$。

可推出飞轮参数，$J_{sy}=0.25\text{kg}\cdot\text{m}^2$，设 $\dot{\theta}_{max}=1.4°/\text{s}$，可得到动量飞轮转速最大值 $\bar{\omega}_{sy}=2480\text{rad/min}$。如果飞轮参数不合适，则需要重新确定电机或姿态确定执行元件参数，或改变星体质量参数。

可见在此阶段，结构设计、控制设计、姿态确定设计耦合。实际应用时，可采取顺序决策。由于飞轮参数易于调节，可最后决策。如果三种设计参数都有充分的选择余地，则可建立博弈矩阵，求出平衡解。此时需建立效用函数。

在确定理想响应时，可在星体质量参数与执行元件参数之间协调。决策原则涉及星体材料分布、几何构型、动平衡、姿态稳定性等特性。即控制律与材料和质

量特性在定型阶段达到协调解。

2. 采用分布驱动控制计算步骤

生物效用器的功能是将化学能转换为机械能,其机理有待于神经肌肉接头的深入研究。在此尝试分布式驱动,即用压电材料作为效用器。压电材料作为效用器只是在分布驱动特性上模拟生物效用器,在原理上劣于生物效用器,最大的缺陷是驱动电压大。图 8.13 为等效力矩示意图。

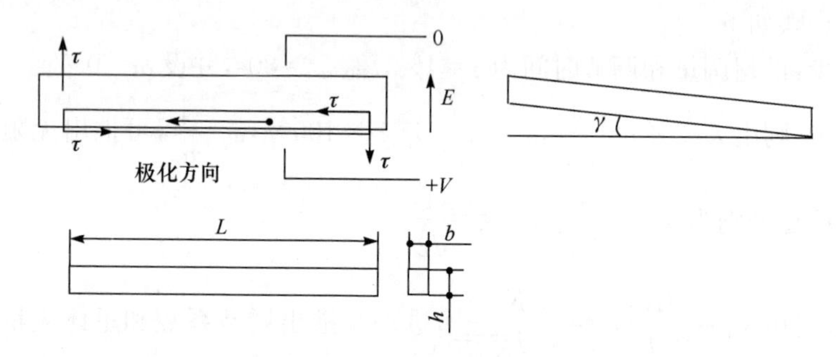

图 8.13　等效力矩示意图

1) 等效力矩

电场方向 E_1,极化方向 3,产生剪切应变,s_{44}^E 为弹性顺度($1/E$)。

$$x_5 = s_{44}^E X_5 + d_{15} E_1 \tag{8-12a}$$

力学边界条件为截止的,选择应变分量为自变量;力学边界条件为自由的,选择应力分量为自变量。

采用工程用标准公式,剪切应变为

$$\gamma = \frac{\Delta}{l}, \quad \tau = G\gamma = \frac{E_a}{2(1+\mu_a)} d_{15} E_1 = E_{ae} d_{15} E_1 \tag{8-12b}$$

式中,τ 为剪切应力;G 为剪切模量;E_a 为弹性模量;μ_a 为泊松比;E_{ae} 为等效弹性模量。

当梁和压电材料以及最大驱动电压确定后,可得到剪力 Q 和转矩 T_a。

$$Q = \tau bh, \quad T_a = QL \tag{8-12c}$$

2) 俯仰通道方程

仅以俯仰通道控制设计为例。在控制力作用下运动描述为[327]

$$I_y \ddot{\theta} = L_y^e + L_y^c \tag{8-13a}$$

式中,L_y^e、L_y^c 为干扰力矩和控制力矩。

取控制律为

$$I_y \ddot{\theta} + K_D \dot{\theta} + K_P \theta = L_y^e, \quad L_y^c = -K_P \theta - K_D \dot{\theta} \tag{8-13b}$$

设 $\omega_n=\sqrt{\dfrac{K_P}{I_y}}, \zeta_n=\dfrac{K_D}{2\sqrt{K_P I_y}}$ (8-13c)

则

$$\ddot{\theta}+2\zeta_n\omega_n\dot{\theta}+\omega_n^2\theta=\frac{L_y^e}{I_y} \tag{8-13d}$$

设系统初始状态处于标称状态，$t=0, \theta_0=0, \dot{\theta}_0=0$。

设干扰力矩为

$$L_y^e=D\delta(t) \tag{8-13e}$$

则

$$\theta=A\mathrm{e}^{-\zeta_n\omega_n t}\sin(\sqrt{1-\zeta_n^2}\omega_n t+\alpha) \tag{8-13f}$$

式中，$\alpha=0, A=\dfrac{D}{I_y\sqrt{1-\zeta_n^2}\omega_n}$。 (8-13g)

设干扰力矩为

$$L_y^e=L_0\sin\omega_0 t \tag{8-13h}$$

系统方程为

$$\ddot{\theta}+2\zeta_n\omega_n\dot{\theta}+\omega_n^2\theta=\frac{L_0}{I_y}\sin\omega_0 t \tag{8-13i}$$

$$\theta=A\mathrm{e}^{-\zeta_n\omega_n t}\sin(\sqrt{1-\zeta_n^2}\omega_n t+\alpha)+B\sin(\omega_0 t+\beta) \tag{8-13j}$$

稳态解为

$$B=\frac{L_0}{I_y(\omega_0^2+\omega_n^2)}, \quad \tan\beta=\frac{2\zeta_n\omega_0\omega_n}{\omega_0^2+\omega_n^2} \tag{8-13k}$$

3) 增益分析

对于压电材料驱动，第 1～3 步与飞轮控制相同，但是在第 4 步中，不是确定飞轮等参数，而是确定压电片参数和驱动电压。即在定型阶段相同，但是特征阶段不同。

增益与惯量参数的关系为

$$K_P=0.005I_y, \quad K_D=0.1I_y \tag{8-14}$$

依据计算，选取 I_y 则可确定增益系数。

具体到 50kg 小卫星，在此阶段可依据计算和经验给出星体惯量参数的估计值，在星体整体结构设计及星上电子器件布局设计阶段需要满足此参数要求。计算内容主要包括惯量参数与姿态稳定性和姿态控制精度的影响。一般需要在定型和特征阶段之间迭代计算。

在此,振动控制和姿态控制采用了不同的增益确定方法。

考察方程式(8-14),控制和结构设计耦合。无论先预设控制参数还是预设惯量参数,都会存在另一参数与实际值的偏差,由此导致超调量和调整时间偏差。只要超调量和调整时间在允许范围内即可,否则,需要迭代。

不同超调量和调整时间对应运动轨迹见图 8.14。不同惯量参数对最大姿态角和速度的影响见图 8.15。

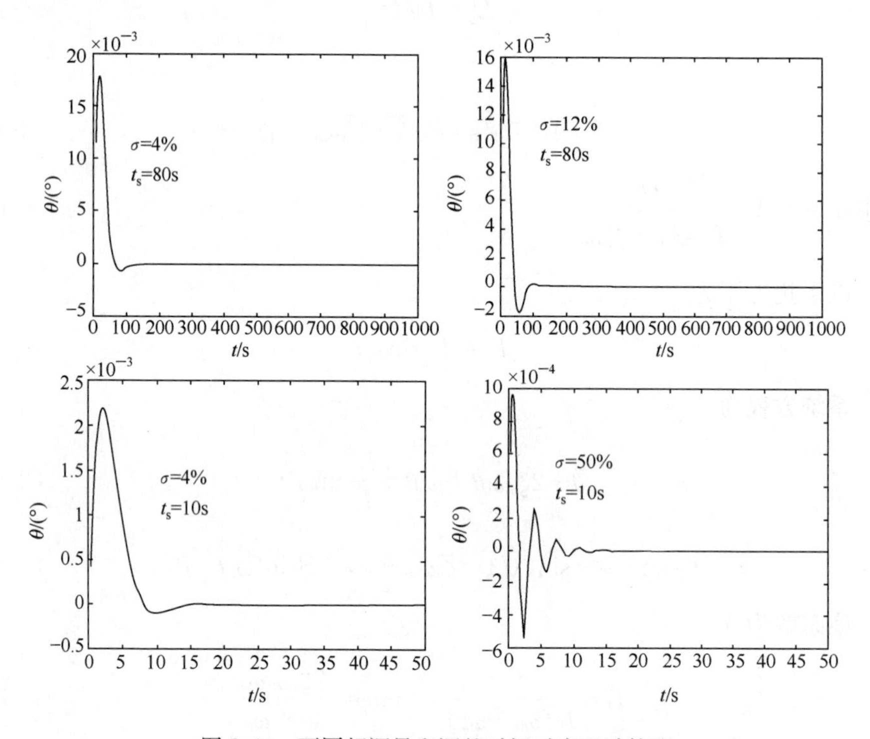

图 8.14　不同超调量和调整时间对应运动轨迹

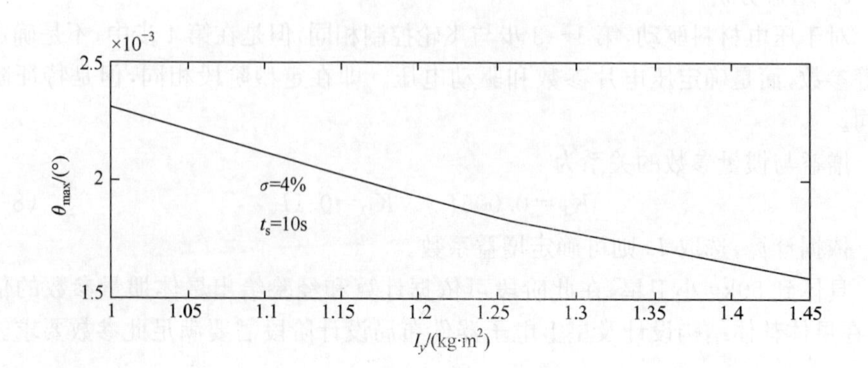

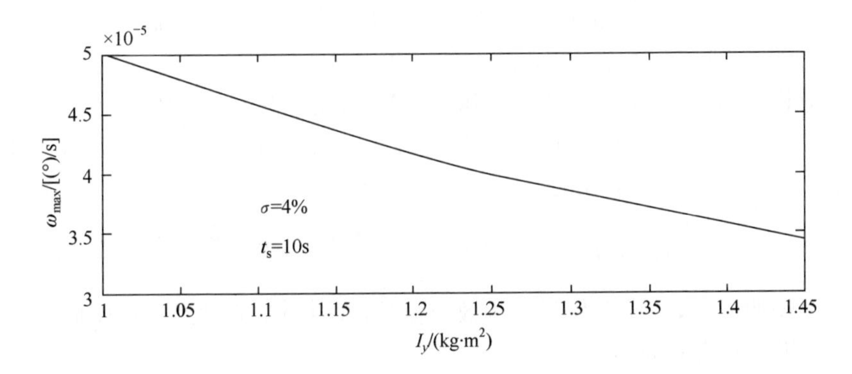

图 8.15　不同惯量参数对最大姿态角和角速度的影响

曲线拟合方程为

$$\theta_{max}=-0.0016I_y+0.0039 \tag{8-15a}$$

$$\omega_0=10^{-4}\times(-0.3416I_y+0.8324) \tag{8-15b}$$

转动惯量 I_y 确定方可确定增益。I_y 确定需要依据相关因素决策。依据分析计算，I_y 影响姿态稳定性和运动稳定性，也受限于动平衡精度。在此，依据同类产品设定 $I_y=1.05\text{kg}\cdot\text{m}^2$，则依据 $K_P=0.005I_y$，$K_D=0.1I_y$，有 $K_P=5.25\times10^{-3}\text{N}\cdot\text{m/rad}$，$K_D=0.105\text{N}\cdot\text{m}\cdot\text{s/rad}$。即 $g_6=[K_P\quad K_D]$。

一般实际值 I'_y 与 I_y 会有一定偏差，当 K_P、K_D 确定后，超调量和调整时间与设定值将存在偏差，只要小于允许幅度即可，或者重新求 K_P、K_D。

8.5.4　效应器能量转换系数计算

效应器特性为 k、A、d。面积可预先依据工艺要求设定。如果无预先要求，则依据分析确定。

效应器状态方程和输出方程为

$$\begin{cases}\dot{x}_a=A_a x_a+B_a u_a\\ y_a=C_a x_a\end{cases} \tag{8-16}$$

式中，x、u、y 分别为状态变量、输入变量和输出变量；A、B、C 为参数；下标表示压电材料。当采用压电材料时，效应器将电能转化为机械能，以力或力矩的形式输出。

(1) 压电材料作为效应器。

d_5 为能量转换系数。当确定使用压电材料后，d_5 可为压电应变常数。如果考虑材料成本选择使用 PZT、PVDF 等，则 d_5 可为 d_{31}。选择 $[d_5]=d_{31}=-150\times10^{-12}\text{C/N}$。为了区别，用方括号[]表示子结构特性。

如果用压电堆，则依靠厚度的伸长产生驱动作用，则需要确定 $d=d_{33}$。如果需要产生转矩，则 $d=d_{15}$。故$[d_{13}]=d_{15}=500\times10^{-12}$C/N。

由分析，参数为：$d_{31}=-150\times10^{-12}\,\mathrm{mV^{-1}}$，$E_a=50\times10^9$ Pa，$t_a=0.00055$m，$b_a=0.02$m，$V_{amax}=215.6905$V，$L=0.32$m，$h=0.005$m，$d_{15}=500\times10^{-12}$ C/N。$b_a=0.5\times10^{-3}$m，$L=0.16$m，$V_{amax}=30.44$V 时，E_a、h 同上。

$$A_a=Lb_a,\quad k=E_aI_a,\quad I_a=\frac{b_at_a^3}{12}+t_ab_a\left(\frac{h}{2}\right)^2$$

需要说明的是，用压电材料作为效应器是初步设想，必须经过试验验证。

(2) 飞轮作为效应器。

当采用飞轮作为效应器时，输入电动机电枢电压，输出飞轮力矩。控制器采用 PID 形式，PID 参数包括比例 K_P、积分 K_I、微分 K_D 系数。[326]

输入为姿态偏差为

$$e_y(s)=\theta_r(s)-\hat{\theta}(s) \tag{8-17a}$$

误差与力矩指令间的传递函数为

$$G_y(s)=\frac{1}{s}(K_Ds^2+K_Ps+K_I) \tag{8-17b}$$

输出为力矩指令，有

$$P_y(s)=G_y(s)e_y(s) \tag{8-17c}$$

通过力矩和电机电压间传递函数 $G_p(s)=\dfrac{R_y}{C_{my}}$，转化为电动机电枢电压 $U_y(s)=G_p(s)P_y(s)$，最后得到飞轮反作用控制力矩 $M=-sJ_{sy}G_m(s)U_y(s)$。其中，$G_m(s)$为飞轮转速和电动机电压之间的传递函数。可将传递函数作为能量转换系数。

(3) 推力器作为效应器。

当采用喷气控制时，喷气控制力矩为[326]

$$T_J=\begin{cases}T_{jx}=\pm2\dot{m}_yVL\\T_{jy}=\pm2\dot{m}_zVL\\T_{jz}=\pm2\dot{m}_xVL\end{cases} \tag{8-18a}$$

式中，$\dot{m}$、V、L 分别为喷气速度、气体流速、力臂为作用点距质心的距离。

喷气推力器继电特性控制规律为

$$T_j=\begin{cases}-T_{j0}, & e\leqslant-e_0\,(\theta+k\dot{\theta}\geqslant e_0)\\0, & e_0>e>e_0\\T_{j0}, & e\geqslant e_0\,(\theta+k\dot{\theta}\leqslant-e_0)\end{cases} \tag{8-18b}$$

$$e=-\theta-k\dot{\theta} \tag{8-18c}$$

效用器能量转换系数可设为气瓶压力与喷嘴喷气速度与气体流的乘积之比，即

$$d=\frac{P}{\dot{m}V} \tag{8-18d}$$

8.5.5　感受器能量转换系数计算

特性为 k、A、d。面积可预先依据工艺要求设定。如果无预先要求，则依据分析确定。

感受器状态和输出方程为

$$\begin{cases}\dot{x}_s=A_s x_s+B_s u_s\\ y_s=C_s x_s+E_s v\end{cases} \tag{8-19a}$$

式中，x、u、y 分别为状态变量、输入变量和输出变量；v 为随机干扰变量；B、C 为参数。

(1) 压电材料作为感受器。

当传递变量为位移或应变时，感受器将机械能转变为电能，以电流或电压的形式输出。

效应器的特性需要依据驱动力矩计算分析。计算依据为在允许的最大驱动电压限制下，需要的材料特性和结构参数。

当确定使用压电材料后，能量转换系数 d_4 可为压电应变常数。如果考虑材料成本选择使用 PZT、PVDF 等，则 d_4 可为 d_{31}。

应变引起电压为

$$V_s=-t_s E=-t_s d_{31}\frac{r_p}{x_s}E_s\int_{x_0}^{x_0+x_s}\frac{\partial^2 y}{\partial x^2}\mathrm{d}x=-t_s d_{31}\frac{r_p}{x_s}E_s\left.\frac{\partial y}{\partial x}\right|_{x_0}^{x_0+x_s} \tag{8-19b}$$

考虑采用压电复合材料，压电陶瓷和压电聚合物按照一定组分比和布局设计，使其具备 PZT 的基本压电特性，并适合大面积铺放。采用压电应变常数：$d_4=d_{31}=-150\times10^{-12}\,\mathrm{C/N}$，$k_s=(EI)_a$，$A_s=A_a$，下标 s 表示感受器，下标 a 表示致动器。

(2) 太阳敏感器作为传感器。

当传递变量为姿态偏差时，小卫星通常用太阳敏感器作为传感器，工作原理为将光能转变为电能，能量转换系数可以由光电敏感元件响应度表征，响应度为投射于光敏器件上的单位辐射功率所产生的光电流或光电压。定义为均方根光电流 I_L 或均方根光电压 V_L 与入射的均方根功率之比。$R=I_L/P$，单位为 A/W。$R=V_L/P$，单位为 V/W。$d_3=R$。

8.5.6 传感结构和致动结构特性计算

对传感结构,仅当传递变量超过允许阈值时传递信号。

传感结构(姿态)$|\omega_4|>[\omega_{\max}]$。传感结构(振动)$|u|>[u_{\max}]$。

对致动结构,所传递物理量必须在选定结构类型物理效应允许的范围内。致动结构(姿态)$M<M_{\lim 1}$。致动结构(振动)$M<M_{\lim 2}$。

8.5.7 连接刚度特性计算

连接特性表征连接关系,一般情况下在定型阶段不需要精确赋值或无法赋值。例如,信号传递变量为变形(或应变),只需给出允许变形范围 $u_{\max}$、$u_{\min}$ 即可。如果传递变量为电流或电压,则无需赋值或给出阈值。

首先计算物理连接特性

(1) 地球引力 F。

$$F(r)=-\frac{\mu m}{r^2}$$

将其代入 $r=r_r+r_0=800+6371=7171(\text{km})$,$\mu=3.986\times10^5\text{km}^3/\text{s}^2$,$m=50\text{kg}$,$F(r)=-388.5679\text{N}$,$\omega_c=\sqrt{\frac{\mu}{r^3}}=0.0596(°)/\text{s}$。

(2) 模块间连接力。

与星体结构系统动态响应有关。一般情况下,连接特性在定型与特征阶段之间迭代。

模块盒之间连接力主要功能为联结、防松、防振,并且不能压溃。考虑卫星各种过载、振动、冲击,可给出最大连接力 $F_{\max}$。只考虑静态效应时,问题为求预紧力。与预紧力有关的因素有火箭重量、连接面接触面积、轴向过载系数 n_x 以及截面抗弯模量 W。关键因素是过载系数的计算[309]。

预紧力估算如下。

设接触面压允许压应力为 $\sigma_{\max}$,依据可能选用材料的最大允许压应力或依据其他准则给出。

分离面不产生间隙的条件:预紧力为

$$Q_0\geqslant(1.5\sim2)A_c(\sigma_{\mathrm{cmax}}-n_xG)$$

式中,G 为火箭重量;A_c为接触面积。

分离面的压应力为

$$\sigma_c\geqslant(1.5\sim2)(\sigma_{\mathrm{cmax}}-n_xG)$$

8.5.8 驱动特性和能源特性计算

选用压电片作为驱动器。驱动结构特性为功率,即

$$P=V_tI=\frac{V_t^2}{R_L}$$

依据驱动电压和效应器参数可求出功率。

对于简谐激励，有

$$I=\mathrm{i}\omega C_0V_t-n(\dot{\zeta}_2+\dot{\zeta}_1) \tag{8-20a}$$

机电转换系数为

$$n=wd_{31}/s_{11}^E \tag{8-20b}$$

一维截止电容为

$$C_0=w\sqrt{\bar{\varepsilon}_{33}}/t \tag{8-20c}$$

式中，l、w、t 分别为长度、宽度和厚度尺寸；ω 为激励频率；$\dot{\zeta}_1$、$\dot{\zeta}_2$ 分别为晶片在 $x=0$、$x=l$ 处速度；s_{11}^E、$\bar{\varepsilon}_{33}$ 分别为弹性顺度和一维截止介电常数。其中

$$\bar{\varepsilon}_{33}=\varepsilon_{33}^T(1-k_{31}^2),\quad k_{31}^2=\frac{d_{31}^2}{s_{11}^E\varepsilon_{33}^T} \tag{8-20d}$$

式中，ε_{33}^T、k_{31} 分别为介电常数和机电耦合系数。对 PZT，取 $\varepsilon_{33}^T=1200$，$k_{31}=30\%$[283]，则 $\bar{\varepsilon}_{33}=1092$，$C_0=660.9080$，$n=-0.15\text{C/m}$[284]。

$$V_s=-t_sE=-t_sd_{31}\frac{r_p}{x_s}E_s\int_{x_0}^{x_0+x_s}\frac{\partial^2 y}{\partial x^2}\mathrm{d}x=-t_sd_{31}\frac{r_p}{x_s}E_s\left.\frac{\partial y}{\partial x}\right|_{x_0}^{x_0+x_s} \tag{8-20e}$$

$$V_a=-[g_1\quad g_2]\begin{bmatrix}V_s\\ \dot{V}_s\end{bmatrix},\quad V_t=V_a \tag{8-20f}$$

实际 PZT 材料参数差异较大。上述只是参考值。

能源结构特性为能量，$E=V_tIt$。寿命一年。

单个模块盒与其在整星中的响应特性不同，因此在所有模块参数确定并装配为整星后方可确定响应特性以及控制电压。因此驱动特性需要在定型与特征阶段之间迭代，能量特性值亦然。

8.6　特征阶段

8.6.1　子结构和特性连接关系的消失和衍生

在特性阶段，传感器、效应器与基体结构间存在物理和信号双重连接。在特征阶段，需要补充的基因包括传感器、效用器的物理效用。例如，用接触式传感器则信号连接关系退化，其与相关子结构信号连接消失；若用非接触式传感器则物理连

接关系退化,其与相关子结构物理连接消失。

因此,子结构特征不同导致相关连接消失或衍生新的连接。

另一方面,驱动、能源、处理器若与支撑子结构合并为集成结构,则与支撑子结构衍生新的物理连接。

合并和分化主要是指子结构依据特定规则合并或继续分化。特定规则依据驱动、能源和子结构类型及限制由设计者设定。例如,多个驱动器和多个能源满足一定条件可以合并。效应器是否合并取决于效应器物理效应限制。一般情况下,不同运动控制的驱动器不同,或所用压电片电场方向和极化方向不一样,所以一般效应器不能合并。例如,"水手"号金星探测器有 12 个推力器,俯仰、滚动、偏航控制系统分别采用不同的发动机。又如,"哥伦比亚"号有 44 个小发动机主要用于姿态控制[327]。子结构是否继续分化主要是模块化的要求,是否采用模块化子结构的决策依据主要取决于成本,包括材料、制造、维修、回收等。

在此,采用接触式传感器,并采用集成结构,需补充连接,并去掉多余连接,并合并感受器和传感结构(特性合并)、合并致动结构和效应器(特性合并),见图 8.16,点画线为补充连接。同时考虑到振动控制和姿态控制具有独立性,从模块化角度,将子结构分为两个部分,分别对应振动控制和姿态控制。

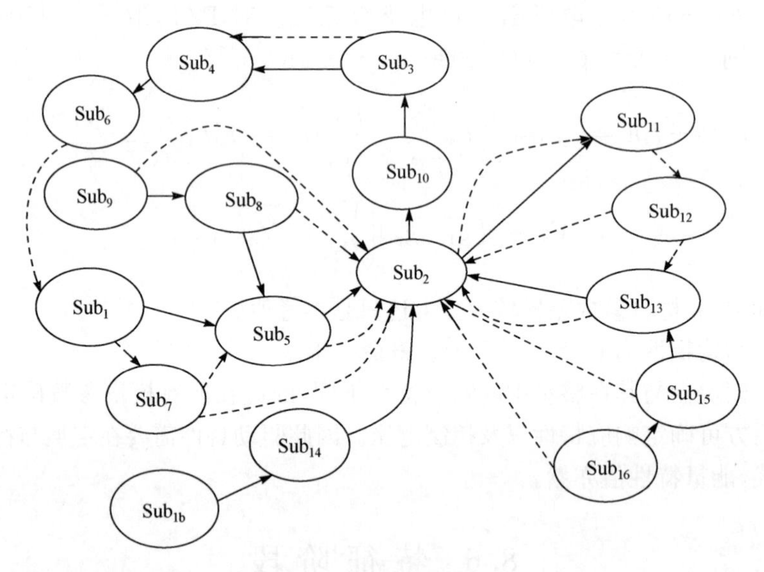

图 8.16　特性胚胎

8.6.2　对偶图表征特征

在特征阶段,图转化为对偶图,特性消失,子结构用特征表征。图 8.17 中各个面中点表示对偶图中节点位置。间距的定性描述转化为坐标描述。

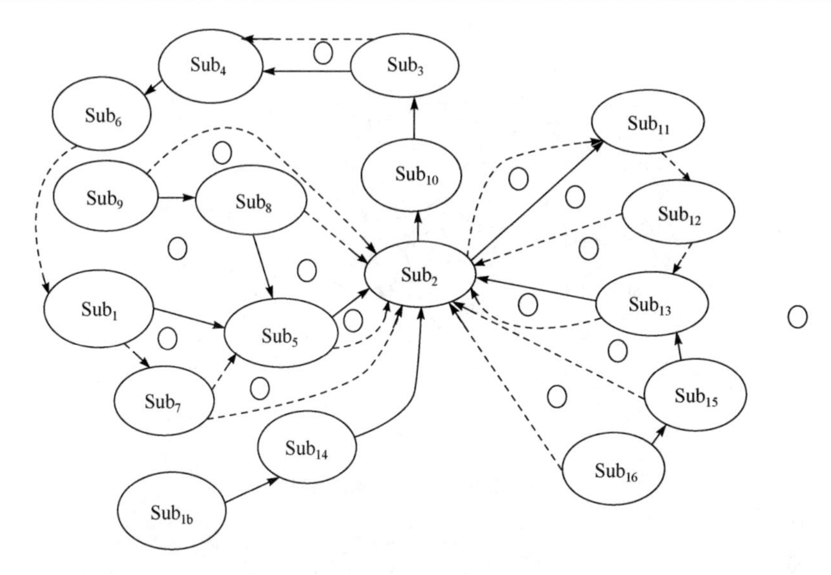

图 8.17　特性胚胎

特征阶段用对偶图表征。由于独立性,可分别求出振动控制部分和姿态控制部分结构。通过对偶转换获得振动控制布局和姿态控制布局,分别见图 8.18(a)、图 8.19(a)和图 8.19(b)所示。

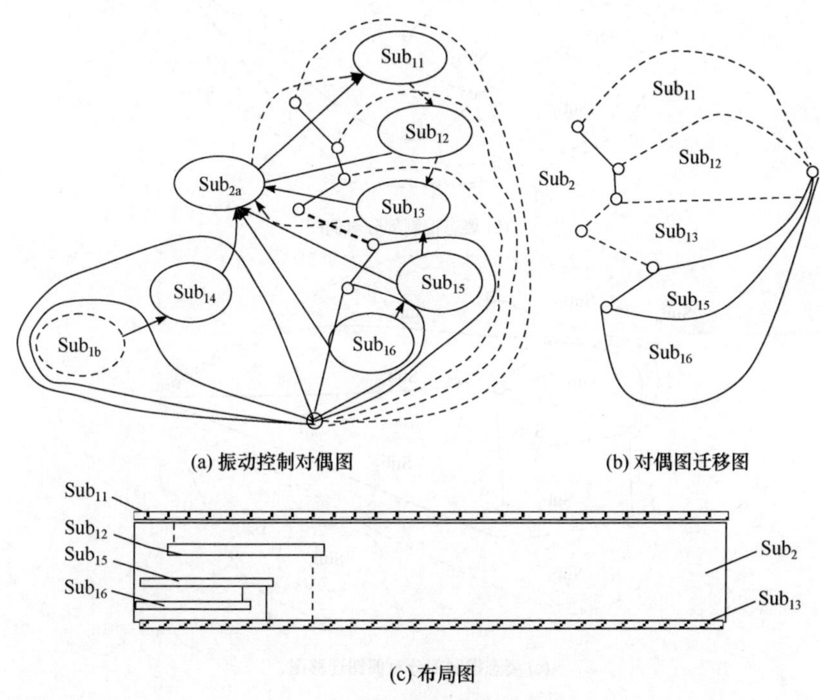

图 8.18　振动控制结构布局

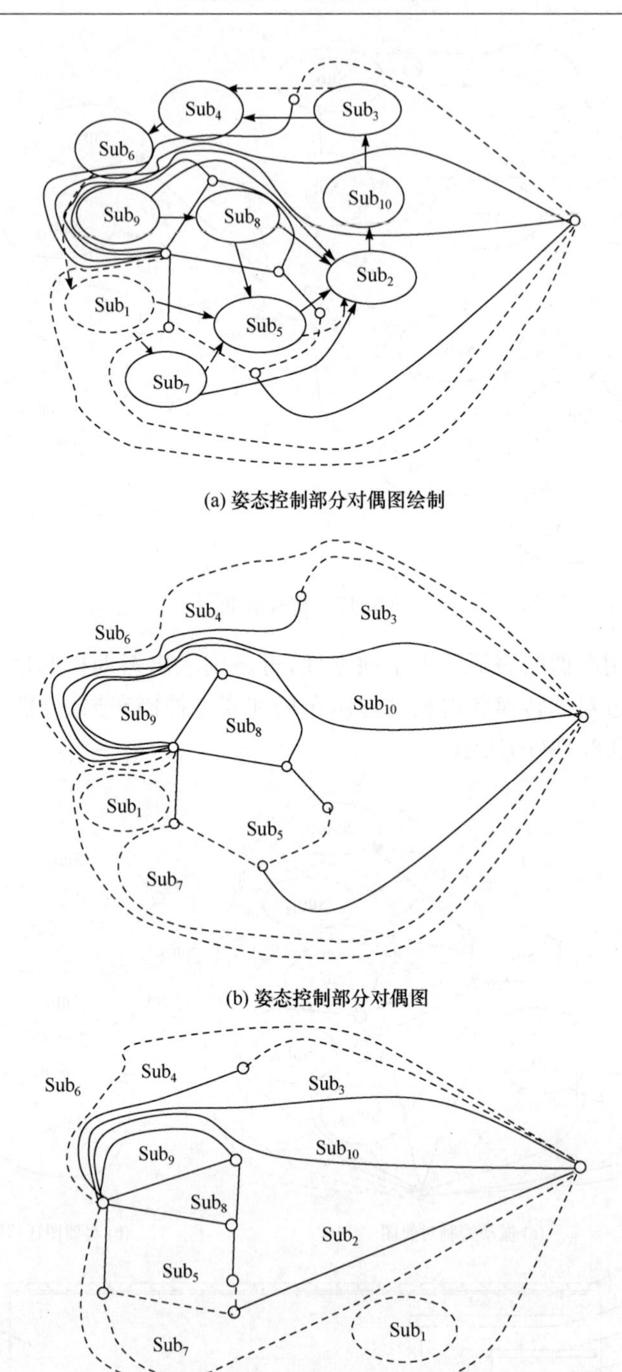

(a) 姿态控制部分对偶图绘制

(b) 姿态控制部分对偶图

(c) 姿态控制部分对偶图迁移图

图 8.19　姿态控制结构布局

8.6.3 子结构迁移形成初始布局

依据设定的规则，子结构发生迁移。子结构依据最近毗邻规则迁移。缺省状态下迁移原则是转化为平面图并减少信号连接通道长度。

最近毗邻规则：①转化为平面图，且平面图的层最少；②减少信号连接通道长度；③子结构彼此靠近。具体表现为表征信号连接路径的边长最短，平面图的层最少，子结构的面尽可能小。

振动控制对偶图迁移和布局图见图 8.18(b)和图 8.18(c)。

姿态控制迁移图和布局图见图 8.19(b)、图 8.19(c)、图 8.20。

对控制系统，Sub_1 为控制中心，即中枢系统。对姿态控制系统，传感器需要专用的器件，若将姿态控制设计为随意控制，则需要通过中枢系统，因此输入信号从中枢系统传入。

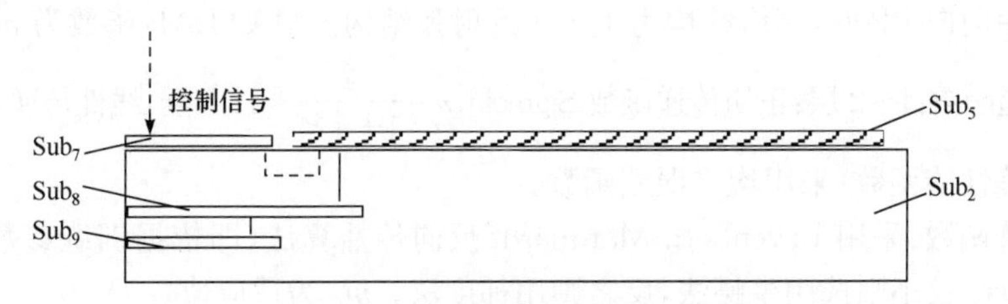

图 8.20 姿态控制部分布局图

8.7 赋 权 图

特征用对偶图的面、边、点表征，分别表示结构特征、接触长度和坐标。

8.7.1 面权

面权是子结构特征。

1. 支撑子结构特征

对支撑结构，包括材料微结构特征和构型特征。分为两部分：首先求出材料特性和质量特性，即依据刚度 k 确定弹性模量 E、惯性矩 I；然后进一步确定特征参数，即确定材料微结构类型、组分比等参数，以及构型特征参数，即板或梁厚度。如果采用商品材料，则无需微结构参数。通常需要同时确定几个参数，所以需要建立决策模型。

若 $m=1\text{kg}$，则 $D=16.7253\text{N}\cdot\text{m}^2$。

依据 $D=EI=E\frac{bh^3}{12}$,设 $E=71\times10^9\mathrm{N\cdot m^2}$,$I=2.3557\times10^{-10}\mathrm{m^4}$,则有

$$b=0.010\mathrm{m},\quad h=0.0066\mathrm{m}$$
$$h=0.004\mathrm{m},\quad b=0.0442\mathrm{m}$$
$$h=0.005\mathrm{m},\quad b=0.0226\mathrm{m}$$

2. 振动控制处理器特征

对处理器,依据处理器转换系数求出控制器参数或神经网络参数。

振动控制系统设计为反射运动控制。考虑到最大驱动电压限制,实际采用参数:$b=0.023\mathrm{m}$,$h=0.005\mathrm{m}$,$m=1\mathrm{kg}$,$D=17.01\mathrm{N\cdot m^2}$,$V_{\mathrm{amax}}=215.6905\mathrm{V}$,$g=3.1813\times10^8$。

振动控制处理器:用神经网络实现 $V_{\mathrm{a}}=gV_{\mathrm{s}}$。

采用前向 BP 网,网络结构为 1-1-1 反射弧结构。MATLAB 函数为 newff。

传递函数:1~2 层:正切传递函数 Sigmoid,$n=\frac{2}{1+\mathrm{e}^{-2n}}-1$;3 层:线性传递函数。

训练性能函数:采用均方误差函数。

训练函数:采用 Levenberg-Marquardt 反向传播算法,即依据训练参数 m_u 确定算法,m_u 较小则选用牛顿法,反之则用梯度法。m_u 为适应值。

网络参数为

net. IW ={[452.1812]; []; []}

net. LW={ [], [], []; [452.1911], [], []; [], [-1.5618×10^{-3}], []}

net. b ={[-9.5210×10^{-5}], [0.0393], [-5.7650]}

$$W=\begin{Bmatrix}\mathrm{IW}\\\mathrm{LW}\\b\end{Bmatrix}\tag{8-21}$$

训练过程和控制力矩逼近效果见图 8.21。“ * ”为目标值,“—”为逼近值。

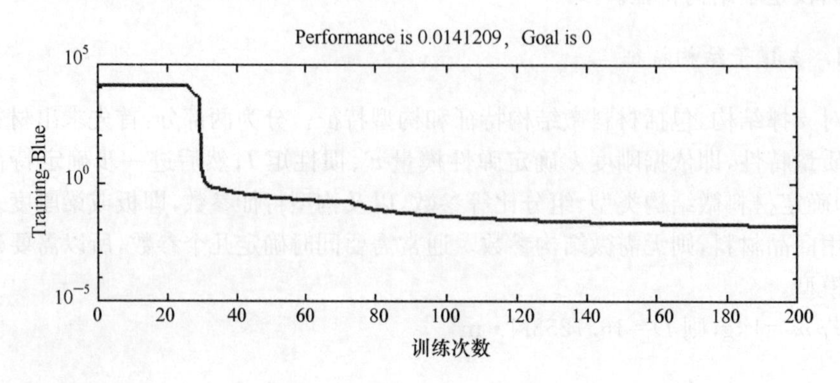

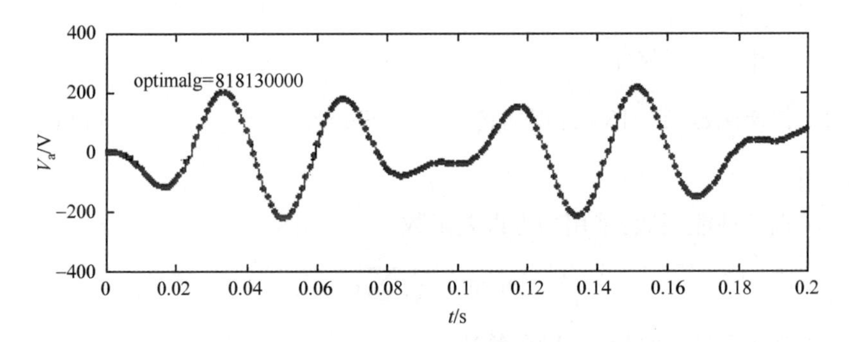

图 8.21　训练过程和逼近结果

3. 姿态控制处理器特征

姿态控制处理器：用随意运动控制网络实现。

网络结构见第 5 章，网络参数为 $W=\begin{Bmatrix} \mathrm{IW} \\ \mathrm{LW} \\ b \end{Bmatrix}$。

采用神经 PD 控制，设系统给定参考值为 $r(k)$、输出采样系列为 $y(k)$，控制器输出为 $u(k)$，系统误差为 $e(k)$。

$$e(k)=r(k)-y(k),e(k)=\theta_r-(\theta+k\dot{\theta})=-(\theta+k\dot{\theta}) \tag{8-22a}$$

$$\begin{cases} c_1(k)=e(k) \\ c_3(k)=e(k)-e(k-1) \\ u(k)=v_1c_1(k)+v_3c_3(k) \end{cases} \tag{8-22b}$$

准则函数为

$$J_c=\frac{1}{2}[r(k+1)-y(k+1)]^2=\frac{1}{2}e^2(k+1) \tag{8-22c}$$

状态变量为

$$x(t)=[\theta,\dot{\theta}] \tag{8-22d}$$

输入为 $u(t)$。设 $I_y=1.05\mathrm{kg}\cdot\mathrm{m}^2$，由 $K_\mathrm{P}=0.005I_y$，$K_\mathrm{D}=0.1I_y$，得到

$$\begin{cases} K_\mathrm{P}=5.25\times10^{-3}\mathrm{N}\cdot\mathrm{m/rad} \\ K_\mathrm{D}=0.105\mathrm{N}\cdot\mathrm{m}\cdot\mathrm{s/rad} \end{cases} \tag{8-22e}$$

$$v=\begin{Bmatrix} K_\mathrm{P} \\ 0 \\ K_\mathrm{D} \end{Bmatrix} \tag{8-22f}$$

求神经网络参数。

(1) 采用自定义网络。

(2) 传递函数:1～13 层:正切传递函数 Sigmoid,$n=\dfrac{2}{1+e^{-2n}}-1$;14 层:线性传递函数。

(3) 训练性能函数:采用均方误差函数

$$\mathrm{mse}=\frac{1}{N}\sum_{i=1}^{N}\mathrm{e}_i^2 \tag{8-23a}$$

(4) 训练函数:贝叶斯正则化算法。

(5) 加权函数:神经网络每层的输入矢量和神经元权值矩阵通过欧氏距离加权函数达到神经元传递函数的加权输入量。

$$D=\sum\sqrt{(x-y)^2} \tag{8-23b}$$

(6) 初始化函数:采用 Nguyen-Widrow 方法对网络层初始化。初始化后,每个神经元的激活区将均匀地分布在输入空间中,从而避免神经元浪费,同时提高训练效率。

(7) 输入函数:以求和方式把加权输入和阈值组合在一起。

(8) 学习函数:动量梯度下降权值和阈值学习函数。权值和阈值的调整值 dW 由动量因子 mc、前一次学习时的调整量 dWprev、学习速率 lr 和梯度 gW 共同确定。

$$\mathrm{d}W(i,j)=mc\cdot \mathrm{d}W\mathrm{prev}(i,j)+(1-mc)\cdot lr\cdot gW(i,j) \tag{8-23c}$$

(9) 学习速率 lr:0.01。

(10) 动量常数 mc:0.9。

(11) 网络权值见表 8.5 和表 8.6。

(12) 训练次数 Epochs=100～2000。

采用三个脉冲干扰力矩样本和一个简谐干扰力矩样本训练。训练效果见图 8.22,其中,SSE 为误差平方和,SSW 为权重平方和。对三个样本外干扰控制力矩逼近效果见图 8.23。“*”为目标值 T_0,“—”为逼近值。

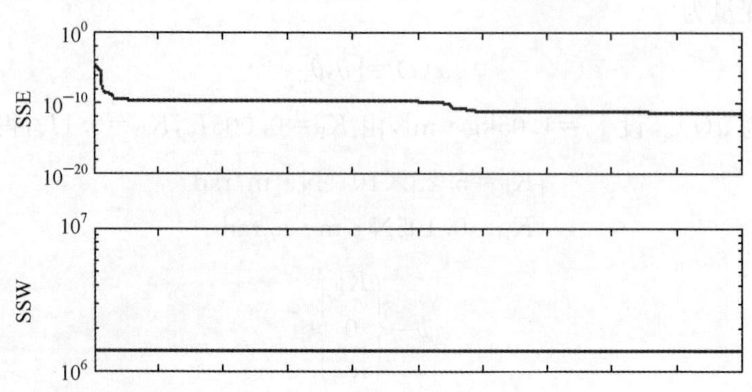

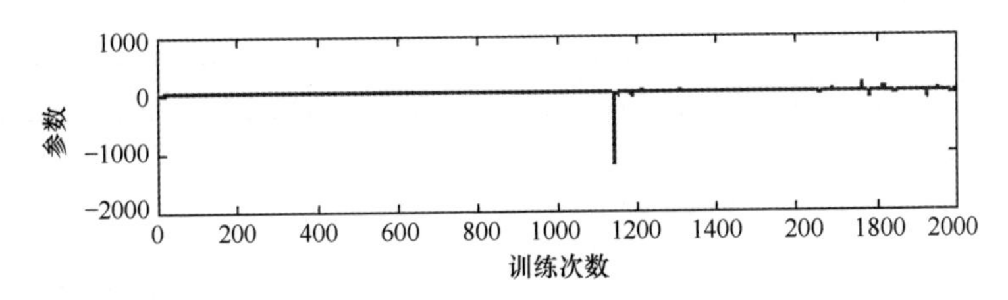

图 8.22　四个样本训练效果

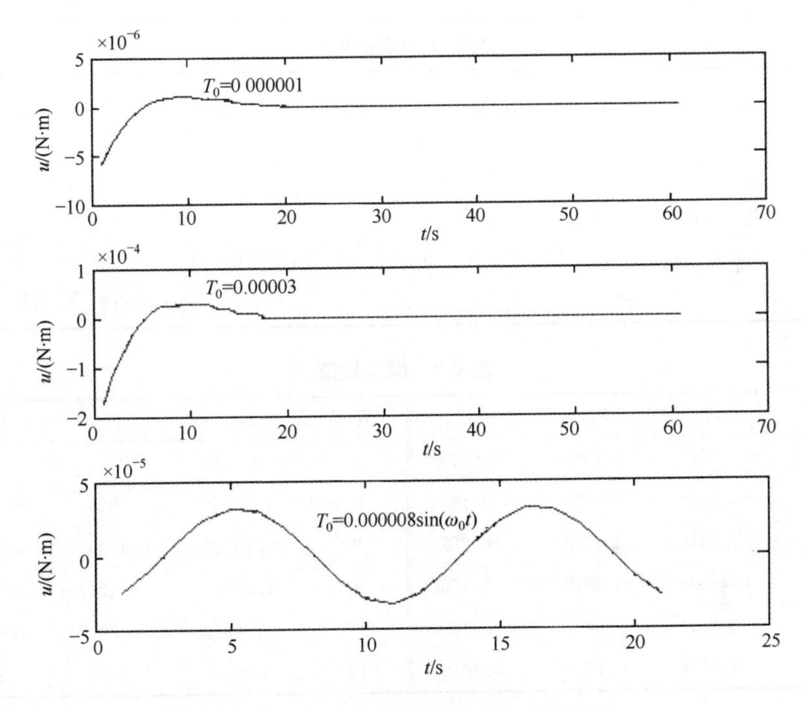

图 8.23　样本外干扰控制力矩逼近效果

网络参数见表 8.9 和表 8.10。其中，LW{2,1}、LW{3,1}、LW{4,1}为矩阵，在表 8.9 续 2 中表达其值。

表 8.9　网络权值

LW	1	2	3	4	5	6	7
2	LW{2,1}						
3	LW{3,1}	[−0.6886]					
4	LW{4,1}						
5			[0.6550]	[0.5951]			
6					[−0.4122]		

续表

LW	1	2	3	4	5	6	7
7						[−0.3155]	
8							[0.0677]
10							[−0.3789]
11							[0.6725]
12						[0.1085]	

表 8.9　网络权值　　**(续 1)**

LW	8	9	10	11	12	13	14
3				[−0.6166]		[−0.6091]	
5		[0.3183]	[−0.3140]				
9	[0.4512]						
13					[−0.2120]		
14						[0.3714]	

表 8.9　网络权值　　**(续 2)**

LW{ }	2,1	3,1	4,1	LW{ }	2,1	3,1	4,1
1	−0.9061	0.2930	0.9948	7	−0.5649	0.7726	0.5953
2	−0.6586	0.0059	−0.1439	8	1.0006	−0.0263	−0.0074
3	−1.1416	0.4069	−0.2872	9	0.1338	0.4099	0.5170
4	0.4859	0.5819	−0.7700	10	1.2550	−0.1741	0.3827
5	−0.8511	0.6407	1.0409	11	−1.0813	−0.2097	0.0856
6	−1.0714	0.7078	0.1019	12	0.0255	0.2610	0.8111

表 8.10　网络输入权值和域值

	net. IW{1}		net. b{1}
1	296.6618	199.6543	−9.9799
2	−304.3032	193.6265	4.9686
3	128.3942	−278.2503	−1.5250
4	−59.7838	−288.8143	5.7281
5	271.7289	218.1897	−6.7469
6	216.3792	248.1879	−5.6256
7	−178.4862	−262.6975	3.1643
8	−314.7317	184.8218	−0.0574

续表

	net. IW{1}		net. b{1}
9	239.0750	−236.1493	2.8159
10	−143.0133	−273.3270	1.0075
11	140.5761	273.9787	0.8600
12	208.0483	−250.8596	5.3641

作为比较，采用 BP 网，MATLAB 函数为 newff，网络结构为 3-10-1，训练次数为 2000。控制力逼近效果见图 8.24。虚线为目标值，实线为逼近值。

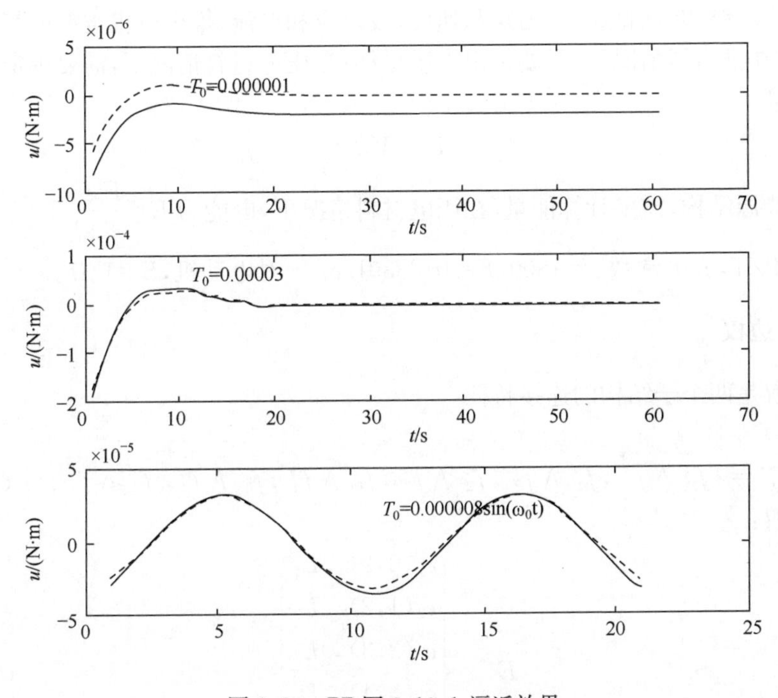

图 8.24　BP 网 3-10-1 逼近效果

因此，采用本书提出的 4 反馈回路运动控制网络泛化能力好，能以相对少的连线实现对多种干扰力矩的运动控制。

4. 传感器和效应器特征

对传感器和效应器，在应用压电材料情况下，依据能量转换系数求出材料的微结构参数以及厚度；若应用其他电子器件作为传感器，需要确定传感器类型。若应用动量轮、推力器等作为效用器，则子结构为部件子结构，特征参数为动量轮材料微结构以及动量轮厚度，或推力器结构材料、结构构型特征参数；若应用电磁等执行机构,则需要磁材料微结构和厚度或其他构型特征。

$$E_a=50\times10^9\,\mathrm{Pa},\quad t_a=0.0005\mathrm{m},\quad b_a=0.02\mathrm{m},$$

$$I_a=\frac{b_a t_a^3}{12}+b_a t_a\left(\frac{h}{2}\right)^2=6.2708\times10^{-11}\mathrm{m}^4。$$

采用 PZT 可实现上述材料性质,但是无法实现大面积铺设,因而需要设计的材料。

5. 驱动器子结构和能源子结构特征

对驱动结构:依据功率(力矩和速度,或电压和电流)推出电机类型或其他驱动器类型;在推力器情况下,需要推出工质材料;在压电材料情况下,需要确定电场强度 E_a,即

$$E_a=V_a t_a$$

对能源结构,需要计算能量,在压电材料情况下,电能为 $E=\frac{E_a^2\varepsilon}{8\pi}$。

对 PZT,介电常数 $\varepsilon=1800$,$E=0.8330\mathrm{J/m^3}$。对电动机,$E=V_t It$。

8.7.2 边权

边权是两个子结构的连接特征。

边:

$$E^*=\{f_0^*\wedge f_2^*,f_1^*\wedge f_2^*,f_2^*\wedge f_3^*,f_0^*\wedge f_4^*,f_1^*\wedge f_4^*,f_3^*\wedge f_4^*\}\tag{8-24a}$$

边权:

$$E^*=\left\{\begin{matrix}e_1(0,2) & L_1\\ e_2(1,2) & L_2\\ e_3(2,3) & L_3\\ e_4(3,4) & L_4\\ e_5(4,1) & L_5\\ e_6(2,4) & L_6\end{matrix}\right\}\tag{8-24b}$$

设 x_j 为子结构与参考结构间距,l_j 为子结构 j 的长度。则有

$$X_{ij}=\begin{cases}x_j, & i=k\,|\,v_k^*\in f_0^*=\mathrm{Sub}_0,j=0\\ —, & v_i^*\notin f_j^*=\mathrm{Sub}_j\\ x_j+l_j, & i\neq k\end{cases}\tag{8-24c}$$

$$L(e(i,j))=\begin{cases}l_j, & r_{ij}\neq\varnothing\\ l_{n+m}, & w_{ij}\neq\varnothing,m=1,2,\cdots\end{cases}\tag{8-24d}$$

表 8.11 为图中的 X 和 l。

表 8.11　图中 X_{ij} 和 l_k 的值

	v_1	v_2	v_3	Sub_0	Sub_1	Sub_2	Sub_3	Sub_4
Sub_0	$X_{10}=x_0$	—	—	—	—	l_0	—	—
Sub_1	$X_{11}=x_1$	$X_{21}=x_1+l_1$	—	—	—	l_1	—	l_5
Sub_2	$X_{12}=x_2$	$X_{22}=x_2+l_2$	$X_{32}=x_2+l_2$			—	l_3	l_4
Sub_3	$X_{13}=x_3$	—	$X_{33}=x_3+l_3$				—	l_6
Sub_4	$X_{14}=x_4$	$X_{24}=x_4+l_4$	$X_{34}=x_4+l_4$					—

8.7.3　面权

$$f^*=\{f_i^* \mid f_i^* \leftarrow v_i, S_i\},\qquad i=1,2,\cdots,n \tag{8-25a}$$

面的权值可由博弈模型或其他优化方法获得。设梁厚度为 t_b，宽度为 b_b，长度为 l_b，材料为 E_b、υ_b；传感器和致动器压电片尺寸相同，材料相同，分别为 t_p、b_p、E_p、υ_p、d_{31}，且处理器器件材料导电系数为 α_d，则有

$$S=\begin{Bmatrix} — & — \\ [t_p,b_p,l_p] & [E_p,\upsilon_p,d_{31}] \\ [t_b,b_b,l_b] & [E_b,\upsilon_b] \\ [t_p,b_p,l_p] & [E_p,\upsilon_p,d_{31}] \\ [t_5,b_5,l_5] & [\alpha_{d5}] \end{Bmatrix},\quad f^*=\begin{bmatrix} Sub_0 & \\ Sub_1 & S_1 \\ Sub_2 & S_2 \\ Sub_3 & S_3 \\ Sub_4 & S_4 \end{bmatrix} \tag{8-25b}$$

8.7.4　点权

顶点：

$$V^*=\{[v_1^*\quad v_2^*\quad v_3^*]^{\mathrm{T}},[X_1^*\quad X_2^*\quad X_3^*]^{\mathrm{T}}\} \tag{8-26a}$$

设面下标表示相应的子结构序号。

$$\begin{cases} v_1^*=(\forall v\in f_0^*)\wedge(\forall v\in f_1^*)\wedge(\forall v\in f_2^*) \\ v_2^*=(\forall v\in f_0^*)\wedge(\forall v\in f_3^*)\wedge(\forall v\in f_2^*) \\ v_3^*=(\forall v\in f_3^*)\wedge(\forall v\in f_1^*)\wedge(\forall v\in f_2^*) \end{cases} \tag{8-26b}$$

点权：设顶点坐标为各个子结构在该点的坐标集合，坐标矢量用双下标表示，顺序为顶点序号和子结构序号。

顶点坐标即为权值，有

$$X^*=\{X_1^*,X_2^*,X_3^*\}$$

每个顶点权值为各个子结构在子结构汇聚点坐标，即

$$\begin{cases} X_1^* = [X_{10}, X_{11}, X_{12}, X_{13}, X_{14}]^{\mathrm{T}} \\ X_2^* = [X_{20}, X_{21}, X_{22}, X_{23}, X_{24}]^{\mathrm{T}} \\ X_3^* = [X_{30}, X_{31}, X_{32}, X_{33}, X_{34}]^{\mathrm{T}} \end{cases} \tag{8-26c}$$

权矩阵为

$$X^* = \begin{Bmatrix} X_{10} & X_{20} & X_{30} \\ X_{11} & X_{21} & X_{31} \\ X_{12} & X_{22} & X_{32} \\ X_{13} & X_{23} & X_{33} \\ X_{14} & X_{24} & X_{34} \end{Bmatrix} \tag{8-26d}$$

一般地坐标矢量为

$$X_{ij} = [x, y, z] \tag{8-26e}$$

此处，X_{ij} 表示子结构 j 在顶点 i 的坐标，见表 8.11。

8.7.5 布局图

振动控制系统设计为反射运动控制，布局图见图 8.25。姿态控制系统设计为随意运动控，布局图见图 8.26。埋设结构见图 8.27，集成结构见图 8.28。

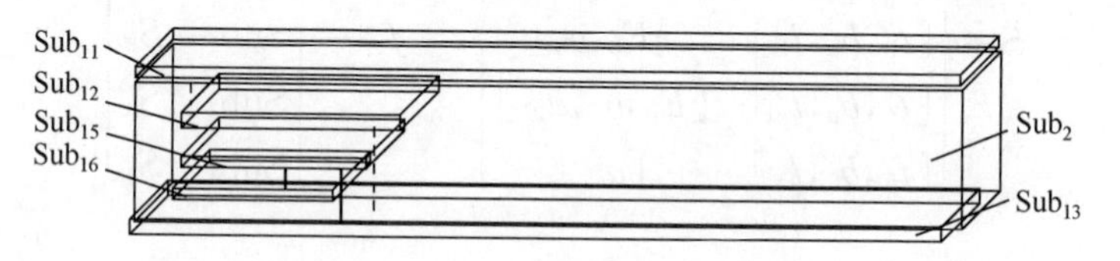

图 8.25 振动控制部分布局图

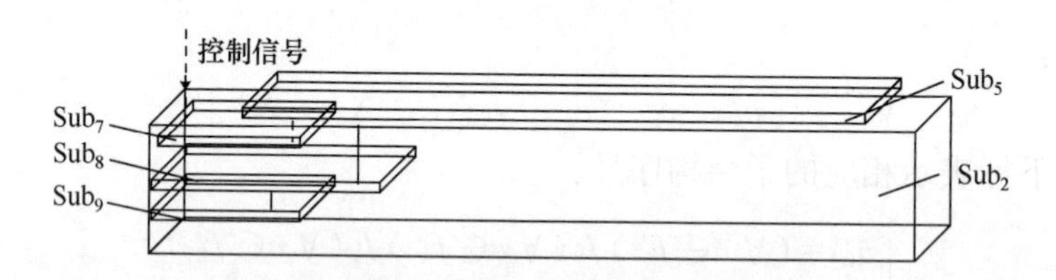

图 8.26 姿态控制部分布局图

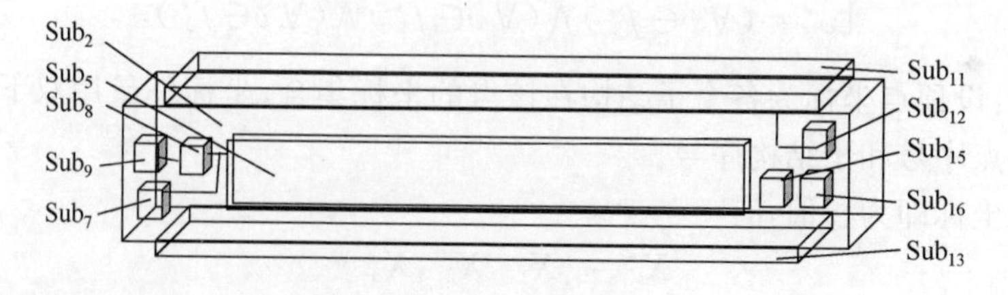

图 8.27 埋设结构布局图

图 8.28　集成结构布局图

模块盒底板采用梁和薄板组合结构，此时需依据刚度换算。在此例中，板厚 $t=0.0013\text{mm}$。

8.8　参数化模型

特征阶段求出后，下一阶段为参数化模型。一般情况下，需要建立板和梁集成结构有限元模型，在此基础上，依据第 5 章参数化模型的优化模型进行优化设计。集成压电材料和神经元器件的夹杂体结构的有限元分析计算是相当复杂的问题，需要相当篇幅建模、分析、论述。本章目的在于建立小卫星生长型设计框架，并验证生长型设计模型的有效性，为小卫星集成结构系统多学科设计建立基础。

简单情况下特征阶段的结构参数可以直接作为结构参数，如本节实例。结构设计主要参数列表见表 8.12。

表 8.12　结构主要参数

名称	符号	参数
基体结构	Sub_2	梁：$L=0.32\text{m}, b=0.023\text{m}, h=0.005\text{m}, E=71\times10^9\text{Pa}$ 板：$a=b=0.32\text{m}, t=0.0013\text{m}, E=71\times10^9\text{Pa}, \upsilon=0.31$
效应器 1	$Sub_{15}+Sub_{20}$	$L=0.32\text{m}, b=0.02\text{m}, t==0.0005\text{m}, E=50\times10^9\text{Pa}$ $d_{31}=-150\times10^{-12}\text{mV}^{-1}$
传感器 1	$Sub_{13}+Sub_{19}$	同效应器 1
处理器 1	Sub_{14}	$g_{14}=3.1813\times10^8$，神经网络$\{IW, LW, b\}_{1\text{-}1\text{-}1}$
驱动器 1	Sub_{17}	$V_{max}=215.6905\text{V}$
效应器 2	Sub_7+Sub_{12}	$L=0.16\text{m}, b=0.5\times10^{-3}\text{m}, h=0.005\text{m}, E=50\times10^9\text{Pa}$ $d_{15}=-500\times10^{-12}\text{mV}^{-1}$
传感器 2	Sub_4+Sub_{11}	太阳敏感器

续表

名称	符号	参数
处理器 2	Sub_6	$g_6=[K_P,K_D]=[0.005I_y,0.1I_y]=$ $[5.25\times10^3 N\cdot m/rad, 0.105 N\cdot m\cdot s/rad]$ 神经网络$\{IW,LW,b\}_{4-loop}$
驱动器 2	Sub_8	$V_{max}=30.44V$

8.9 总　　结

本章依据发育设计生长模型设计小卫星结构系统。首先，生成特性阶段。由于第 4 章的应用实例提供了几种基本特性阶段，所以将振动特性阶段和运动特性阶段进行求并即直接得到特性阶段。其次，将特性阶段转化为定型。量化过程主要是创造性思考和分析过程，可应用新的物理效应，依据力学方程和控制方程得到各个特性的量化值。当两个以上特性互相耦合时，需要给出函数关系。一般情况下，直接可获得支撑结构的刚度特性值，其他特性得到函数关系。从定型演变为特征阶段是将子结构抽象特性转变为子结构的材料和结构参数。在数学上表现为图转换为对偶图，实际计算则包括两类计算：①结构计算，依据特性求出材料构型参数和材料参数；②控制计算，求出控制参数，本章为神经网络参数。

本章的目的在于验证发育设计生长模型的可达性和有效性。在设计时，在定型和特征阶段之间一般需要迭代。

第9章　发育设计系统框架

本章在前述各章的基础上，系统阐述发育设计属性、设计空间、发育过程、发育机制算法以及关键设计变量。重点总结前述各章提出的发育机制算法，包括基于规则和推理的方法、仿生算法、数学算法以及应用实例。

9.1　设计属性

发育设计过程体现设计过程三重性：自然科学、创制科学和实践科学。如图9.1所示发育设计宏观框架，此框架将感性知识或经验知识从科学研究中分离。在抽象特性层次，特性由科学定律描述，属于自然科学研究；在结构特性层次，特性由特定结构实现，属于创制科学。当特性与结构形成了某种确定的映射关系之后，这种映射关系称为工程规则，应用已有的工程规则是工程设计的主要依据，此时为实践科学。

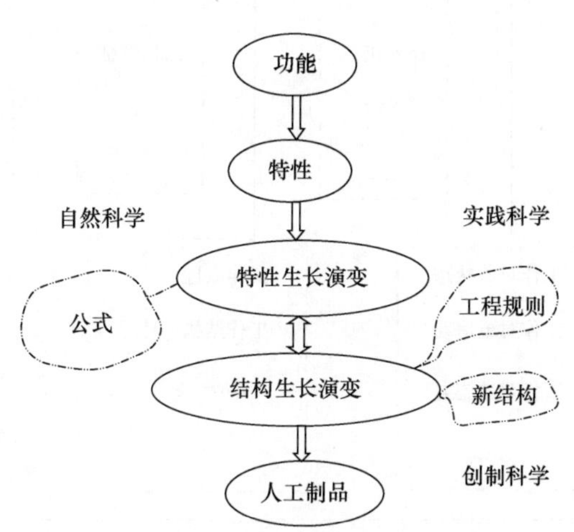

图9.1　发育设计体现设计过程三重性

在设计过程中，需要大量分析，这主要需要分析能力，运用自然科学知识对结构特性进行预测、评估。设计能力主要体现在综合能力上，即将独立的科学、工程以及经验知识联系在一起的能力。宏设计框架将分析从设计过程中区分出来，从而将运动本原和能够实现运动原理的形式区分，将运动本原和实现运动实体的数字特征区分，将设计的核心问题聚焦到特性—结构的匹配上面。上述区分将发育过程分成两个不同的阶段:抽象特性阶段与结构演变阶段,与生物发育过程的原肠胚和器官生成阶段相对应。当研发基于计算机的设计系统时,分析部分主要由软件模块实现,特别是商业软件,如 ANSYS、CFD+ACE、MATLAB 等。因此,发育设计宏框架便于实现自动或自治或半自治设计。

9.2 设计空间

在发育设计框架下,将设计空间划分为六个阶段或六个子空间:功能、代理、特性、定型、特征和参数。需求可以用不同子空间参数描述,例如,需求为"旋转",则需求可直接用代理子空间参数描述。在设计过程中,当前设计状态涉及的参数可以同时处于多个子空间,见图 9.2。

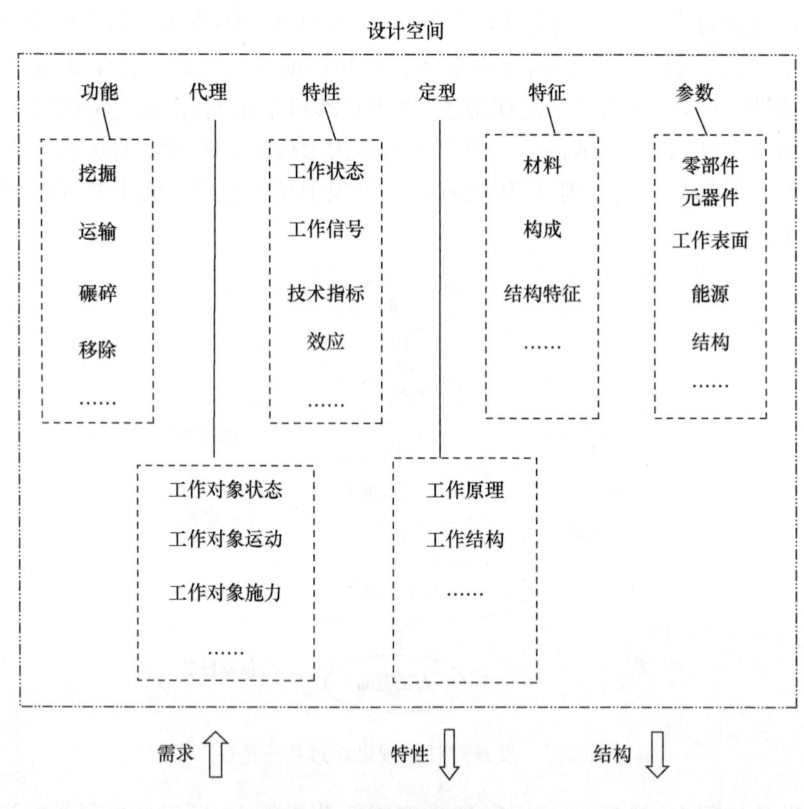

图 9.2　发育设计设计空间

9.3　数学模型

1）功能阶段

$$\text{Function}=\{F_i\},\qquad i=1,2,\cdots,n \tag{9-1}$$

功能用一维矩阵表示，n 是子功能数量。

2）特性阶段

$$\text{Property}=\{\text{Property}_i\,|\,\text{Property}_i=(\tau_1,\tau_2,\cdots)\},\qquad i=1,2,\cdots,n_{\text{p}} \tag{9-2}$$

特性用细胞矩阵表示，每个细胞表征一个子功能的若干个特性，用 τ_j 表征。n_{p}是特性参数数量，由于诱导作用，一般有 $n_{\text{p}}>n$。

$$R=\{r_{ij}=r_{ij}(\lambda_1,\lambda_2,\cdots),w_{ij}=w_{ij}(\gamma_1,\gamma_2,\cdots)\},\qquad i,j=1,2,\cdots,n \tag{9-3}$$

式中，R 为两个特性参数之间的关系，用细胞矩阵表示；λ_{l1}、γ_{l2}表征关联特性的因子；r_{ij}表征两个特性参数之间的结构特性关联；w_{ij}表征二者之间的信号特性关联。

在代理阶段、特性阶段和定型阶段的设计空间均为特性参数。不同之处在于，代理阶段是工作对象的特性，特性阶段是所设计对象的特性，其数量大于工作对象特性，定型阶段是赋值的特性。当在定型阶段直接指定结构时，其状态参数直接进入特征阶段空间。当在定型阶段的特性无法转化为特征结构时，需要继续分裂，此时在代理阶段和定型阶段之间迭代，直到其特性可转化为结构特征。因此，一般有 $n_{\text{p}}>n_{\text{sp}}$。$n_{\text{sp}}$为定型阶段特性数目。

代理阶段、特性阶段和定型阶段特性参数整体特性用边-点加权图表征：

$$G(V,E)\,|\,V=\{v,\text{Property}\},\quad E=\{e,R\} \tag{9-4}$$

式中，v 是图的顶点序号；Property 是图的顶点的值；V 代表顶点；e 是边序号；R 是边权值。

3）结构阶段

结构特征参数以及详细结构参数均用细胞矩阵表征，整体结构用对边-点-面加权对偶图表征，即

$$\text{Parameter}=\{P_i\,|\,P_i=p_i(\text{para},m);i=1,n_{\text{s}}\} \tag{9-5}$$

式中，p_i是子结构 i 参数；m 为材料；para 为详细结构参数；n_{s} 为子结构数目，一般有 $n_{\text{f}}>n_{\text{p}}$，$n_{\text{f}}$ 为子结构特征参数数目。

特征阶段：

$$G=(V^*\,|\,V^*=\{v,X\},E^*\,|\,E^*=\{e,L\},f^*\,|\,f^*=\{f,S\}) \tag{9-6}$$

参数阶段：

$$G=(V^*\,|\,V^*=\{v,X\},E^*\,|\,E^*=\{e,L\},f^*\,|\,f^*=\{f,P\}) \tag{9-7}$$

式中，X 是子结构坐标；L 是邻接结构特征尺寸；S 是结构拓扑特征和材料特征；P 是结构详细参数，包括材料参数、尺寸、公差、热处理以及其他技术条件。

4）特性—特征转化

工作对象的特性通过诱导转化为设计对象的特性,并通过定型等指定工作原理或工作结构。用对偶关系将表示特性的原图转化为表示特征的对偶图。

假设$G^*=(V^*,E^*,f^*)$是原图$G=(V,E)$的对偶图,并可分解为平面图。则有

$$V^*=\{v_k \mid v_k^* \leftarrow f_k, X_k\}, \qquad k=1,2,\cdots,n_s \tag{9-8}$$

$$L(e(i,j))=\begin{cases} l_j, & r_{ij}\neq\varnothing \\ l_{n+m}, & w_{ij}\neq\varnothing, m=1,2,\cdots \end{cases}$$

$$X=\{X_{ij}\} \mid i=1,2,\cdots,n; j=1,2,\cdots,n; X_{ij}=\begin{cases} x_j, & i=k \mid v_k^* \in f_0^*=\mathrm{Sub}_0, j=0 \\ -, & v_i^* \notin f_j^*=\mathrm{Sub}_j \\ x_j+l_j, & i\neq k \end{cases}$$

$$E^*=\{e_l \mid e_l^* \leftarrow e_l, L_l\}, \qquad l=1,2,\cdots,p, L_l=\mathrm{Sub}_i \wedge \mathrm{Sub}_j \tag{9-9}$$

$$f^*=\{f_i \mid f_i^* \leftarrow v_i=\mathrm{Sub}_i, S_i\}, \qquad i=1,2,\cdots,n_s \tag{9-10}$$

5）特征—参数转化

利用非线性规划转化特征参数为详细结构参数。

$$f_1(x)=\begin{Bmatrix} \Omega-\Omega'(x) \\ m-m'(x) \end{Bmatrix}, \quad f_2(x)=\{L-L'(x)\}, \quad f_3(x)=\{X-X'(x)\} \tag{9-11}$$

$$\begin{cases} \min f=\begin{Bmatrix} f_1 \\ f_2 \\ f_3 \end{Bmatrix} \\ \text{s.t. } h_i(x)=0, & i=1,2,\cdots,q \\ \quad\; g_j(x)\geqslant 0, & j=1,2,\cdots,r \end{cases} \tag{9-12}$$

式中,Ω'、m'、L'是实际结构特征参数,分别表示拓扑构型、材料和接触长度;h_i、g_i为约束条件;x为详细结构参数。令x^*表示优化参数,则$P=x^*$。

9.4 发育过程

在发育设计框架下,设计过程是从量变到质变的过程,从代理阶段演变到特性阶段是量变过程,从特性阶段到定型阶段是量变到质变的转折点,从定型阶段到特征阶段是量变到质变,从特征阶段到参数阶段是量变过程。从抽象特性到结构的演变过程相当于从原肠胚到器官形成。在演变过程中,诱导、基因转录和定型三种发育机制协同作用,不同阶段的主导发育机制不同。

如图9.3所示,三种发育机制协同作用。设计需求通过“定型机制”表达为“功能阶段”,“功能”通过“基因转录机制”用专业术语表述为“代理阶段”,“代理特性”通过“诱导机制”演变为更为复杂的“特性阶段”,特性通过“基因转录机制”演变为

"定型阶段",或者引入新的功能原理,此时通过"定型机制"实现"定型阶段"。"定型阶段"通过"基因转录机制"进一步演化为"结构特征阶段",最后通过"基因转录"、"定型"以及"诱导机制"演变为"详细参数阶段"。当建立优化模型时,为"基因转录机制";当基于实例推理或基于规则推理时,为"诱导机制";当采用基于决策的推理时,为"定型机制"。

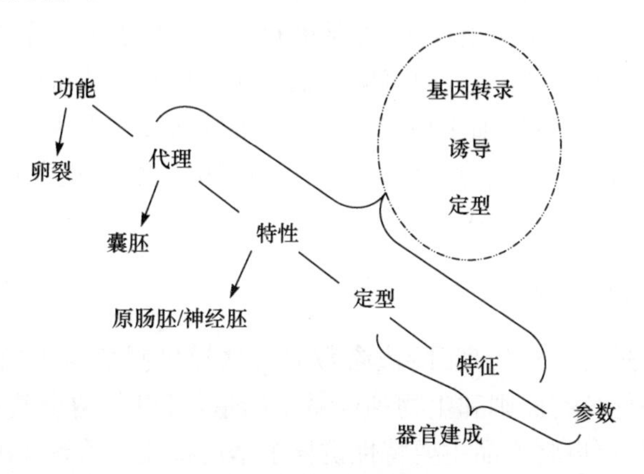

图 9.3　发育过程

从第一个阶段到最后一个阶段形成信息生长链。在功能阶段中,设计表述提炼为功能$\{F\}$;在代理阶段中,$\{F\}$被诠释为特性和特性关系$\{\text{Property}, R\}|\text{sr}$;在特性阶段中,通过诱导进一步将$\{\text{Property}, R\}|\text{sr}$演变为$\{\text{Property}, R\}|P$,当规则完备时这个过程是自治过程;在定型化模型中,应用物理效应实现特性,将$\{\text{Property}, R\}|P$转化为$\{\text{Property},R\}|\text{SP}$。一般可用多种物理效应实现某个特性,因此这个过程是个动态交互过程,可用动态序列博弈模型描述这个决策过程;在特征阶段,主要特征参数是构型和材料,用$\{Q, m\}$表述,通过自然定律实现$\{\text{Property}, R\}|\text{SP}$到$\{Q, m\}$的演变,同样存在多重映射,用决策模型实现;在参数化阶段,结构的详细描述$\{P\}$通过优化实现,优化目标是$\{Q, m\}$,约束为领域知识。生长链为:$\{F\}\rightarrow\{\text{Property}, R\}|\text{sr}\rightarrow\{\text{Property}, R\}|P\rightarrow\{\text{Property}, R\}|\text{SP}\rightarrow\{Q, m\}\rightarrow\{P\}$。

在实际应用中,设计过程是迭代的,也可以是非顺序的、非连续的。初始参数可以是功能、特性描述,也可以是参数,取决于是设计结构还是对已有的结构进行特性分析。在设计过程中,需要进一步补充信息。例如,在定型阶段补充工作原理和工作结构,在参数设计阶段补充约束及详细结构等。

9.5　发育机制算法

诱导、基因转录、定型三种发育机制可以单独使用生成下一阶段的状态,但是一般需要使用两种以上的机制共同完成下一个状态的转化。从初始需求到详细结构，需要三种机制反复使用。

在前边论述了用诱导规则实现诱导、用对偶转换实现基因转录、用博弈理论实现定型的方法，是基于数学运算的方法。第二种方法是第1章中介绍的各种决策技术、推理技术、形状语法及其他人工智能技术来实现各种算法，即基于规则和推理的方法。第三种方法是仿生算法，如基因算法、神经网络、细胞自动机等。第四种方法是模拟胚胎发育的方法，如模拟胚胎发育的基因转录和翻译过程的算法、模拟蛋白质形成的算法、模拟细胞诱导分化过程的算法、模拟生物功能原理的算法等。模拟生物胚胎发育过程的算法目前正在研究中。本章是基于规则和推理的方法、仿生算法、数学算法以及应用实例。

9.5.1 基于规则的诱导

在产品设计过程中，"代理"阶段参数通过诱导机制衍生为"特性"阶段参数。总结一般产品功能分解原则和生物神经系统构造，可以归纳出基本诱导规则。利用基本诱导规则，可以将产品主要特性诱导子结构特性。诱导规则、建模及实现见第5章。为叙述的系统性，诱导规则归纳见表9.1～表9.3。

表9.1 信号诱导规则

信号衍生规则
规则1：输出信号感应。如果 $w_{ij}\neq 0$ 且 $C_{ij}\neq 1$，则生成传感结构单元和信号传输单元
规则2：输入信号感应。如果 $w_{ij}\neq 0$ 且 $C_{ij}=-1$，则衍生致动结构单元和信号传输单元
规则3：输出转换信号感应。如果 $w_{ij}\neq 0$ 且 $w_{ij}\neq$信号传输单元，则衍生信号传输单元和处理器单元
规则4：输入转换信号感应。如果 $w_{ij}\neq 0$ 且 $w_{ij}\neq$信号传输单元，则衍生信号传输单元和处理器单元

表9.2 诱导条件检验规则

诱导检验规则
规则5：惰性单元规则。所有的结构单元和连接单元没有感应能力
规则6：结构单元规则。当且仅当所有邻接子结构是结构单元且连接为连接单元时，子结构退化为结构单元。如果子结构的特性可由常见或已有零件、部件实现，则子结构退化为元件单元

表9.3 物理结构连接诱导规则

静态规则
规则7：体连接。如果两个子结构 r_{ij}(Type)＝Static，则衍生体连接
规则8：轴系连接。如果两个子结构 r_{ij}(Type)＝Rotation，$r_{ij}(V)=0$，则衍生轴连接部件
规则9：部件单元。轴系单元和体连接单元均为部件单元，期间连接为连接单元

续表

静态规则
动态连接
规则 10：驱动结构。如果两个子结构 $r_{ij}(V) \leqslant [V]$，$[V]$是实现速度，则静态子结构演变为动态结构。如果动态结构是终端结构，则衍生能源部件结构和驱动部件结构
规则 11：调速部件单元。如果两个子结构 $r_{ij}(V) > [V]$，则衍生速度调速部件单元，且两个子结构将演变为轴系部件结构和驱动部件结构，二者之间的连接将演变为静态连接
规则 12：部件单元。部件单元继续诱导分解直至仅包含零件单元（如轴、齿轮、轴承等）、元件单元和连接单元
规则 13：旋转连接部件单元。如果两个子结构连接特性为旋转且速度变化小于允许值，即 $r_{ij}(\text{Type})=$ Rotation，$r_{ij}(V) \neq 0$，$r_{ij}(V) \leqslant [V]$，$i \neq 1$，则子结构 i 和 j 将演变为轴部件单元，二者之间衍生旋转连接部件单元和静连接。如果构件 i 为端部构件，$i=1$ 时，仅产生轴部件连接和静态连接。如果速度变化大于允许值，$r_{ij}(V) > [V]$，则衍生速度调节部件单元和静态连接单元
规则 14：移动连接部件单元。如果两个子结构连接特性为移动且速度为零，即 $r_{ij}(\text{Type})=\text{Movement}$，$\text{Property}_i(v_e)=0$，则衍生移动连接部件单元和静态连接。子结构 i 将演变为单元结构，子结构 j 将分裂为两个部件：驱动部件单元和单元结构。如果子结构速度不为零，即 $\text{Property}_i(v_e) \neq 0$，将产生移动连接部件单元和静态连接单元
规则 15：运动转换连接部件单元。如果连个子结构连接特性为复合，即 $r_{ij}(\text{Type})=\text{Compound}$，则衍生运动转换连接部件单元

利用基于规则的诱导实例见第 5 章及作者文献[332]，用神经网络也可实现诱导，参见作者文献[333]。

9.5.2　基于规则和推理的基因转录

通过规则和推理将功能转化为结构形状，是目前实现自动和半自动设计采用的主要方法，其本质是将名词性的功能转化为功能载体和可视化结构，因此可以视为基因转录过程。在第 1 章中概述了比较典型的方法，其中涉及的各种算法可作为基因转录机制的算法，但是在基因转录内容方面有所不同。不同之处在于，在发育设计框架下，基因转录机制是将当前状态的参数转化为下一个状态的参数，是一种渐进的过程。工程上常用的是建立功能与结构映射，优点是减少建模复杂性，缺点是不利于重用，也不利于创新设计。以下简述各种算法的基本思想，具体算法见第 1 章中的介绍及参考文献以及第 5～7 章论述。

(1) 知识库。

建立产品知识库作为基因转录规则，在不同阶段对不同状态的参数采用不同基因转录规则，即在不同阶段开启不同的基因。基因转录内容包括功能分解、功能和特性映射、特性和功能载体映射、特性和结构特征参数方程、结构约束等。

(2) 形状语法。

建立形状语法作为基因转录依据,主要用于结构设计。形状语法由图形元素和规则组成,将产品几何结构分解为基本形状作为基本图形元素,通过采用选定的规则将初始图形演变为更为复杂的几何结构。首先将产品几何结构分解为基本形状作为基本图形元素,规定图形演变规则,然后输入图形和相应的功能,通过形状规则调整组合图形元素生成新的产品结构。形状语法在建筑和桥梁设计领域的应用实例较多,也用来作为细胞自动机的规则[330]。语法规则包括图素、标记、规则集合以及初始图素,可表示为矩阵。形状语法规则可表示为 $SG1=\langle V_T, V_M, R, I\rangle$,其中 V_T、V_M分别为生成的图素和标记,I 为初始图素,R 为规则集。

利用形状语法设计建筑结构布局的实例见图 9.4。在此,V_T、V_M分别为方形和圆形。规则 1 是如果有方形并有圆形标记,则在其内部生成内方形及标记,规则 2 的作用是移除标记。SG1 作用结果见图 9.4(a)和图 9.4(b),SG2 作用结果见图 9.4(c)和图 9.4(d)。

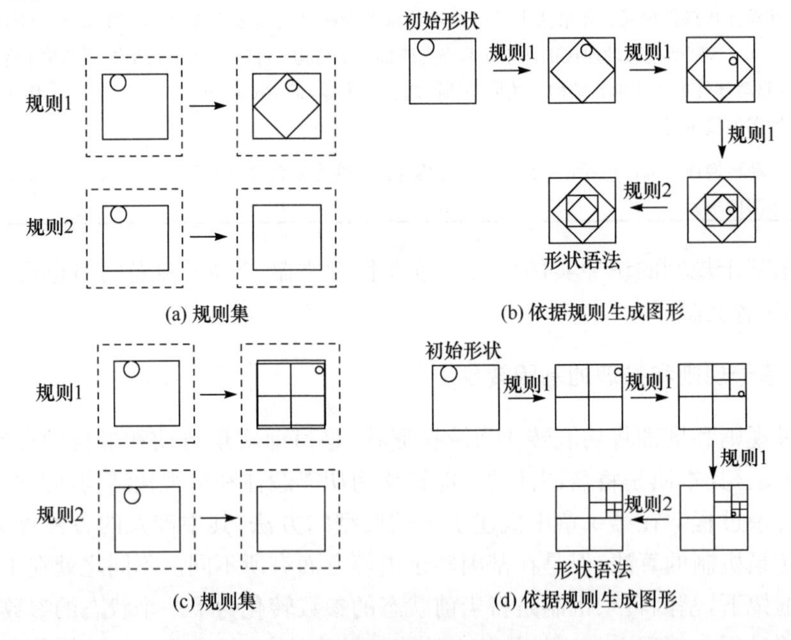

图 9.4　形状语法作用过程[331]

对机械系统而言,所有设计概念最终都需要用图表达结构,因此,利用形状语法作为图形基因转录规则,可以将结构特征演变为详细结构图形,特别是常规连接部件、结构元件的局部详细设计。

(3) 推理。

推理也可以作为基因转录算法,用于预测产品行为。一种是定性推理,基本思想是依据特定产品的领域知识建立函数关系或定性关系作为基因转录规则，从而定性预测没有完备信息的结构的行为特性。实现方法可以是通过建立定性微分方程和因果关系网预测局部变化引起的系统行为的变化。另一种算法是基于知识库的推理。基本思想是建立物理元件的定性模型，应用事例推理（CBR）和模型推理（NBR）进行设计仿真。具体实现方法是：精确描述功能输入与输出，采用编码技术细分组件库，基于相似性分析从组件库中寻找满足部分问题的解。

（4）产品模型。

实现详细结构设计一般采用以产品模型为核心的软件模块，产品模型也称为模版，用于初始概念设计阶段性能分析评价。基本思想是用软件描述产品设计过程以及零件和部件的几何形状及相互关系，建立参数化结构模型。需要利用各种软件技术和算法建立产品模型，这些方法一般称为基于知识的工程（KBE）。这种方法可以作为将功能直接匹配为详细结构的基因转录算法，用于特定产品的常规设计。一般地，基于 KBE 的基因转录算法是将设计规则、公式、商业软件集成为软件模块，将初始设计信息转录为几何结构，将几何结构信息转录为分析模型的方法。

9.5.3　仿生算法

仿生算法模拟生物发育和神经机制作为基因转录算法。目前有三种主流方法：基因算法、细胞自动机和神经网络算法。

基因算法、细胞自动机和神经网络的基本原理、实现方法和应用实例见第 1 章和第 2 章以及其他文献。目前基因算法主要用在基于一组结构（种群）演化出具有特定特点的新结构，演变过程采用基因选择、复制、变异、交叉和互换等操作。而基因转录是信息转换（而非生成新结构），因此在具体应用上有所不同。基因转录是对设计参数依据方程或离散规则进行转换，因此，与基因算法的原理和功能均不相同。因此当采用基因算法作为基因转录算法时，需要对复制、变异、交叉和互换等操作进行修改，用于同时对多种方案进行基因转录的情况，可用于结构构型设计。当采用细胞自动机作为基因转录算法时，可作为特性参数到结构参数转化。当采用神经网络作为基因转录算法时，可作为设计需求到特性的转化，或者结构到特性的转化。本节阐述神经元网络方法。

当有足够的设计实例时，可构造神经网络实现基因转录，输入矢量和输出矢量可以是功能和特性，也可以是从功能到结构，取决于可利用的设计实例样本。当需要仿真分析时，输入是结构或结构特点，输出是特性（性能）。采用神经网络作为基因转录算法的优点是算法具有学习能力，缺点是需要一定数量的样本群，且目前只能用于输入参数变化不大的情况。

具体步骤为：①构造神经网络；②用矩阵表达设计需求和输出特性；③用样本

训练网络;④用设计实例样本训练神经网络获得神经网络参数,并利用确定的神经网络计算,将设计需求作为输入,利用神经网络生成输出;⑤输出矢量处理;⑥最终获得转化后的参数阶段。

1) 构造神经网络

目前采用径向基神经网络逼近效果好。径向基神经网络构造见图 9.5。P 是输入矢量,R 是输入矢量 P 的维数,i 为第 i 层神经元,W^i 是权向量,b^i 是阈值,a^i 是输出层矢量,S^i 是第 i 层神经元个数,神经元传递函数采用高斯函数 $f=\mathrm{e}^{-x^2}$ 。

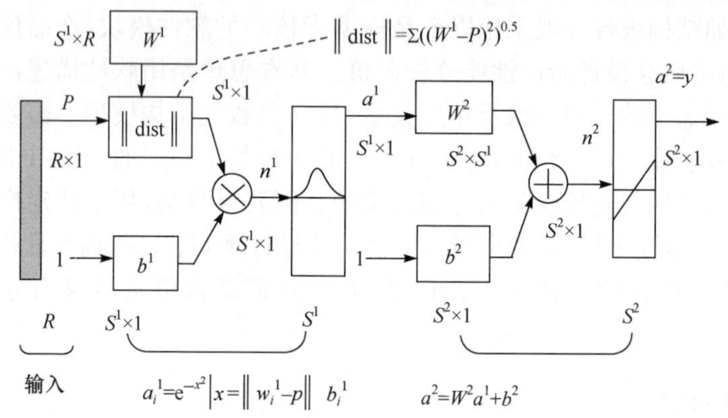

图 9.5 神经元网络构造

2) 设计参数表述

神经网络的输入矢量和输出矢量用矩阵表示。输入矢量可以是设计需求,输出矢量可以是特性。设计需求可以包括操作方式、驱动力或工作阻力、构型、连接形式、运动特点等,具体矩阵表达可由设计者自己制定。例如,第一行为操作模式,第二行为施力方式。其后各个矩阵元素表示两个部件的相对运动关系,如第 i 行第 j 个矩阵元素表示部件 i 和部件 j 之间的相对运动关系。依据自己的习惯规定每个矩阵元素的物理意义,一般采用细胞矩阵表达。

设计需求包括操作方式(自动或手动)、驱动力或阻力、期望的构型(如盒装、碗装等)、相互关系类型(如旋转、移动、啮合、螺纹连接等)、运动特点等。表 9.4a 为常用连接特性表达实例。

3) 选择训练样本

训练样本的选择取决于设计目标,一般选择一组功能相近的设计样本,在结构上差异程度不一,如果差异过大,存在不收敛可能性。不同类型设计分别分组训练,获得不同网络参数,用于不同类型设计,如水利机械、自动传送机等。每个样本用细胞矩阵表达,具体矩阵元素表达哪个变量取决于设计者自己的偏好。

表 9.4 为针对扫雪机储雪箱设计选择的一般操纵机构和元件常用连接及作用方式作为训练样本。表 9.4b 中矩阵第 i 行、j 列元素表示两个子结构 i、j 的特性联系。

表 9.4a　常用连接特性表达

序号	连接特性	序号	连接特性表达
1	r_{ij} =Static	7	r_{ij} =Clamp
2	r_{ij} =Rotation	8	r_{ij} =Fold
3	r_{ij} =Movement	9	r_{ji} =Scroll
4	r_{ij} =Complex	10	r_{ij} =Gear
5	r_{ij} =Screw	11	r_{ij} =Roll
6	r_{ij} =Zipper	12	r_{ij} =Coil

表 9.4b　常用连杆机构特性表达

序号	连接特性	结构
1	r_{ij} =[0 0 0 0 0 0 Static 0 0 0 0 0 0 Rotation 0 0 0 0 0 0 0 Rotation 0 0 0 0 Rotation 0 Rotation 0 0]	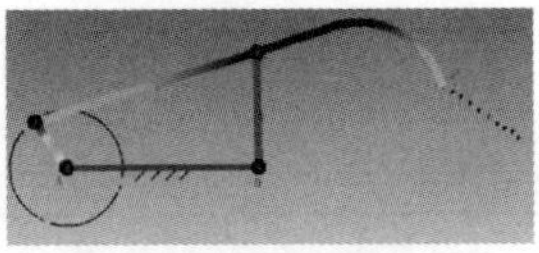
2	r_{ij} =[0 0 0 0 0 0 Static 0 0 0 0 0 0 Rotation 0 0 0 0 0 0 0 Rotation 0 0 0 0 Movement 0 Rotation 0 0]	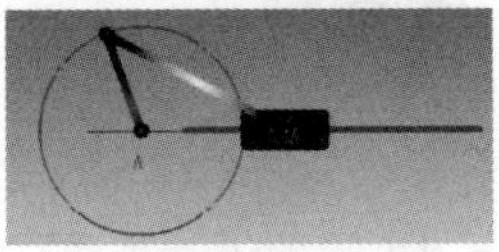
3	r_{ij} =[0 0 0 0 0 0 Static 0 0 0 0 0 0 Rotation 0 0 0 0 0 0 0 Rotation 0 0 0 0 Rotation 0 Movement 0 0]	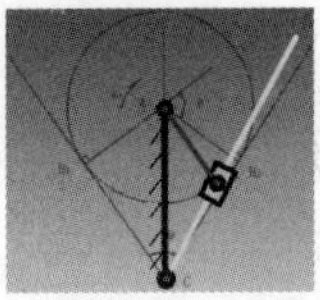
4	r_{ij} =[0 0 0 0 0 0 Static 0 0 0 0 0 0 Rotation 0 0 0 0 0 0 0 Rotation 0 0 0 Movement 0 0 Rotation 0 0]	
5	r_{ij} =[0 0 0 0 0 0 Static 0 0 0 0 0 0 Rotation 0 0 0 0 0 0 0 Movement 0 0 0 0 Rotation 0 Rotation 0 0]	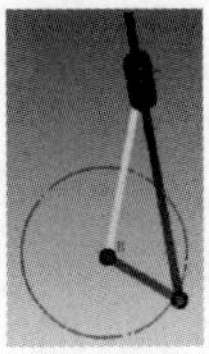

4）用样本训练神经网络

用选择的一组样本训练神经网络，获得网络参数。采用径向基网络学习设计实例样本。在训练过程中，神经元个数自动增加，直至模拟结果满足给定的均方差。采用一组设计实例作为训练样本获得神经网络，将多个设计实例的设计知识以神经网络参数的形式记录下来作为基因转录规则。采用表 9.5 的训练样本得到神经网络参数形式如下。其中，[]表示矩阵元素为空。

net. IW=[310×10 double]
[]

net. LW=[] []
[10×310 double] []

net. b=[310×1 double]
[10×1 double]

表 9.5 训练样本

 T_1=[0 0 0 0 0 0 0 Static 0 0 0 0 0 0 0 Rotation 0 0 0 0 0 0 Static 0 0 0 0 0 0 Movement 0 0 0 0 0 0 Static 0 0 0 0 0]	 T_5=[0 0 0 0 0 0 0 Static 0 0 0 0 0 0 0 Static 0 0 0 0 0 0 Static 0 0 0 0 0 0 Static 0 0 0 0 0 0 Rotation 0 0 0 0 0]	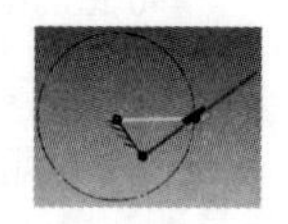 T_{17}=[0 0 0 0 0 0 0 Static 0 0 0 0 0 0 0 Rotation 0 0 0 0 0 0 0 Rotation 0 0 0 0 0 Rotation 0 Movement 0 0 0]
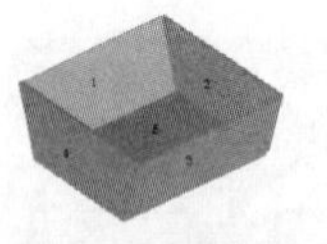 T_2=[0 0 0 0 0 0 0 Static 0 0 0 0 0 0 0 Static 0 0 0 0 0 0 Static 0 0 0 0 0 0 Static 0 0 0 0 0 0 Static 0 0 0 0 0]	T_6=[0 0 0 0 0 0 0 Static 0 0 0 0 0 0 0 Rotation 0 0 0 0 0 0 Static 0 0 0 0 0 0 Rotation 0 0 0 0 0 0 Rotation 0 0 0 0 0]	T_{18}=[0 0 0 0 0 0 0 Static 0 0 0 0 0 0 0 Rotation 0 0 0 0 0 0 0 Rotation 0 0 0 0 0 Rotation 0 Movement 0 0 0]

续表

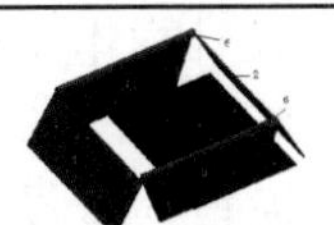 T_3=[0 0 0 0 0 0 0 Static 0 0 0 0 0 0 0 Rotation 0 0 0 0 0 0 Static 0 0 0 0 0 0 Rotation 0 0 0 0 0 0 Movement 0 0 0 0 0]	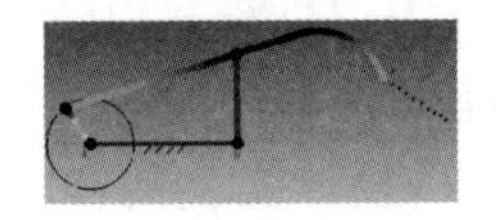 T_{15}=[0 0 0 0 0 0 0 Static 0 0 0 0 0 0 0 Rotation 0 0 0 0 0 0 0 Rotation 0 0 0 0 Rotation 0 Rotation 0 0 0 0]	 T_{19}=[0 0 0 0 0 0 0 Static 0 0 0 0 0 0 0 Rotation 0 0 0 0 0 0 0 Rotation 0 0 0 0 Movement 0 0 Rotation 0 0 0]
 T_4=[0 0 0 0 0 0 0 Static 0 0 0 0 0 0 0 Rotation 0 0 0 0 0]	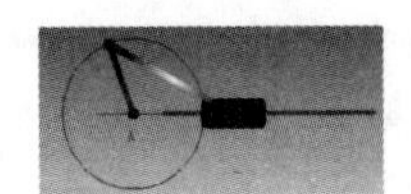 T_{16}=[0 0 0 0 0 0 0 Static 0 0 0 0 0 0 0 Rotation 0 0 0 0 0 0 0 Rotation 0 0 0 0 0 Movement 0 Rotation 0 0 0]	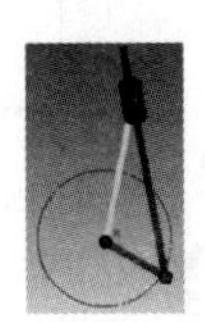 T_{20}=[0 0 0 0 0 0 0 Static 0 0 0 0 0 0 0 Rotation 0 0 0 0 0 0 0 Movement 0 0 0 0 0 Rotation 0 Rotation 0 0 0]

注：表中矩阵第 i 行、j 列元素表示子结构 i、j 的特性联系

神经网络参数为高维稀疏矩阵，如

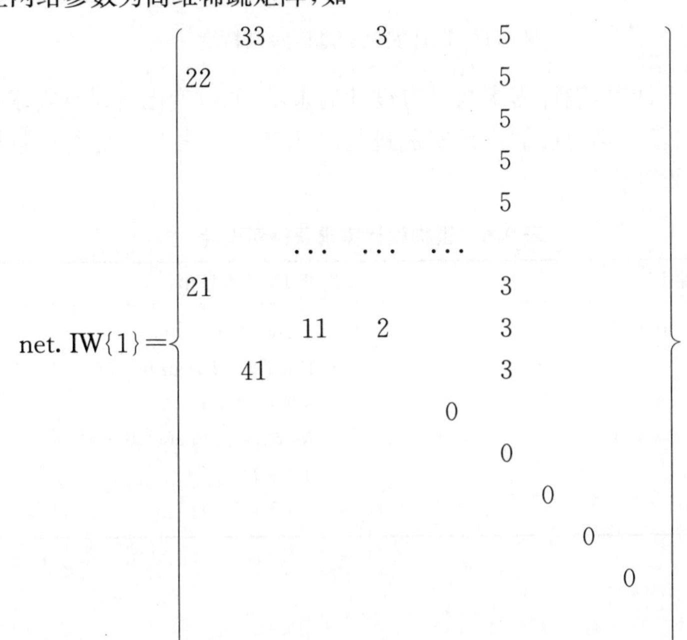

$$
\text{net. IW}\{1\}=\left\{\begin{array}{ccccccccc}
 & 33 & & 3 & & 5 & & & \\
22 & & & & & 5 & & & \\
 & & & & & 5 & & & \\
 & & & & & 5 & & & \\
 & & & & & 5 & & & \\
 & & \cdots & \cdots & \cdots & & & & \\
21 & & & & & 3 & & & \\
 & & 11 & 2 & & 3 & & & \\
 & 41 & & & & 3 & & & \\
 & & & & 0 & & & & \\
 & & & & & 0 & & & \\
 & & & & & & 0 & & \\
 & & & & & & & 0 & \\
 & & & & & & & & 0
\end{array}\right\}_{310\times 10}
$$

5) 用神经网络对设计需求进行基因转录

采用上述训练好的神经网络对设计需求进行基因转录。对设计样本基因转录的精度。图 9.6 为 10 个设计实例的基因转录精度,$|Y-T|>10^{-12}$,$Y_{310\times10}$是设计实例的神经网络输出矢量,$T_{310\times10}$是设计实例的样本特性阶段。从设计实例可以看出,对已有设计采用神经网络可以精确地对不同设计需求进行基因转录。

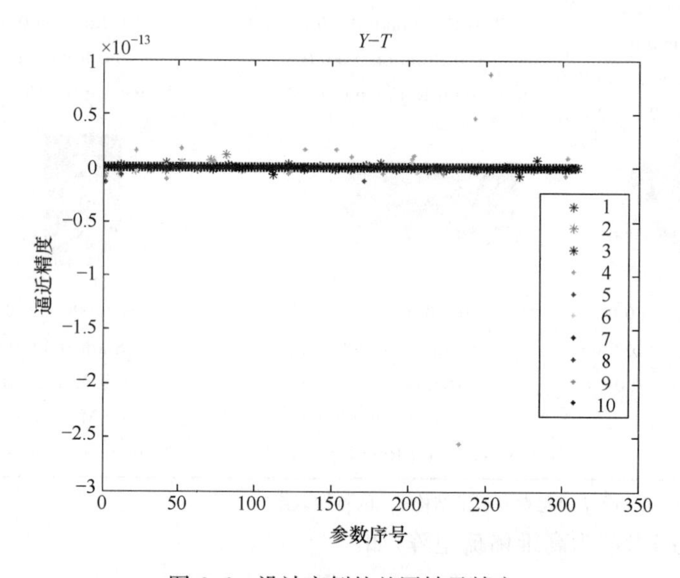

图 9.6 设计实例的基因转录精度

当进行新设计时,设计需求与已有设计需求不同,改变已有设计需求的某项特性,则神经网络基于学习过的设计实例进行基因转录。表 9.6 是通过重构设计需求矩阵元素获得新设计。

表 9.6 重构设计需求获得新设计

已有设计需求及输出	新的设计需求及输出
P_1=[0 Automat 0 0 0 0 0 Friction 0 0 0 0 0 0 0 0 0 0 0 0 0 Movement 0 0 0 0 0 0 0 0 0 0 0 0 0 5 5 5 5 5 0 0]	P_s=[0 Automat 0 0 0 0 0 Friction 0 Torque 0 0 0 0 0 0 0 0 0 0 0 Movement Rotation 0 0 0 0 0 0 0 0 0 0 0 0 5 5 5 5 5 0 0]

续表

已有设计需求及输出	新的设计需求及输出
T_1=[0 0 0 0 0 0 0 Static 0 0 0 0 0 0 0 Rotation 0 0 0 0 0 0 Static 0 0 0 0 0 0 Movement 0 0 0 0 0 0 Static 0 0 0 0 0] 	Y_r=[0 0 0 0 0 0 0 Static 0 0 0 0 0 0 0 Rotation0 0 0 0 0 0 Static0 0 0 0 0 0 Rotation 0 0 0 0 0 0 Rotation 0 0 0 0 0] 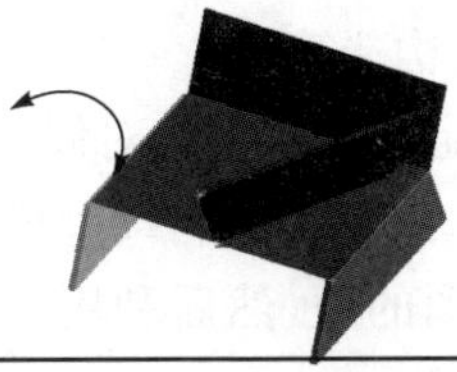

6）输出矢量处理

当神经网络参数确定之后，输入需要的设计需求，获得输出。输出矩阵需要进一步处理。将输出矩阵元素的数值转化为具有物理意义的字符串，并计算邻接矩阵以便绘图。

邻接矩阵表达特性联系。特性联系用完全关联矩阵(complete incidence matrix)表达。设图 $G(V,E)$ 具有 n 个顶点和 p 条边，如果顶点 i 和 j 存在连线，且箭头从 i 指向 j，则令 $c_{ij}=1$；如果箭头从 j 指向 i，则 $c_{ij}=-1$；如果没有连线，则 $c_{ij}=0$。则 $C=\{c_{ij}\}_{n\times p}$称为完全关联矩阵。设 cr、cw 表达是否存在物理和信号连接，则有

$$cr=\frac{\partial r}{\partial r_{ij}},\quad cw=\frac{\partial r}{\partial w_{ij}}$$

设矩阵 K_n 为

$$K_n=\begin{Bmatrix} 1 & & & & \\ & 2 & & & \\ & & 3 & & \\ & & & \ddots & \\ & & & & n \end{Bmatrix}$$

则获得子结构邻接矩阵 b 为

$$b=\begin{Bmatrix} br_{ij} \\ bw_{ij} \end{Bmatrix}$$

式中

$$br_{ij}=(cr_{ij}+cr_{ij}^{\mathrm{T}})\times K_n,\quad bw_{ij}=(cw_{ij}+cw_{ij}^{\mathrm{T}})\times K_n$$

7) 最终获得转化后的参数阶段

获得邻接矩阵后,用 graph 图显示输出矢量,并输出图形。

9.5.4 基于对偶理论的基因转录

采用图论对偶理论和博弈论可以将抽象特性转化为结构特征。用对偶图表示结构特征的优点是直观表达从抽象特征到具体结构的转化,缺点是只能转化参数表述,不能转化参数值,因此需要用其他方法转化参数值。将特性参数转化为结构特征参数的方法是建立特性和结构参数的博弈模型。对偶理论和博弈论有完整的数学描述,可以直接构造算法。

利用对偶图的定义直接构造对偶图算法,直观显示转化后的结构特征和子结构布局构型,见图 9.12。可以自动生成对偶图,也可以采用人机交互的方式,直接在屏幕上绘出对偶图的边,然后利用 Bspline 建立对偶图数学模型,并显示结果。具体参见作者文献[334]。

对偶图绘制方法基本步骤如下。

第 1 步:利用代码自动生成图表述子结构特性及相互联系。

第 2 步:直观检查图是否合适,可以通过界面手动修改子结构位置。

第 3 步:自动生成对偶图,采用最短边长(edge)为准则生成对偶图的边。或者利用鼠标指定对偶图的顶点(vertex)和边(edge),利用 MATLAB 函数 getcurve 获得 Bspline 曲线,用 MATLAB 函数 intersect 检查点和边(vertex 和 edge)是否有干涉。

第 4 步:标注对偶图的面(face)的子结构名称。

第 5 步:检查对偶图,必要时通过交互模式修改。

以除雪机概念设计为例。功能要求:除雪并能够储雪。设计过程如下。

1) 功能阶段

将功能分解为参考体 F_1、支撑体 F_2、雪铲 F_3、储雪箱 F_4。

$$\text{Function}=\{F_i\},\qquad i=1,2,\cdots,4$$

2) 代理阶段

将功能用物理特性描述,并用图表达,见图 9.7。

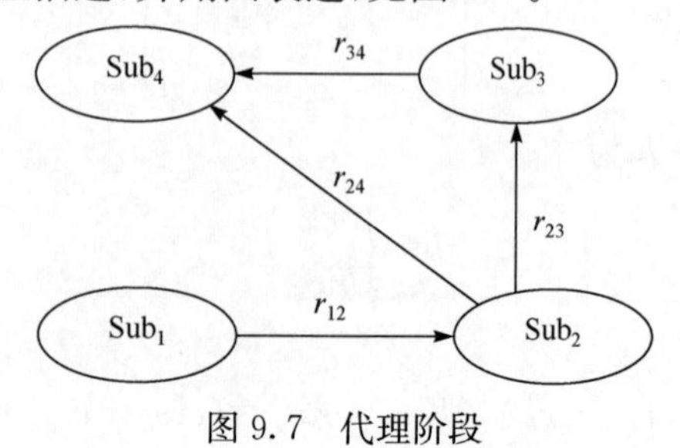

图 9.7 代理阶段

$$G(V,E)|V=\{v,\text{Property}\},\quad E=\{e,R\}$$

$$V=\{[1\quad 2\quad 3\quad 4]^{\mathrm{T}},[p_1\quad p_2\quad p_3\quad p_4]^{\mathrm{T}}\}$$

$$\text{Property}=\begin{Bmatrix}p_1\\p_2\\p_3\\p_4\end{Bmatrix}=\begin{Bmatrix}-\\k_2\\k_3\\k_4\end{Bmatrix}$$

$$E=\{[e_1(1,2)\quad e_2(2,3)\quad e_3(3,4)\quad e_4(2,4)]^{\mathrm{T}},R\}$$

$$R=\begin{bmatrix}r_{12}(\text{Movement},F,v_e,0) & 0\\ r_{23}(\text{Rotation},T,\omega,0) & 0\\ r_{34}(\text{Transfer},F,v_e,0) & 0\\ r_{24}(\text{Compound},F,v_e,0) & 0\end{bmatrix}$$

子结构特性为刚度 k(代码中符号为 Prigid),参考体特性为空。子结构之间相互关系分别为:支撑体即车体与参考体之间关系为相对移动"Movement",线速度 v_e,传递力 F;雪铲相对车体旋转 "Rotation",作用力矩 T,相对转速 ω;雪铲相对储雪箱的运动为传送 "Transfer" ,线速度 v_e,传递力 F;储雪箱相对参考体的运动方式为复合运动 "Compound",线速度 v_e,传递力 F。在代理(Surrogate)模型阶段,仅需要用符号表达特性,不需要具体特性值。

特性及特性关系矩阵表示为

Property{1}=[0 0 0 0]; Property{2}(1)=Prigid

Property{3}=Prigid; Property{4}(1)=Prigid

r_{ij} {1,2}=[Movement Force v_e 0]

r_{ij} {3,4}=[Transfer Force v_e 0]

r_{ij} {2,4}=[Compound Force v_e 0]

r_{ij} {2,3}=[Rotation Force ω 0]

3) 特性阶段

通过诱导获得特性阶段,这个过程由计算机代码实现,输入为代理阶段,输出为特性阶段矩阵表达及图(graph)表达,见图 9.8。

$$V=\{i,p_i\},\quad i=0,1,\cdots,10,\quad E=\{e,R\}$$

$$e=\{[e_1(1,6)\quad e_2(6,2)\quad e_3(2,5)\quad \cdots]^{\mathrm{T}},R\}$$

$$p=\text{Property}=\begin{Bmatrix}-\\k_1\\k_2\\k_3\\\cdots\end{Bmatrix},\quad R=\begin{Bmatrix}r_{16}(0,F,ve,0)\\r_{62}(0,F,0,0)\\r_{25}(0,F,\omega,0)\\\cdots\end{Bmatrix}$$

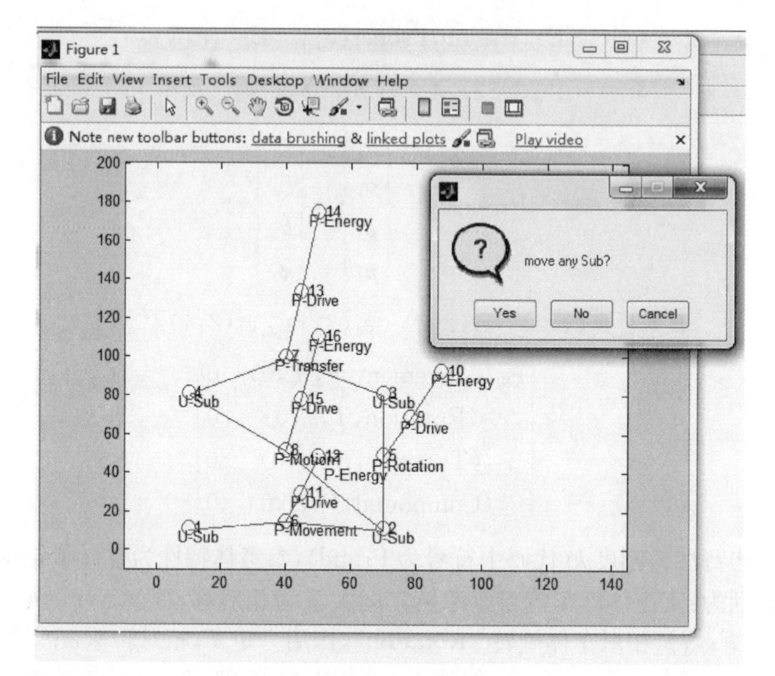

(a) 特性阶段

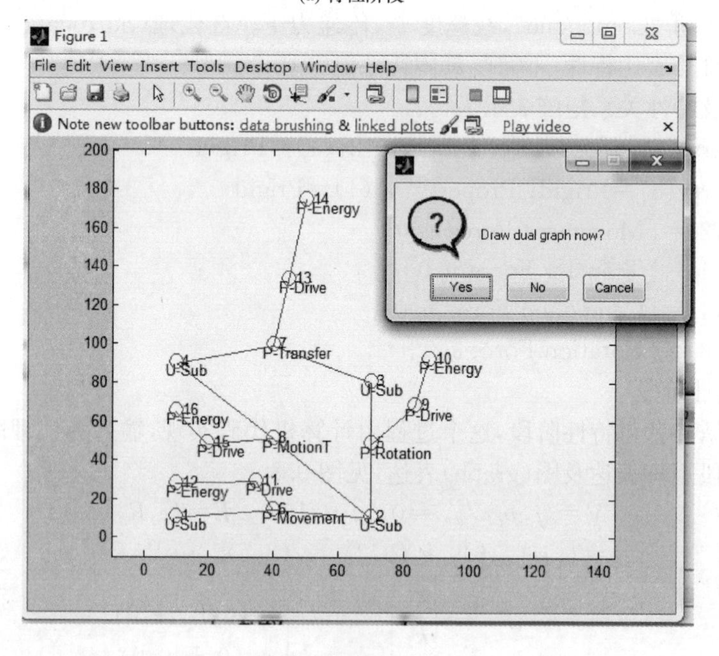

(b) 修正特性阶段

图 9.8　特性阶段图表达

4）特征阶段

通过基因转录获得特征阶段，采用对偶转换作为特征表达的基因转录算法。

$$G=(V^*\,|V^*=\{v,X\},E^*\,|E^*=\{e,L\},f^*\,|f^*=\{f,S\})$$

$$V^*=[v_1^* \quad v_2^*]^{\mathrm{T}},[X_1^* \quad X_2^*]^{\mathrm{T}}\}$$

$$X^*=\begin{Bmatrix} X_{11} & - \\ X_{12} & X_{22} \\ X_{13} & - \\ X_{14} & X_{24} \\ \cdots & \cdots \end{Bmatrix},\quad E^*=\begin{Bmatrix} e_1(1,6) & L_1 \\ e_2(11,12) & L_2 \\ e_3(12,6) & L_3 \\ e_4(6,2) & L_4 \\ \cdots & \cdots \end{Bmatrix},\quad f^*=\begin{Bmatrix} 1 & S_1 \\ 2 & S_2 \\ 3 & S_3 \\ 4 & S_4 \\ \cdots & \cdots \end{Bmatrix}$$

获得对偶图见图 9.9(a)；修正对偶图，修正原则为边长较短，见图 9.9(b)。

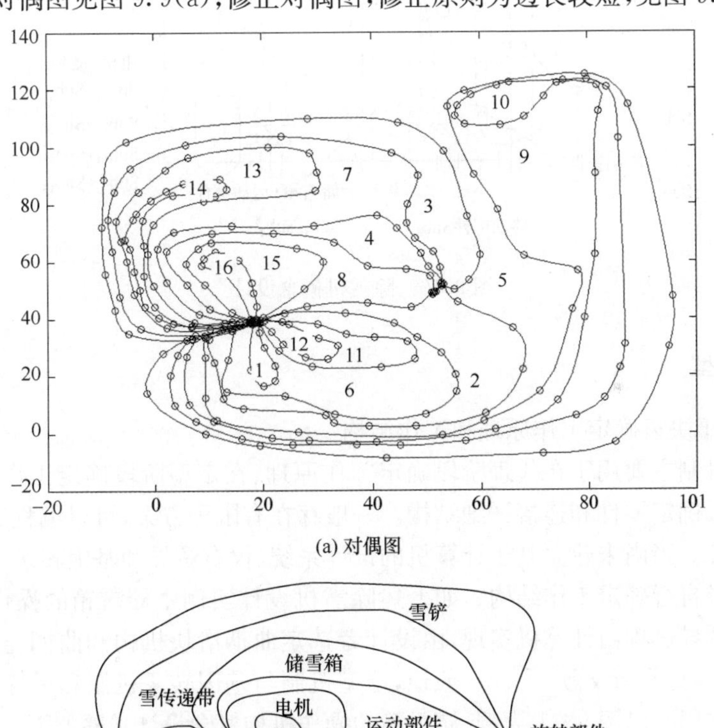

(a) 对偶图

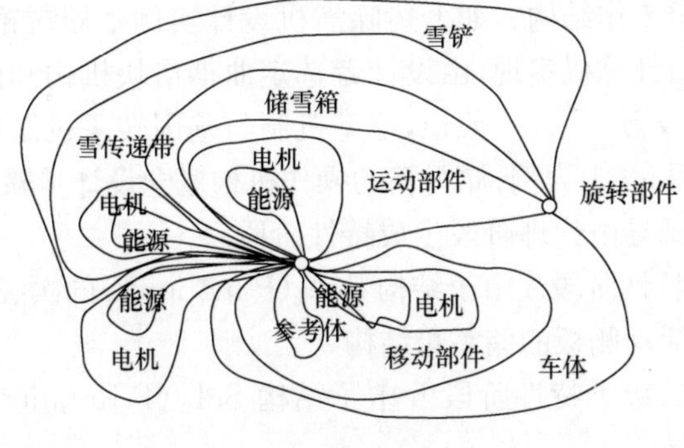

(b) 修正对偶图

图 9.9　对偶转换

5）初始布局

依据对偶图获得初始布局，这个过程需要基因转录和定型两种机制。对偶图中的每一条边表示连接关系。例如，雪铲—雪传送带—储雪箱—运动部件—车体—移动部件—参考体（地面），车体—旋转部件—雪铲，雪传送带—电机—能源，运动部件—电机—能源，移动部件—电机—能源，由对偶图可获得除雪机概念设计，见图 9.10。

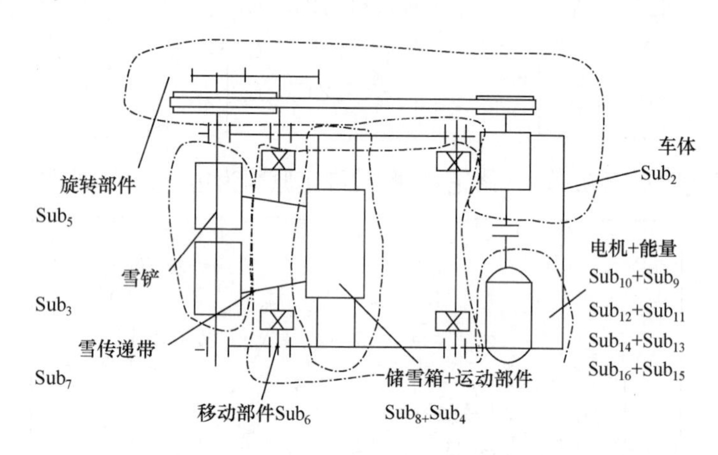

图 9.10　除雪机概念设计

9.5.5　定型

1）基于决策确定工作原理和工作结构

定型机制主要用于在代理阶段确定工作原理、在定型阶段确定工作结构以及在参数阶段确定零件和连接详细结构。一般存在有限种方案，可以编程实现，也可以人工决策。当尚未建立基于计算机的设计系统、仅有诱导和基因转录等模块时，可由设计者自行确定工作结构。如上述除雪机设计实例中储雪箱的操作机构，特性阶段的诱导过程由计算机实现，由设计者选定曲柄滑块机构和曲柄连杆机构为工作结构，参见作者文献[335]。一般地，定型机制与基因转录机制和诱导机制反复迭代共同作用。以图 9.11 为例，储雪箱的操作机构概念设计步骤如下。

(a) 诱导：通过诱导由代理阶段生成特性阶段。

(b) 次级诱导：特性阶段 a 中子结构 Sub_8（P-motionT）的次级诱导。

(c) 定型：具有活动侧板的储雪箱结构。

(d) 次级诱导：二级子特性阶段 b 中子结构 Sub_5（P-Rotation）和 Sub_6（P- P-Rotation）的次级诱导。

(e) 次级诱导：二级子特性阶段 b 中子结构 Sub_7（P-movement）的次级诱导。

(f) 基因转录和定型：三级子特性阶段 e 通过基因转录为凸轮机构和曲柄滑

块机构，定型为曲柄滑块机构。

(g) 基因转录和定型：三级子特性阶段 d 基因转录为四杆机构，定型为曲柄摇杆机构。

(h) 定型：将曲柄滑块机构和曲柄摇杆机构合并为串联机构。

(i) 分析和评价：连杆机构运动模拟。

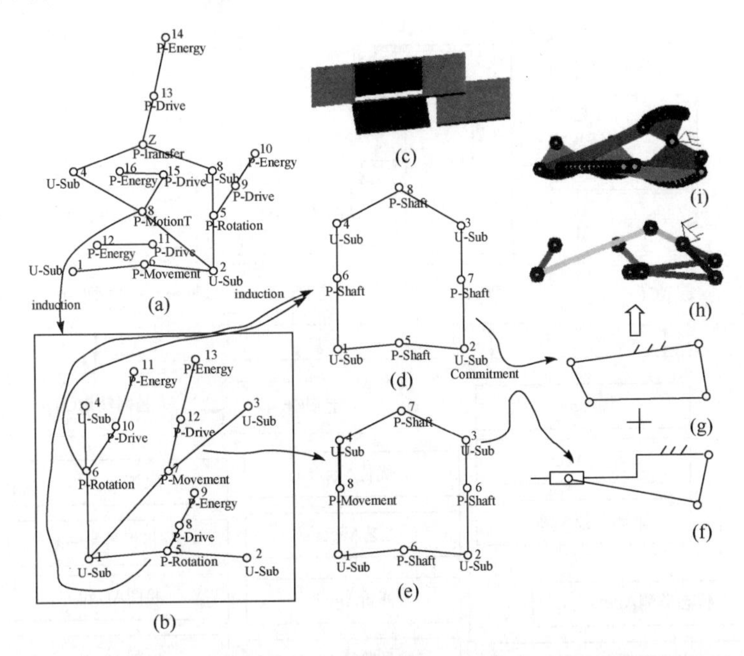

图 9.11　通过诱导、基因转录、定型共同作用生成储雪箱操纵结构概念设计

上述例子在于演示算法的应用。虽然对有经验的设计者而言，可直接绘出草图，但是上述算法提供了系统设计方法，即可实现重复设计的自动化，也可为创新设计提供参考。各个算法可编成独立的模块使用，随着设计实例的增加，基因转录规则、诱导规则、定型规则逐步完善，将设计经验和设计知识转化为算法。

2) 基于博弈的定型

博弈模型用来将特性值转化为结构特征值。构造博弈模型步骤如下。

第 1 步：建立效用函数或博弈矩阵；

第 2 步：对效用函数求偏导，并联立求解获得最佳效用的参数值，或求博弈矩阵纳什均衡。

建立博弈模型的主要问题是：求纳什均衡需要完全信息，而在概念设计阶段通常不具备完全信息。解决方法有两种途径：其一是部分参数由人工决策；其二是应用 KBE 技术通过分析、计算和仿真提供可能选项的预期行为评价。

3) 基于 Agent 的定型

当需要实现自动或半自动设计时,通过代理(Agent)实现定型机制。Agent 通过人机交互获得不确定参数的取值或取值范围。Agent 系统设计采用工程设计和软件设计相结合的方法,参见作者文献[336]。图 9.12 为 Agent 任务。

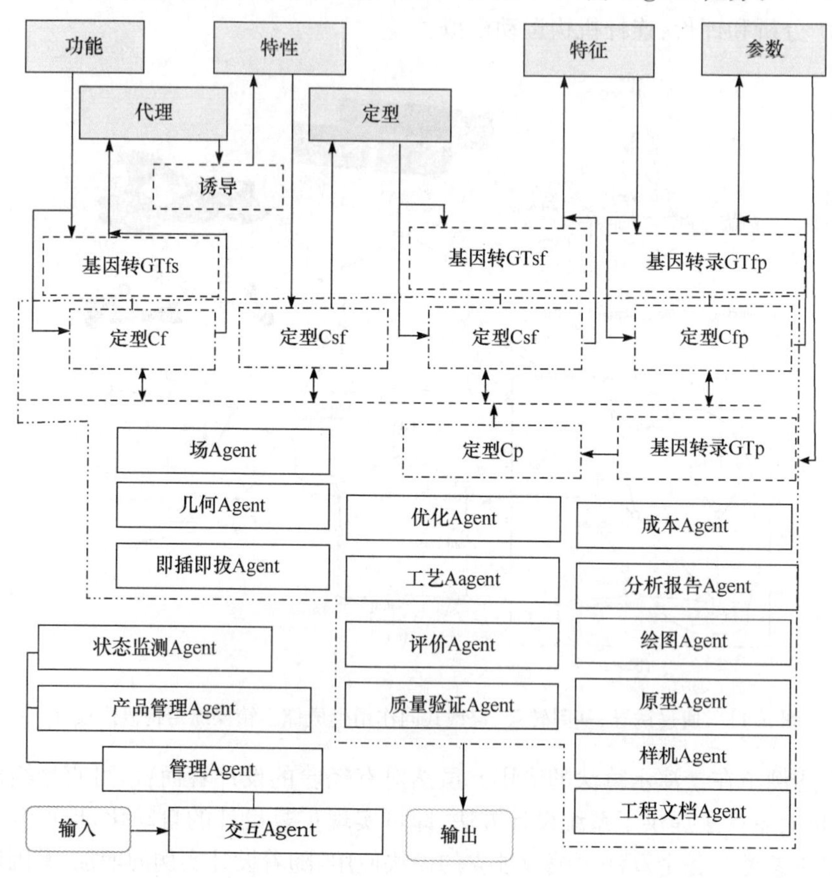

图 9.12　Agent 任务

9.6　设计过程宏观变量

设计中的关键变量是决定结构形式的参数,在协同学中称为控制参量和序参量。在第 4 章讨论了序参量的概念,本节进一步引进控制参量的概念,以便更加准确地描述系统的宏观状态。在结构发展过程中,不断涌现新的特性,如在前边讨论的通过诱导生成新的子结构特性和特性关系。这些新特性不仅与子系统特性及其相互关系有关,也与外界环境有关,如与输入、输出能量、物质和信息等有关,这些变量称为控制参量。控制参量变化将导致原有结构失去稳态、趋于新的稳态。哈肯以固态激光器举例，光波是序参量而能源是控制参量，另一个例子是公司，在此资本是控制参量而获取利润是序参量。

在设计中引入控制参量和序参量可以揭示产品的本质特性，并提炼设计原理；在自动设计或半自动设计中引入控制参量和序参量可以提高软件模块的重用程度。在发育设计框架下，依据特性关系可以确定哪些参数是序参量，依据设计需求确定哪些参数是控制参量，参见作者文献[337]。一般地，序参量是表达特性关系的参数，控制参量由设计需求所确定。子结构的控制参量可以成为上一层系统的序参量，反之亦然。例如，当采用化学气相沉积工艺沉积薄膜时，对薄膜形成而言，温度和腔室压力是序参量，而电源功率是控制参量。但是在腔室结构形成过程中，可以认为腔室温度和压力是控制参量而电极距离是序参量，因为这个参数是影响均匀性和沉积速率的主要参数。

以凸轮机构为例说明引入序参量和控制参量的意义。在凸轮机构设计中，不同推杆类型的盘形凸轮机构和圆柱凸轮机构的相互运动是通过旋转实现的，相互运动的位移曲线决定了凸轮轮廓形状。目前凸轮廓线设计方法是基于反转法，且对不同类型凸轮机构需要建立不同的方程。在发育设计框架下，当将推杆位置时间延迟 t_i 作为序参量(与凸轮旋转角度 δ_i 对应)、将凸轮旋转中心或轴线作为控制参量时，各种凸轮机构的凸轮廓线可以由三个参数确定：推杆尖端实际位置点序列 $P(x,y)$、凸轮回转角度序列 δ_i 以及回转中心。以回转中心(点或线)为旋转中心，顺序将 $P_i(x,y)$ 旋转 δ_i 即得到凸轮廓线 $P'(x,y)$。结果见图 9.13。

$$P(x,y)=\begin{bmatrix} x_1 & y_1 \\ x_2 & y_2 \\ \vdots & \vdots \\ x_n & y_n \end{bmatrix},\quad T_R=\begin{bmatrix} \cos\delta_i & \sin\delta_i \\ -\sin\delta_i & \cos\delta_i \end{bmatrix},\quad P'(x,y)=P(x,y)T_R$$

方法适用于直动推杆盘形凸轮机构、摆动推杆盘形凸轮机构以及圆柱凸轮机构，参见作者文献[338]。类似方法可以用于已知连杆、连架杆设计连杆机构。

特性关系不同则结构不同，如表 9.7 中机构都是由三个构件组成的，但是特性关系不同，因此工作原理和结构均不相同。表中 r_{ij} 矩阵元素表达两个子结构特性关系，如相对关系为旋转、移动、啮合、施力等；w_{ij} 矩阵元素表达两个子结构之间传递的信号，如位移、速度、电压等；mark_{ij} 细胞矩阵第一行矩阵和第二行矩阵分别表达子结构的邻接子结构序号；Property 矩阵表达子结构行为特性，如刚度、速度、温度等。对创新设计，必须改变序参量或控制参量或同时改变二者。表 9.8 中三个代理阶段具有相同的特性，但是特性关系不同，因此通过诱导产生不同的特性阶段，表 9.9 中控制参量不同，因此特性关系不同，从而结构不同。

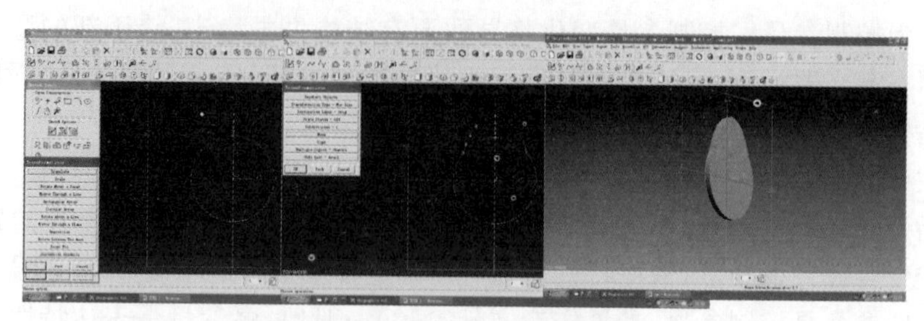

(a) 生成直动凸轮机构凸轮廓线

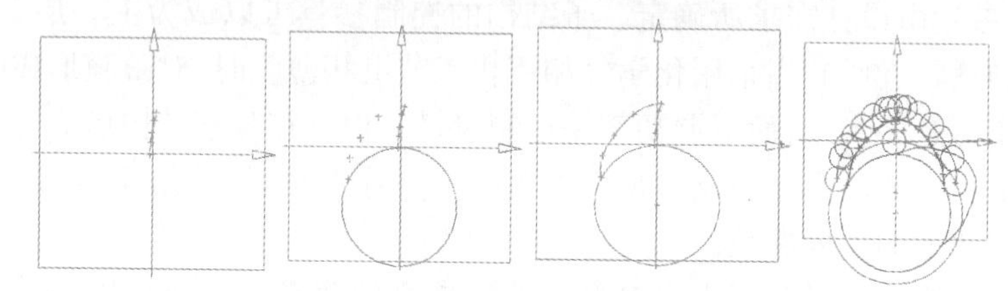

(b) 生成摆动凸轮机构凸轮廓线

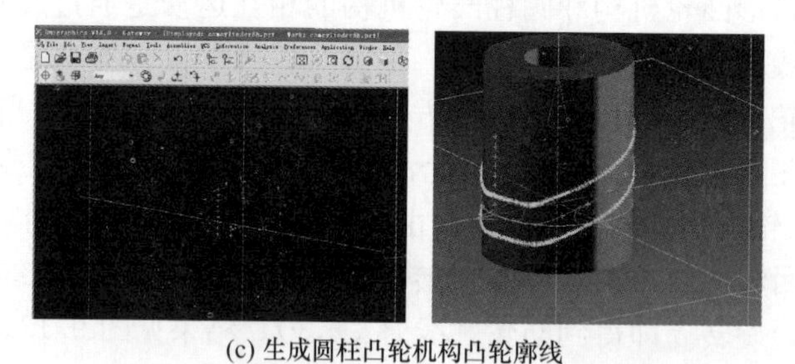

(c) 生成圆柱凸轮机构凸轮廓线

图 9.13　通过旋转获得不同类型凸轮廓线

表 9.7　不同特性关系则实现特性关系的结构不同

序号	结构	特性关系
1		r_{ij}=[0 0 0 0 0 0 Static 0 0 0 0 0 0 Rotation 0 0 0 0 0 0 Movement Movement 0 0 0]
2		r_{ij}=[0 0 0 0 0 0 Static 0 0 0 0 0 0 Rotation 0 0 0 0 0 0 Rotation Movement 0 0 0]

续表

序号	结构	特性关系
3		r_{ij} =[0 0 0 0 0 0 Static 0 0 0 0 0 0 Movement 0 0 0 0 0 0 Movement Movement 0 0 0]
4		r_{ij} =[0 0 0 0 0 0 Static 0 0 0 0 0 0 Rotation 0 0 0 0 0 0 Rotation Gear 0 0 0]

表 9.8　特性关系不同的代理阶段生成不同特性阶段

序号	输入(代理阶段)	输出(由计算机生成特性阶段)
1	Sub(1:3)=[1 1 1] r_{ij} {1,2}=[Static Force 0 0] r_{ij} {2,3}=[Static Force 0 0] W_{ij} {2,2}=[uDisplace 0 0 0 0] $mark_{ij}$ {1}={[0 0];[0 2 0 0]} $mark_{ij}$ {2}={[2 2];[1 3 0 0]} $mark_{ij}$ {3}={[0 0];[2 0 0 0]} Property{1}=[0 0 0 0] Property{2}=[Prigid 0 0 0] Property{3}=[Prigid 0 0 0]	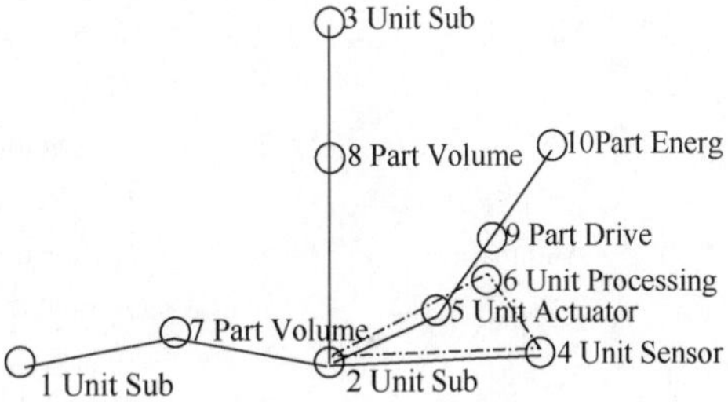 3 Unit Sub 8 Part Volume 10Part Energ 9 Part Drive 6 Unit Processing 5 Unit Actuator 7 Part Volume 4 Unit Sensor 1 Unit Sub 2 Unit Sub
2	Sub(1:3)=[1 1 1] r_{ij} {1,2}=[Static Force 0 0] r_{ij} {2,3}=[Static Force 0 0] $mark_{ij}$ {1}={[0 0];[0 2 0 0]} $mark_{ij}$ {2}={[0 0];[1 3 0 0]} $mark_{ij}$ {3}={[0 0];[2 0 0 0]} Property{1}=[0 0 0 0] Property{2}=[Prigid 0 0 0] Property{3}=[Prigid 0 0 0]	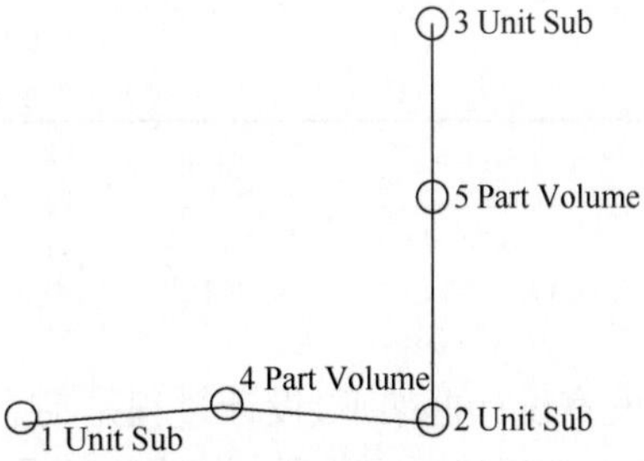 3 Unit Sub 5 Part Volume 4 Part Volume 1 Unit Sub 2 Unit Sub

续表

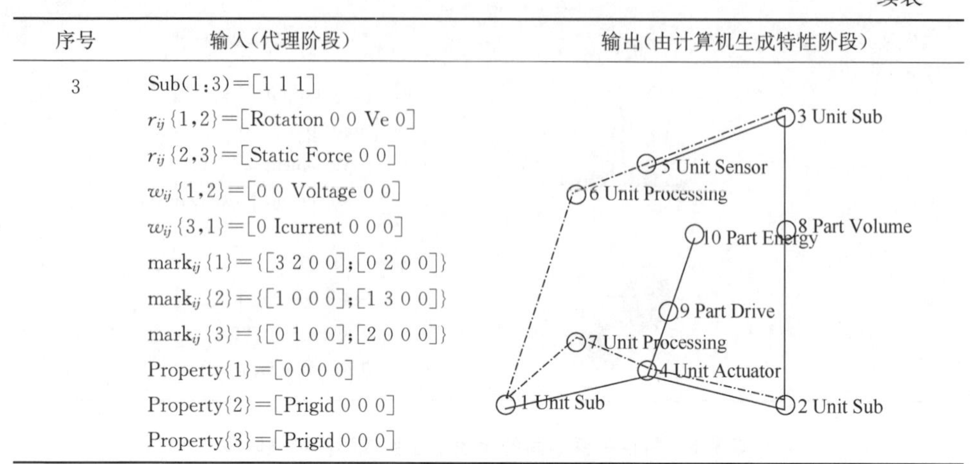

序号	输入(代理阶段)	输出(由计算机生成特性阶段)
3	Sub(1:3)=[1 1 1] r_{ij}{1,2}=[Rotation 0 0 Ve 0] r_{ij}{2,3}=[Static Force 0 0] w_{ij}{1,2}=[0 0 Voltage 0 0] w_{ij}{3,1}=[0 Icurrent 0 0 0] mark_{ij}{1}={[3 2 0 0];[0 2 0 0]} mark_{ij}{2}={[1 0 0 0];[1 3 0 0]} mark_{ij}{3}={[0 1 0 0];[2 0 0 0]} Property{1}=[0 0 0 0] Property{2}=[Prigid 0 0 0] Property{3}=[Prigid 0 0 0]	

表 9.9　控制参量不同结构不同

序号	操作方式	参量	结构
1	Manual	Water Tap r_{ij}=[0 0 0 0 0 0 Static 0 0 0 0 0 Rotation Screw 0 0 0 0]	
2	Automatic Sensor	Sensor tap r_{ij}=[0 0 0 0 0 0 Static 0 0 0 0 0 0 Rotation 0 0 0 0] w_{ij}=[0 0 0 0 0 0 0 0 0 0 0 0 0 0 0 0 0 0 0 0 Voltage 0 0 0]	

9.7　设计过程控制

在发育设计框架下,设计过程是动态的,系统组成是动态的,系统状态是动态的,设计者的思维是动态的,设计活动顺序是动态的,并具有一定程度随机性。因此,设计过程是一个由设计对象、设计者以及环境(如计算机支持环境)组成的动态系统,可建立系统状态方程。系统有六个状态,分别由前述论述的六个阶段表征,即功能、代理、特性、定型、特征和参数。系统传递函数由三个发育机制实现:基因转录、诱导、定型。系统测量函数和反馈控制由评价和分析组成,其中分析和评价建模以及计算也可由三种发育机制实现。动态系统描述如下。

设计过程状态方程为

$$x_{t+1}=a(x_t)+\omega_t$$

式中，t 为离散时间；$a(\cdot)$为传递函数；ω_t 为动态干扰，是由于不确定性导致的扰动；x_t为当前状态，包括材料、几何、运动、相互关系以及描述对象的其他属性，并包括设计者的。状态参数随着设计进程变化。

评价和分析是对系统状态的测量和监测。测量函数为

$$y_{t+1}=b(x_t)+v_t$$

式中，y_t 为时刻 t 的测量，是对象行为和评价指标，通过计算、分析和仿真获得；v_t 为测量干扰，是由计算精度导致的扰动。

传递函数 $a(\cdot)$ 将当前状态转换为下一个状态；测量函数 $b(\cdot)$ 为一组计算行为和性能的方程或分析工具。

发育设计过程可用动态系统控制框图描述，见图 9.14。参见作者文献[339]。

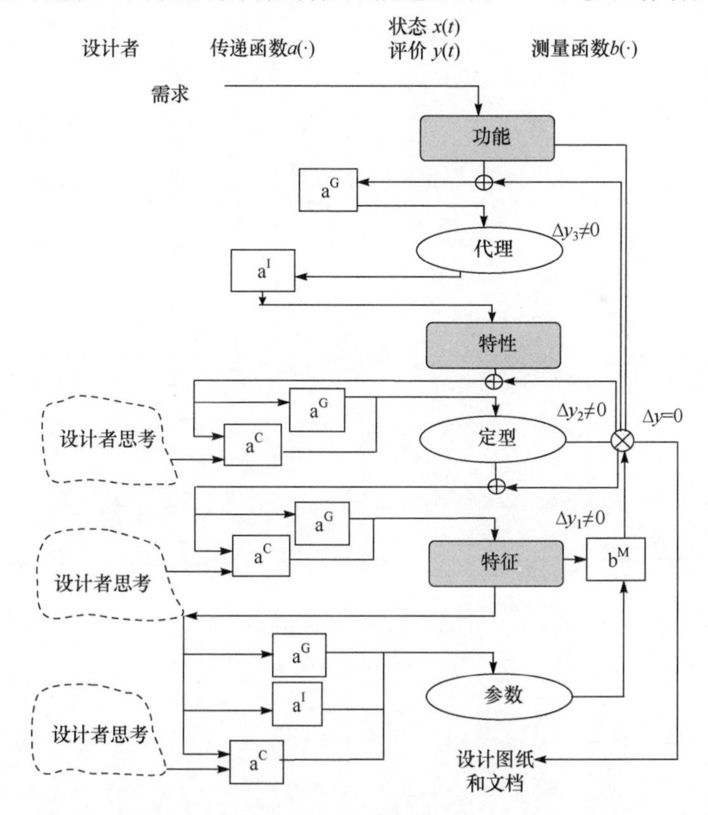

图 9.14　设计过程

a^G 为基因转录(方程、规则)；a^I 为诱导(基于规则的推理)；a^C 为定型(决策)；b^M 为测量、分析；

$\Delta y_1=\text{Parameter}^S-\text{Parameter}^F$；$\Delta y_2=B^E-B^S=\text{Property}^E-\text{Property}^S$；$\Delta y_3=\text{Function}^S-\text{Function}^E$

9.8 总　结

本章在前面各章的基础上,系统阐述发育设计理论和算法框架以及系统描述,包括设计属性、设计空间、数学模型、发育过程、发育机制、设计过程宏观变量及设计过程控制。设计研究需要考察在不确定的、动态的环境下功能结构的内在联系和规律,六阶段生长型设计模型应用生物发育的观点描述设计过程及设计规律,将现有的FBS功能—特性—结构的静态设计模型发展为动态设计模型,将功能分解、物理效应及功能器官等设计方法和设计步骤归纳和分类,采用生物发育观点提炼出六个设计空间状态及三个状态转化算法,采用数学观点描述设计过程,采用序参量和控制参量描述结构演变的内在规律,采用动态系统理论描述设计空间的转化和控制。

第 10 章　总结与展望

10.1　总　　结

一种理论是对一类现象的解释和归纳。设计理论是对产品或系统何以如是的解释,是对其过程的归纳。设计研究与自然科学研究不同之处在于设计研究对象不是探究自然现象而是探究人为现象,因此不仅需要自然科学知识和工程知识,还需要思辨。本书从哲学、协同学、发育生物学多种视角探究设计过程并对其进行归纳,提出一种新的设计理论和算法:发育设计。发育设计用发育生物学概念描述设计概念生长和转化过程,更加精确地描述功能与结构匹配关系和匹配过程,并为自治设计和自治产品建立理论基础和方法框架。

首先,研究设计问题属性,将设计定位为"创制科学",提出生长型设计宏框架;其次,将设计过程视为生长系统,借助考察生物胚胎发育规律,提炼生长型设计的基本要素,提出六个阶段组成的生长型设计模型;在此基础上进一步讨论每个阶段的基本内容、演变依据和数学表述,用矩阵、图论、诱导规则、神经网络、博弈论等表述各个阶段设计概念及其生长演变过程;最后,基于生长型设计模型,提出了小卫星振动、姿态集成结构系统的生长型设计框架和实例。

本书特色主要表现在将设计过程本身视为生长系统,从设计的哲学、胚胎发育模式、数学描述等不同视角描述设计概念的生长过程和演变依据,建立了生长型设计模型。具体可归纳为三个论点和一个模型。三个论点为:第一,设计可归类于创制科学;第二,用生物胚胎发育过程及发育机制描述人工制品结构设计过程;第三,特性以及特性关系是人工制品设计的序参量。提出的一个模型是指六阶段生长型设计模型。其组成为:功能阶段—代理阶段—特性阶段—定型阶段—特征阶段—参数化阶段,以描述不同抽象层次的设计概念的传递和转换过程。信号连接特性可由神经网络实现。本书依据生物神经传递通路提出两种基本控制模式:反射弧模型(1-1-1 结构)和 4 回路(大脑皮质回路、基底核回路、丘脑回路、小脑回路)运动控制模型。

发育设计主要特点:①概括性和解释性,可解释现有的设计模型;②渐进性,描述了从功能到结构的演变过程;③设计阶段边界明确,任务明确,便于多学科信息传递和交叉设计;④控制和结构同步设计,便于自治设计和自治产品设计;⑤设计表述采用矩阵和图论,简洁、易于推导,便于实现计算机辅助设计。

10.2 研究概述

探索功能和结构匹配的依据和规律是设计的核心问题。目前设计研究主要集中在设计过程中各个节点,如决策、优化等。在系统层次的研究主要集中在设计模型的研究,其中最有影响的模型是功能—行为—结构模型。

本书从多种视角研究功能到结构的演变过程和依据,提出一种表达设计概念生长和演变过程的生长型设计模型,称为发育设计。发育设计描述功能—结构演变过程,并具有一定程度的自治能力。发育过程可表述为:功能阶段→代理阶段→特性阶段→量化模型→特征阶段→参数化阶段。用矩阵、图论完备表述各个阶段设计信息,用自然定律、诱导规则、博弈论、优化理论建立各个阶段的映射关系。模型应用于小卫星结构系统设计,验证了模型的有效性。

本书研究意义在于将设计过程视为生长系统建立了渐进、有序、规范的生长型设计模式,比现有模型更加精确地描述功能与结构的匹配关系,有利于自治设计和自治产品设计。

主要研究成果可归纳为以下几点。

1) 基于科学分类和胚胎发育模式提出生长型设计基本要素和宏框架

依据亚里士多德科学分类,设计可定位为"创制科学"。作为创制科学,设计过程应该是内生渐进的,设计方法学应该是归纳的,其描述应该具备如下特点:可形式化、可传授、可数学描述、可规则导向、可分析。

内生渐进的过程是一个生长型模型,而生物发育过程是典型的生长型模型。依据协同学,物理系统与生物系统具有相似性。因此,发育生物学为生长型设计提供了可以借鉴的描述框架。生物胚胎发育的基本要素为基因、基因转录、细胞定型、分化诱导;产生突变的基本要素是转决定。另一方面,人工制品的二重性、设计的三重性和渐进性、设计问题的决策属性使得设计问题描述具有与生物系统不同的独特性。将上述因素纳入一个有序的规范模式则构成一个生长型设计模型。

2) 用六个阶段描述功能—结构渐进演变和转化的过程

生长过程可表述为:功能阶段→代理阶段→特性阶段→定型阶段→特征阶段→参数化阶段。功能阶段描述系统的功能;代理阶段描述未来结构期望特性;特性阶段定性描述系统基本组成;定型阶段是对特性诠释和赋值;特征阶段将特性转化为结构构型和材料特征参数;参数化阶段是物理实现的量化描述。其中功能阶段→代理阶段是主观意图→客观特性转化;定型阶段→特征阶段是抽象特性→具体特性→结构特征转变。

模型的前三个阶段即从功能到特性阶段具有一定程度的发育自治性,本书定义为胚胎设计,其主要发育机制为诱导。后三个阶段即量化模型和特征阶段以及参数化模型的演变依据和手段为物理效应选择、计算分析、效用、决策、优化等。代理阶段演变为特性阶段的支配因素是特性联系，因此，特性连接即为序参量。序参量支配结构发展状态，序参量即从功能到结构映射的桥梁，是自治设计和自治系统的关键变量。创造性设计和创新设计起源于序参量的变化。

3）用规范模式解释功能—结构匹配依据

作为创制科学，设计核心问题是探索功能—结构匹配原理和规则。生长型模型解释了功能—结构演变的原因，并用规范模式提炼了各个演变阶段的主要特性，具有概括性和抽象性。六个阶段概念抽象层次逐渐降低。每一层次的特性只取决于上一层次的简单的抽象特征，形成清晰完整的传递链。模型描述了主观到客观、抽象到具体两个转折阶段的转化依据和转换方法，并能够容纳创造性思考。

4）用矩阵和图建立了生长模型的数学描述框架

特性矩阵作为权构成图可传递到量化模型，通过对偶关系转化为结构特征，再基于领域知识经过优化具体化为详细参数。模型各个阶段可传递、可形式化、可数学表述、可规则导向，并可作为进一步数学分析的基础。

5）基于生物神经传递通路建立神经网络模型实现信号传递和处理

信号特性联系可由神经网络实现。本书依据生物神经传递通路提出两种网络模型：反射弧模型（1-1-1 结构）和 4 回路（丘脑回路、大脑皮质回路、基底核回路、小脑回路）运动控制模型。小卫星结构系统控制实例表明，本书提出的控制网络可以有效地逼近多种控制律。

6）小卫星结构系统生长型设计实例

基于发育设计生长模型，提出小卫星结构系统生长型设计框架，完成了多功能集成结构的特征阶段的主要参数设计，包括结构构型参数、材料特征参数、控制网络参数。通过实例验证了以下两点：发育设计将多学科设计置于规范有序的模式进行；模型提供了设计信息公共表达平台，易于操作和计算机实现。

10.3　本书特点

本书主要特点表现在将设计过程视为一个生长系统，从设计的哲学、胚胎发育模式、数学描述等不同视角描述设计概念的生长过程和演变依据，建立了生长型设计模型。具体体现在以下几点。

（1）系统研究设计属性，将设计定位为“创制科学”，分析其内涵，提出了可操作的生长型设计框架。

（2）依据生长型设计框架和胚胎发育模式提出生长型设计模型。用六个阶段表述设计概念的演变过程；应用序参量描述支配结构演变的诱导因素；应用基因转录、分化诱导、细胞定型、转决定描述演变过程；用矩阵、图论、诱导规则、神经网络、博弈论、优化方法等表达设计概念及其生长演变过程,建立了模型数学描述框架;提出边点面赋权图表征特征阶段;用对偶关系表示特性—特征的转化过程;提出代理阶段转换主观意图为客观特性;基于神经传递通路提出神经网络模型实现信号传递和处理。

(3) 基于生长型设计模型提出小卫星结构系统生长型设计框架。

10.4 展　　望

在第1章和第2章分析了近五十年设计研究的发展历程。目前设计研究方向集中在四个方面:①功能结构匹配原理;②生物激发的设计理论和功能原理;③多学科、多场建模、设计、仿真、优化及可靠性评价;④基于人工智能技术、Agent技术、遍及计算、网络技术、虚拟现实、基因算法、神经网络、统计数学以及各种先进技术的自动设计或半自动设计。可以概括为功能结构匹配原理、生物激发的设计、基于分析的设计和自动设计。

未来机械设计发展趋势将朝向更为广义的系统设计,其功能原理从物理效应扩展到化学效应和物理效应并存,其实体从物理结构到虚拟和多物理特性混合结构,其尺度将是宏观、介观和微观并存。

1) 功能结构匹配原理

如前所述,早期机械设计研究集中在归纳工程实践,目前研究集中在生物启发的功能结构原理,早期研究注重描述设计过程。目前广泛应用的设计模型有:基于功能分解和物理效应的工程设计方法(Pahl和Beitz)、功能—行为—结构(FBS)模型、基于独立公理和信息公理的公理化设计、面向发明创新的TRIZ理论、面向多学科设计的Infused设计。这些设计理论存在共同的问题,它们都是面向过程的描述性框架,而非提出一个对设计活动完整解释的框架,其结果是在观察—描述—解释—规范这个科学研究过程中缺乏解释环节,因此存在逻辑断层。另一个问题是上述各种方法没有明确的预期效果,所以难以严格验证。本书提出的模拟生物发育过程的六阶段设计框架用哲学、协同学和生物学观点对功能结构匹配过程提出了解释性框架,国外政府级评审专家认为此框架体现了设计活动的本质特性。

迄今为止,人们一直在使用的纯分析性的科学模型只能把人们带到这么远,设计研究的突破需要系统视角,生物激发的设计理论是一个极具潜力的研究方向。

2) 生物激发的设计

从21世纪开始,基于自然原理的功能结构匹配方法逐渐发展成为一个新的研究领域。研究集中在从自然生物的机能获得启发提出新的功能结构原理。美国乔治亚理工的生物激发的设计研究中心发表了系列文献,提出了生物激发的设计的一般步骤及研究实例,如模仿人体肺功能的水清洁装置。美国科学基金会加大了对此领域的研究幅度，并专项资助生物激发设计的教学计划和学术会议。

在生物激发的设计领域，目前最有成效的研究是进化设计。进化设计领域最有挑战性的研究是基因工程。如提取不同产品的基因生成新的产品，也有学者致力于机电产品基因谱研究。进化设计借鉴了人类的进化过程，主要用于结构演变；细胞自动机借鉴了胚胎发育的自治特性，主要用于具有重复特性的高楼设计；发育设计借鉴了胚胎发育机理，提供了结构演变的生长过程描述及转化机制。

3）基于分析的设计

最早将设计从技术和艺术提升到科学领域的研究归功于基于数学模型的优化设计与基于统计数学和概率论的可靠性设计研究，也称为基于分析的设计。优化设计研究历程可以简单表述为：单目标和多目标结构参数优化—结合有限元分析的构型优化—基于灵敏度分析和解耦算法的大系统设计和优化；控制—材料—结构一体化多学科优化；结合优化理论、计算分析工具等各种相关方法的多学科优化以及多学科优化技术集成。在算法上是结合多种算法解决子系统分解、多准则分层、搜索、数学建模、矛盾准则等问题，如利用相似性理论、概率论、小面概念排序(faceted concept ranking)搜索、基因算法、替代模型、边界分解技术等、证据理论(evidence theory)等进行复杂系统参数优化以及设计过程优化。可靠性设计早期集中在用概率模型进行鲁棒设计，目前研究集中在处理不确定性的策略、方法和算法，建立概念设计阶段评价和仿真模型以及量化不确定性，着重于减少计算时间。一般可靠性计算和优化方法并行使用进行基于可靠性的优化设计。国内设计研究侧重于优化和可靠性设计。基于分析的设计研究特点是综合多种数学模型和算法，算法复杂，计算量大。成果的表现形式是图表。这个也是目前优化设计研究和可靠性设计研究遭受质疑的地方：非常复杂的算法只能解决简单的工程设计问题。

4）自动设计

美国科学基金会(NSF)和欧盟(EU)均提出致力于将基于技能的制造业推向基于知识的制造业，其中的核心技术是实现自动设计的工业软件。机械系统中大部分元件、零件为常用零部件，有基本固定的设计程序、计算公式及结构形式等。目前的设计系统致力于将常规设计尽可能由计算机完成。设计自动化涉及两个问题：设计重用以及设计过程计算机表述。

目前实现设计重用的基本方法是应用 π 理论建立无量纲分析模型、应用成组工艺技术表述产品、利用计算机图形学技术建立产品几何构型(斯图加特大学)。目前研究集中在用主动语意网络(active semantic network, ASN)作为产品开发的知识基础和建模空间，用智能代理建立产品分层模型，采用多代理实现信息交流和通信，通过数字形状签名(signature)度量形状相似性，通过比较相似性实现设计过程优化。具体计算方法包括方差法、统计方法、基于傅里叶描述子的谐波法、成组技术法以及特征法。预计利用染色体和形状语法表述结构及产品将有利于提高重用程度。

基于知识的工程(KBE)是实现自动设计的核心技术,将 CAD(计算机辅助设计)系统、CAA(计算机辅助分析)系统以及 KBS(基于知识的系统)结合,记录设计知识和用代码描述设计过程,具有详细设计几何模型的能力。目前 KBE 成功用在飞机、模具、汽车产品的重复设计,今后的发展方向是应用 KBE 技术进行概念设计。

另一个实现自动设计的方法是基于图论的设计语言。目前最为流行的生长型系统即 L 系统存在的问题是:当表达结构复杂时,规则规模相应变得庞大。"设计语言"由词汇和规则组成,词汇是"积木",规则是设计知识。设计语言是一般的设计步骤序列。词汇包括元件、零件、几何和功能特性,运用于小卫星、汽车等设计自动化。

5) 欧美设计研究现状

欧美在设计研究和设计系统研发方面的发展主要源于航天/航空工业以及汽车工业的需求推动。考察、分析和比较美国科学基金会、美国国家航空航天局以及欧盟第六和第七框架资助的在设计和优化方面的项目,主要特点为:①软件功能集中在集成的仿真、设计和优化环境和工具,目标为大幅度降低成本和时间。②欧美项目研发策略有所不同,美国注重前瞻性理论研究以及工业应用,欧盟项目则侧重知识的工业化和商业化;美国侧重于集成先进的计算机技术以及计算技术,欧盟侧重于知识的嵌入及工业应用。欧盟在技术平台报告中指出,与美国相比,欧洲工业的障碍是技术含量不充分。在软件上也表现出同样的特征,欧盟的软件从研发工具到软件呈现形态不追求高技术,而是追求实用及普及推广。

例如,2008～2010 年欧盟第七框架项目资助项目:面向半导体工业基于平台的设计环境,形成全过程设计流,为下一代产品研发提供高效设计环境和工具;航天企业设计和产品环境虚拟的集成系统;复杂装置设计自动化和微小化;未来飞机设计系统和工具;支持汽车工业持续发展和创新的集成的设计和工程环境等。

美国国家航空航天局:飞机分析、仿真、设计和优化工具;推进系统数字化"试验单元";飞行器开放式集成多学科设计和优化平台;超声速车辆的设计支持工具;MEMS 产品设计通用平台。

美国科学基金会资助项目:大尺度复杂系统基于可靠性的设计优化;用超维超模型进行设计空间分析;纳米设计几何建模;多重相关复杂系统产品设计的优化系统;基于网络的设计和优化;超维设计空间建模;基于概率的多尺度计算设计方法学;产品材料多尺度优化设计工具;工程设计仿生概念生成器;生物和植物激发的多功能自适应结构系统;基于细胞生物学的设计;仿生概念设计;生物激发的工程设计工具;协同设计求解方法学;设计表达;设计中的社会因素;不精确模型的工程分析;新一代具有复杂几何形状的产品形状优化设计;不确定性参数优化的设计空

间分解;面向工业应用的基于使用情景的产品设计;制造和需求不确定的优化构型设计;设计决策信息建模;基于运动几何学约束的任务驱动的设计;自然决策和计算决策结合的设计决策方法;早期设计阶段创新设计计算辅助工具开发;创新设计环境下基于草图的几何构型;通过物理表达促进工程创新。

从上述研究方向可以看出,从设计支持系统到建模和决策技术,从生物激发的设计到创造性设计支持工具,从多尺度建模优化到设计协作,从仿真到三维显示,囊括了设计过程中的每个环节,重点放在设计支持工具研发,特别是几何生成和决策支持。

6) 设计研究发展趋势

在全球化竞争环境下,仅仅靠改进现有制造装备适应不断提升的需求、依靠廉价劳动力降低成本将难以生存,创造性产品将成为制造业的核心竞争力。因此新一代设计第一,需要探索新的功能结构模式,如采用化学和物理效应的工作原理、采用微观和宏观多尺度工作结构、采用多介质微观运动和宏观运动。第二,需要凝聚最新技术成果,如将移动通信、遍及技术和计算、传感技术、光学技术、智能材料等应用于产品。第三,需要快速响应能力,能够在较短时间内以较低廉成本提供高品质产品。简言之,多、快、好、省,这就要求更高的设计应变能力,其途径是研发凝聚领域知识和分析能力的基于计算机的设计工具。为了提高设计工具的适用能力和有效性,需要解释性的设计理论。

发育设计建立了设计的系统框架。进一步研究需在此基础上建立六个阶段转化的统一数学描述及算法以及模拟生物发育机制的算法。诱导机制宜采用基于规则的推理,定型机制宜采用 Agent 技术,因此难点是基因转录算法,这也是目前研究的重点。

在基因转录算法上一个具有潜力的研究方向是借鉴生物学和合成生物学(Synthetic Biology)的理论,结合基因算法、计算机技术、机器人技术、神经网络技术以及现代数学和设计技术发展新的理论和算法。合成生物学是利用生物信息设计和构造新的生物器件、装置和系统,或者重新设计自然生物系统将其应用于实际。其研究重点是基因转录网络的数学建模。因此,借鉴合成生物学的研究方法及其数学模型,实现人工制品的基因转录,这是一种概念上可行的研究思路。更为重要的是,将合成生物学理论和技术框架拓展延伸到机械工程,研发并制造化学、物理、生物多场效应的高品质产品,将开辟新一代全新概念的人工制品,也将推动机械工程行业产生跳跃性进化。

参 考 文 献

[1] Simon H A. 人工科学. 武夷山，译. 北京：商务印书馆，1987：1-286

[2] Cross N. Research in design thinking//Cross N，Dorst K，Roozenburg N. Research in Design Thinking. Delft：Delft University Press，1992：3-10

[3] 哈肯 H. 协同计算机和认知——神经网络的自上而下方法. 杨家本，译. 北京：清华大学出版社，1994：1-200

[4] 哈肯 H. 协同学——自然成功的奥秘. 戴鸣钟，译. 上海：科学普及出版社，1988：1-240

[5] 温诗铸，黎明. 机械学发展战略研究. 北京：清华大学出版社，2003：27-60

[6] Bamford G. From analysis/synthesis to conjecture/analysis：a review of Karl Popper's influence on design methodology in architecture. Design Studies，2002，23(3)：245-261

[7] Popper K. 无尽的探索. 邱仁宗，译. 南京：江苏人民出版社，2000：1-250

[8] Patnaik S N，Coroneos R M，Hopkins D A，et al. Lessons learned during solutions of multidisciplinary design optimization problems. Journal of Aircraft，2002，39 (3)：386-393

[9] Patnaik S N，Hopkins D A. General-purpose optimization method for multidisciplinary design applications. Advances in Engineering Software，2000，31：57-63

[10] Jones J C，Thornley D G. Conference on Design Methods. Oxford：Pergamon Press，1963

[11] Cross N. Forty years of design research. Design Studies，2007，28(1)：1-4

[12] Gero J S. Design prototypes：a knowledge representation schema for design. AI Magazine，1990，11(4)：26-36

[13] Sigmund O. Tailoring materials with prescribed elastic properties. Mechanics of Materials，1995，20：351-368

[14] 刘书田，程耿东. 复合材料应力分析的均匀化方法. 力学学报，1997，29(3)：307-313

[15] Strang G，Kohn R. Optimal design in elasticity and plasticity. International Journal for Numerical Methods in Engineering，1986，22：183-188

[16] Martin P B，Noboru K. Generating optimal topologies structural design using a homogenization method. Computer Methods in Applied Mechanics and Engineering，1988，71(2)：197-224

[17] Katsuyuki S，Noboru K. A homogenization method for shape and topology optimization. Computer Methods in Applied Mechanics and Engineering，1991，(93)：291-318

[18] Min S. Optimum Structural Topology Design for Multiobjective，Stability，and Transient problems Using the Homogenization Design Method. Ann Arbor：University of Michigan，1997

[19] Nishiwaki S. Optimum Structural Topology Design Considering Flexibility. Ann Arbor：University of Michigan，1998

[20] Chen C M. An Enhanced Asymptotic Homogenization Method of Elastic Composite Laminates. Ann Arbor：University of Michigan，1999

[21] Yoo J. Structural Optimization in Magnetic Fields Using the Homogenization Design Meth-

od. Ann Arbor: University of Michigan,1999

[22] Chen B C. Optimal Design of Material Microstructures and Optimization of Structural Topology for Design-Dependent Loads. Ann Arbor: University of Michigan,2000

[23] 刘书田,程耿东. 基于均匀化理论的梯度功能材料优化设计方法. 新材料新工艺,1995,6:21-27

[24] 潘燕环,嵇醒. 单向复合材料损伤刚度的双重均匀化方法. 同济大学学报,1997,25(6):623-628

[25] 王晓明,刘震宇,郭东明. 基于均匀化理论的微小型柔性结构拓扑优化的敏度分析. 中国机械工程,1999,10(11):1264-1266

[26] 刘书田,张金海. 基于均匀化理论的多孔板弯曲问题新解法. 固体力学学报,1999,20(3):195-200

[27] 曹理群,崔俊芝. 复合材料拟周期结构的均匀化方法. 计算数学,1999,21(23):331-334

[28] 陈作荣,诸德超,陆萌. 基于理想界面的均匀化方法. 北京航空航天大学学报,2000,26(5):534-546

[29] 冯淼林,吴长春. 基于三维均匀化方法的复合材料本构数值模拟. 中国科学技术大学学报,2000,6: 693-699

[30] 庄守兵,吴长春,冯淼林,等. 基于均匀化方法的多孔材料细观力学特性数值研究. 材料科学与工程,2001,19(4):9-13

[31] 刘书田,郑新广,程耿东. 特定弹性性能材料的细观结构设计优化. 复合材料学报,2001,8(2):124-127

[32] 冯淼林,吴长春,孙慧玉. 三维均匀化方法预测编织复合材料等效弹性模量. 材料科学与工程,2001,19(3):34-37

[33] 张洪武. 弹性接触颗粒状周期性结构材料力学分析的均匀化方法——局部 RVE 分析. 复合材料学报,2001,18(4):93-97

[34] 张洪武. 弹性接触颗粒状周期性结构材料力学分析的均匀化方法——宏观均匀化分析. 复合材料学报,2001,18(4):98-102

[35] 谢先海,廖道训. 均匀化方法中等效弹性模量的计算. 华中科技大学学报,2001,29(4):44-46

[36] Chirehdast M. An Integrated Optimization Environment for Structural Configuration Design. Ann Arbor:University of Michigan,1992

[37] Lee S G. An Abstraction-Based Methodology for Mechanical Configuration Design. Ann Arbor:University of Michigan,1992

[38] Deshpande A M. Partitioned Analysis and Approximations in Optimization of Mechanical Systems: A Focus on Electronic Packages. Boulder:University of Colorado at Boulder,2001

[39] 陈义保,姚建初,钟毅芳,等. 复杂机械系统优化设计的一种策略. 中国机械工程,2001,12(11):1217-1220

[40] Liu B S. Methods for Dynamic Analysis,Control and Optimization of Large Structures. Milwaukee:University of Wisconsin,2000

[41] Qian X. Feature Methodologies for Heterogeneous Object Realization. Ann Arbor:University of Michigan,2001
[42] Anne R,Guido W,Winfried H. Effort-saving product representations in design—results of a questionnaire survey. Design Studies,2001,22(6): 473-491
[43] Bensoussan A,Lions J L,Papanicolaou G. Asymptotic Analysis for Periodic Structure. Amsterdam: North Holland Publishing Company,1978:1-700
[44] Sanchez-Palencia E. Non Homogeneous Media and Vibration Theory. Berlin: Springer-Verlag,1980:1-396
[45] Mazumder J,Dutta D,Kikuchi D,et al. Closed loop direct metal deposition: art to part. Optics and Lasers in Engineering,2000(34): 397-414
[46] Zang T A,Green L L. Multidisciplinary design optimization techniques: implications and opportunities for fluid dynamics research. 30th AIAA Fluid Dynamics Conference,1999: 1-20
[47] 陈柏鸿,肖人彬,刘继红,等. 复杂产品协同优化设计中耦合因素的研究. 机械工程学报,2001,37(1):19-23
[48] Rodrgueza J F,Renaudb J E,Brett A,et al. Trust region model management in multidisciplinary design optimization. Journal of Computational and Applied Mathematics,2000,124(1-2): 139-154
[49] 王爱俊,陈大融. 多学科设计优化方法及其在微型飞行器设计中的应用. 中国机械工程,2001,12(12):1351-1353
[50] Liu X,Begg D W. On simultaneous optimization of smart structures Part II: algorithms and examples. Computer Methods in Applied Mechanics and Engineering,2000,184(1): 25-37
[51] Sasena M J,Papalambros P Y,Goovaerts P. Exploration of metamodeling sampling criteria for constrained global optimization. Engineering Optimization,2002,34(3): 263-278
[52] 侯悦民. 利用三次均匀B样条曲线优化设计凸轮廓线. 农业机械学报,2000,31(2): 71-74
[53] Nakamoto K,Konishi Y,Kondo K,et al. The nash bargaining model used in an optimally designed PID controller for multiple objectives. JSME International Journal,Series C,1999,42(4): 1050-1055
[54] Dhingra A K,Rao S S. A cooperative of fuzzy game theoretic approach to multiple objective design optimization. European Journal of Operational Research,1995,83: 547-567
[55] Marston M C. Game Based Design:A Game Theory Based Approach to Engineering Design. Atlanta: Georgia Institute of Technology,2000
[56] Chen L,Li S. A computerized team approach for concurrent product and process design optimization. Computer-Aided Design,2002,34 (1): 57-69
[57] Hernandez G. Integrating product design and manufacturing: a game theoretic approach. Engineering Optimization,2000,32(6): 749-775
[58] Li C. Modeling concurrent product design:a multifunctional team approach. Concurrent Engineering Research and Applications,2000,83: 183-198

[59] Rao J R J. Parametric deformations and model optimality in concurrent design. American Society of Mechanical Engineers,DEP,1993,65(2):477-486

[60] Rao J R J. A study of optimal design under conflict using models of multi-player games. Engineering Optimization,1997,28(1-2): 63-94

[61] Lewis K,Mistree F. Collaborative,sequential,and isolated decisions in design. Journal of Mechanical Design,1998,120(4): 643-652

[62] Dhingra A K. Cooperative fuzzy game theoretic approach to multiple objective design optimization. European Journal of Operational Research,1995,83(3): 547-567

[63] Oliveira S L C,Ferreira P A V. Bi-objective optimisation with multiple decision-makers: a convex approach to attain majority solutions. Journal of the Operational Research Society, 2000,51 (3): 333-340

[64] 范文慧,肖田元. 基于联邦模式的云制造集成体系架构. 计算机集成制造系统,2011,3: 469-476

[65] 彭继忠,黄利平. 并行化产品设计中概念设计的产品信息管理技术研究. 机械科学与技术, 2001,20(2):206-208

[66] 曾庆良,万丽荣. 并行工程环境的面向成本设计. 机械工程学报,2001,37(7):1-4

[67] Sato H. Game theory applied to optimal design of frame structures under multiple loading conditions. A Hen/Transactions of the Japan Society of Mechanical Engineers,Part A, 1997,63(612): 1766-1770

[68] Barbero E J. Robust design optimization of composite structures. Society for the Advancement of Material and Process Engineering,2000:1341-1352

[69] Spallino R,Rizzo S. Multi-objective discrete optimization of laminated structures. Mechanics Research Communications,2002,29(1): 17-25

[70] Domaszewski M,Bassir H,Zhang W H. Stress,displacement and weight minimization by multicriteria optimization and game theory approach. Computational Mechanics Publ,1999, (5): 171-181

[71] Kalagatlam A. Models for two-player games in design: an application to automotive suspensions. Mechanics of Structures and Machines,1996,24(4): 453-473

[72] Rao S S. Modified game theory approach to multiobjective optimization. Journal of Mechanisms,Transmissions,and Automation in Design,1991,113(3): 286-291

[73] Tahk M J,Sun B C. Coevolutionary augmented Lagrangian methods for constrained optimization. IEEE Transactions On Evolutionary Computation,2000,4 (2): 114-124

[74] Periaux J,Chen H Q,Mantel B,et al. Combining game theory and genetic algorithms with application to DDM-nozzle optimization problems. Finite Elements in Analysis and Design, 2001,37 (5): 417-429

[75] Marler R T,Arora J S. Survey of multi-objective optimization methods for engineering. Struct Multidisc Optim,2004,(26): 369-395

[76] 颜鸿森. 机械装置的创造性设计. 姚燕安,译. 北京:机械工业出版社,2002:1-10

[77] Brunettia G, Golobb B. A feature-based approach towards an integrated product model including conceptual design information. Computer-Aided Design, 2000, 32(14)：877-887
[78] Pahl G, Beitz W. Engineering Design: A Systematic Approach. Berlin: Springer-Verlag, 1988
[79] Zeng Y, Gu P. A science-based approach to product design theory, Part I：formulation and formalization of design process. Robotics and Computer Integrated Manufacturing, 1999, 15(4)：331-339
[80] 邹慧君，张青，郭为忠. 广义概念设计的普遍性、内涵及理论基础的探索. 机械设计与研究，2004, 20(3)：10-14
[81] 邹慧君，田永利，郭为忠，等. 机构系统概念设计的基本内容. 上海交通大学学报，2003, 37(5)：668-673
[82] 谢友柏. 产品的性能特征与现代设计. 中国机械工程，2000, 11(1-2)：26-32
[83] Hubka V, Eder W. Theory of Technical Systems：A Total Concept Theory for Engineering Design. Berlin: Springer-Verlag, 1988.
[84] Andreasen M M, McAloone T C. Applications of the Theory of Technical Systems-Experiences From the "Copenhagen School". Pilsen-Czech Republic, 2008: 1-18
[85] Andreasen M M, Howard T J. Is engineering design disappearing from design research? // Birkhofer H. The Future of Design Methodology. London: Springer-Verlag Limited, 2011: 21-34
[86] Thomas B B. Quality engineering by design: taguchi's philosophy. Quality Progress, 1986(11)：32-42
[87] Takndr. A Process Approach to Robust Design in Early Engineering Design Phases. Sweden：Lunds University, 1996
[88] Dulyachot C. Optimum and Robust Geometric Design of Mechanical Parts. New York：Columbia University, 2001
[89] Sopadang A. Synthesis of Product Family-based Robust Design：Development and Analysis. Clemson：Clemson University, 2001
[90] Pahl G, Beitz W, Feldhusen J, et al. Engineering Design: A Systematic Approach. Third Edition. Berlin: Spring-Verlag, 2007.
[91] Orloff M A. Inventive Thinking Through TRIZ: A Practical Guide. New York：Springer, 2003: 1-330
[92] Suh N P. The Principles of Design. New York：Oxford University Press, 1990: 1-400
[93] Suh N P. Axiomatic Design: Advances and Applications. New York：Oxford University Press, 2001: 1-500
[94] Suh N P. Axiomatic design theory for systems. Research in Engineering Design, 1998, 10(14)：189-209
[95] Suh N P. A theory of complexity, periodicity and the design axioms. Research in Engineering Design, 1999, 11(2)：116-131
[96] 杨培林，朱均. 机械产品并行设计的实施策略. 机械科学与技术，2000, 19(3)：479-481

[97] 宋惠军,林志航. 基于域结构模板的机械产品概念设计方案生成. 机械工程学报,2001,37(9):24-29

[98] Janga B S. Axiomatic design approach for marine design problems. Marine Structures,2002,15(1): 35-56

[99] Gero J S,Kannengiesser U. The situated function-behaviour-structure framework. Design Studies,2004,25(4): 373-391

[100] 邹慧君,梁庆华,郭为忠,等,功能—运动行为—结构的概念设计模型及运动行为的多层表示. 机械设计,2000,17(8):1-4

[101] 宋惠军,林志航. 机械产品概念设计多层次混合映射功能求解框架. 机械工程学报,2003,39(5):82-87

[102] Gero J S. Creativity,emergence and evolution in design. Knowledge-Based System,1996,9(7):435-448

[103] Shai O,Reich Y. Infused design: I. Theory. Research in Engineering Design,2004,15(2): 93-107

[104] 冯培恩,陈勇,张帅,等. 基于产品基因的概念设计. 机械工程学报,2002,38(10):2-6

[105] Smyth M,Edmonds E. Supporting design through the strategic use of shape grammars. Knowledge-Based Systems,2000,13(6): 385-393

[106] Hsiao S W,Chen C H. A semantic and shape grammar based approach for product design. Design Studies,1997,18(3): 275-296

[107] Bozzo L M,Barbat A,Torres L. Application of qualitative reasoning in engineering. Applied Artificial Intelligence,1998,12(1): 29-48

[108] 赵克. 定性推理在产品概念设计中的应用研究. 机械科学与技术,2002,21(6):1028-1030

[109] Goel A K,Chandrasekaran B. A task structure for case-based design. Proceedings of IEEE International Conference on Systems Man and Cybernetics,Piscataway,1990:587-592

[110] 张国权,钟毅芳,何海. 基于功能推理机制研究复杂机械产品的概念设计. 机械工程学报,2003,39(4):20-29

[111] Chakrabarti A,Bligh T P. A scheme for functional reasoning in conceptual design. Design Studies,2001,22(6): 493-517

[112] Vattam S,Helms M,Goel A K. Biologically-Inspired Innovation in Engineering Design: a Cognitive Study. Atlanta Georgia Institute of Technology,2007

[113] Rechenberg I. Cybernetic Solution Path of An Experimental Problem. Ann Arbor:University of Michigan,1965.

[114] Murawskil K,Arciszewski T,De Jong K. Evolutionary computation in structural design. Engineering with Computers,2000,16(3-4): 275-286

[115] Gero J S. Computational models of innovative and creative design process. Technological Forecasting and Social Change,2000,64(2): 183-196

[116] Gero J S,Kazakov V. A genetic engineering extension to genetic algorithms. Evolutionary Computation, 2001, 9(1): 71-92

[117] Bentley P J. Evolutionary Design by Computers. San Fran: Morgan Kaufman Publishers Inc,1999:1-446
[118] Kumar S,Bentley P J. Computational embryology:past,present and future//Ghosh A. Advances in Evolutionary Computing, Theory and Applications. Berlin: Springer, 2003: 461-478
[119] Chakrabarti A. Biologically Inspired Design: An Overview of Research at IdeasLab,IISc. Palo Alto:NSF workshop on Biologically Inspired Design,2011
[120] Merino D I,Reyes E N,Steidley C. Genetic algorithms:theory and application. ASEE Annual Conference Proceedings,Washington DC,1998:1-6
[121] Duan S A. The use of genetic algorithms and stochastic hill-climbing in dynamic finite element model. Computer &Structure,1998,66(4): 489-497
[122] 孟庆春. 基因算法及其应用. 济南:山东大学出版社,1995:130
[123] Ravi G,Gupta S K,Viswanathan S,et al. Optimization of venturi scrubbers using genetic algorithm. Industrial & Engineering Chemistry Research,2002,41(12): 2988-3002
[124] Lee K C. Optimization of bent wire antennas using genetic algorithms. Journal of Electromagnetic Waves and applications,2002,16 (4): 515-522
[125] Rosenman M A. An exploration into evolutionary models for non-routine design. Artificial Intelligence in Engineering,1997,11(3): 287-293
[126] Rosenman M. Case-based evolutionary design. Artificial Intelligence for Engineering Design,Analysis and Manufacturing,2000,14(1): 17-29
[127] Madeira J F,Rodrigues H,Pina H. Multi-objective optimization of structures topology by genetic algorithms. Advances in Engineering Software,2005,36(1): 21-28
[128] Raich A M. An Evolutionary Based Methodology for Representing and Evolving Structural Design Solutions. Urbana-Champaign: University of Illinois at Urbana-Champaign,1999
[129] Shrestha S M. Genetic Algorithm-based Methodology for Unstructured Design of Truss Structures. Urbana-Champaign: University of Illinois at Urbana-Champaign,1999
[130] Fanjoy D W,Crossley W A. Topology design of planar cross-sections with a genetic algorithm: Part 2-Bending,torsion and combined loading applications. Engineering Optimization,2002,34 (1): 49-64
[131] Chakroborty P,Dwivedi T. Optimal route network design for transit systems using genetic algorithms. Engineering Optimization,2002,34 (1): 83-100
[132] 张明辉,王尚锦. 遗传算法在结构形状优化中的应用. 机械科学与技术,2001,20(6): 824-825
[133] 张向军,桂长林. 智能设计中的基因模型. 机械工程学报,2001,37(2):8-11
[134] Pedersen K. Designing Platform Families: An Evolutionary Approach to Developing Engineering Systems. Atlanta: Georgia Institute of Technology,1999
[135] Nelson K M. Applications of Evolutionary Algorithms in Mechanical Engineering. Boca Raton:Florida Atlantic University,1997

[136] Khajehpour S. Optimal Conceptual Design of High-rise Office Buildings. Waterloo: University of Waterloo,2001
[137] 王永传,庄钊文,郁文贤. 基于遗传算法的模糊可靠性分配加权模型及其实现. 机械科学与技术,2001,20(2):185-186
[138] Chan P T,Rad A B,Tsang K M. Optimization of fused fuzzy systems via genetic algorithms. IEEE Transactions on Industrial Electronics,2002,49 (3): 685-692
[139] Li W D,Ong S K,Nee A Y C. Hybrid genetic algorithm and simulated annealing approach for the optimization of process plans for prismatic parts. International Journal of Production Research,2002,40 (8): 1899-1922
[140] Chen C R,Ramaswamy H S. Modeling and optimization of variable retort temperature (VRT) thermal processing using coupled neural networks and genetic algorithms. Journal of Food Engineering,2002,53 (3): 209-220
[141] Ragg T. Bayesian learning and evolutionary parameter optimization. AI Communications, 2002,15 (1): 61-74
[142] Bomfim C H M,Caminhas W M. New approach to real-time optimization using neural networks and fuzzy logic. Hydrocarbon Processing,2002,81(6): 45-48
[143] Ray T,Liew K M. A swarm metaphor for multiobjective design optimization. Engineering Optimization,2002,34 (2): 141-153
[144] Shai O. Research Program of Prof. Offer Shai. http://www. eng. tau. ac. il/~shai/new_research %20031204. htm[2014-1-1]
[145] Gero J. Computational Creativity: Medeling Creativity in Computing. Beijing: Lecture at Tsinghua University,2006
[146] Gero J. Automatic art: turning your laptop into Leonardo da Vinci. http://www. science. usyd. edu. au /about_us/it/5_gero. shtml.
[147] 郭爱克. 神经计算科学. 上海:上海科技教育出版社,2000:1-50
[148] 沈清,胡德文,时春. 神经网络应用技术. 长沙:国防科技大学出版社,1993:163-294
[149] 庄镇泉,王煦法,王东生. 神经网络与神经计算机. 北京:科学出版社,1992:1-48,304-348
[150] 程相君,王春宁,陈生潭. 神经网络原理及其应用. 北京:国防工业出版社,1995:1-203
[151] Marr D. Vision: A Computational Investigation into the Human Representation and Processing of Visual Information. New York:W H Freeman and Co,1982:29-61
[152] Bentley P,Kumar S. Three ways to grow designs: a comparison of embryogenies for an evolutionary design problem//Banzhaf W,Daida J,Eiben A E,et al. Gecco-99. San Francisco: Morgan Kaufmann Pub Inc,1999:35-43
[153] 滕东兴,童秉枢,阴向阳. 基于形态发生学的仿生结构设计的研究. 机械科学与技术,2001,20(4):483-484
[154] 滕东兴. 结构设计中仿生型构型设计方法的研究. 北京:清华大学博士学位论文,2001
[155] 冯培恩,朱爱华,陈泳,等. 产品基因及其在能量转换功能求解中的应用. 工程设计学报,2004,11(3):113-118

[156] 张向军，桂长林. 智能设计中的基因模型. 机械工程学报，2001，37(2)：8-11
[157] Tsai Y T，Wang K S. The development of modular-based design in considering technology complexity. European Journal of Operational Research，1999，119(3)：692-703
[158] 游有鹏，张晓峰，王珉，等. 可重构机床的模块化设计，机械科学与技术，2001，20(6)：815-818
[159] 张晓峰. 可重构智能制造系统的基础研究. 南京：南京航天航空大学博士学位论文，2001
[160] Son S Y. Design Principles and Methodologies for Reconfigurable Machining Systems. Ann Arbor：University of Michigan，2000
[161] Lipson H，Pollack J B. Automatic design and manufacture of robotic lifeforms. Nature，2000，406：974-978
[162] Hornby G S，Lipson H，Pollack J B. Generative representation for the automated design of modular physical robots. IEEE Transaction on Robotics and Automation，2003，19(4)：703-719
[163] Mazumder J，Dutta D，Kikuchi N，et al. Closed loop direct metal deposition：art to part. Optics and Lasers in Engineering，2000，(34)：397-414
[164] Rajagopalana S，Goldman R，Shin K H，et al. Representation of heterogeneous objects during design processing and freeform-fabrication. Materials and Design，2001，22(3)：185-197
[165] Olson G B. Beyond discovery：design for a new material world. Calphad，2001，25(2)：175-190
[166] 郭东明，贾振元，王晓明，等. 理想材料零件的数字化设计制造方法及内涵. 机械工程学报，2001，37(5)：7-11
[167] 杨睿，郭东明，王晓明，等. 理想材料零件的 CAD 模型研究. 中国机械工程，2002，13(1)：5-7
[168] 郭东明. 理想材料零件数字化设计制造的理论与方法. 机械工程科学前沿及优先领域研讨会论文集，广州，1999：81-84
[169] Yang P，Qian X. A B-Spline based approach to heterogeneous object design and analysis. Computer-Aided Design，2007，34(2)：95-111
[170] Qian X，Dutta D. Feature based fabrication in layered manufacturing. ASME Transaction Journal of Mechanical Design，2001，123(3)：337-345
[171] Chien S F，Flemming U. Design space navigation in generative design systems. Automation in Construction，2002，11(1)：1-22
[172] Smyth M，Edmonds E. Supporting design through the strategic use of shape grammars. Knowledge-Based Systems，2000，13(6)：385-393
[173] Seebohm T，Wallace W. Rule-based representation of design in architectural practice. Automation in Construction，1998，8(1)：73-85
[174] Öberg J，O'Nils M，Jantsch A. Grammar-Based Design of Embedded Systems. Journal of Systems Architecture，2001，47(3-4)：225-240

[175] Schmidt L C. Optimal configuration design:an integrated approach using grammars. Journal of Mechanical Design,1998,120(1): 2-8

[176] La Rocca G,van Tooren,M J L. Enabling distributed multidisciplinary design of complex products: a knowledge based engineering approach. Journal of Design Research,2007,5(3): 333-352

[177] Albers A. Five hypotheses and a meta model of engineering design processes. Proceedings of TMCE 2010 Symposium,Ancona,Italy,2010:343-356

[178] van Tooren M J L,La Rocca G,Krakers L,et al. Design and technology in aerospace. Parametric modeling of complex structure systems including active components,13th International Conference on Composite Materials,San Diego,CA,2003

[179] http://www. tudelft. nl/en/current/university-magazines/delft-outlook/former-editions/delft-outlook-2007-4/achtergrond/modelling/

[180] http://opensource. com/about

[181] http://firstmonday. org/

[182] http://opensource. org/

[183] http://en. wikipedia. org/wiki/Open_design

[184] http://www. worldchanging. com/archives /000092. html

[185] http://p2pfoundation. net/Category:Design

[186] Giaccardi E,Fischer G. Creativity and evolution: a metadesign perspective. Digital Creativity,2008,19(1): 19-32

[187] Fischer G. Symmetry of ignorance, social creativity and meta-design. Knowledge-Based Systems,2000,13(7-8): 527-537

[188] http://www. authenticityconsulting. com

[189] http://www. lunarpedia. org/index. php? title=Lunar_Settlement

[190] http://en. wikiversity. org/wiki/Lunar_Boom_Town#Open_ entrepreneurial_ideas

[191] Coffin J. An analysis of open source principles in diverse collaborative communities. First Monday,2006,11(6):1995-2013

[192] http://www. osafoundation. org/

[193] Zha X F. A web-enabled open database system for design and manufacturing of micro-electro-mechanical systems (MEMS). International Journal of Advanced Manufacturing Technology,2007,32(3-4): 378-392

[194] Jolion J M, Kropatsch W G. Graph Based Representations in Pattern Recognition. New York: Springer,1998:1-140

[195] Al-Hakim L,Kusiak A,Mathew J. A graph-theoretic approach to conceptual design with functional perspectives. Computer-Aided Design,2000,32(14):867-875

[196] Shai O. Deriving structure theorems and methods using Tellegen's theorem and combinatorial representations. International Journal of Solids and Structures, 2001, 38(44-45): 8037-8052

[197] Brunettia G, Golobb B. A feature-based approach towards an integrated product model including conceptual design information. Computer-Aided Design, 2000, 32(14): 877-887
[198] Roya U, Pramanika N, Sudarsanb R, et al. Function-to-form mapping: model, representation and applications in design synthesis. Computer-Aided Design, 2001, 33(10): 699-719
[199] Kim C, O'Grady P J. A representation formalism for feature-based design. Computer-Aided Design, 1996, 28(6/7): 451-460
[200] 邹光明,胡于进,肖文生,等. 基于功能基的产品概念设计模型研究. 中国机械工程,2004,15(3):206-210
[201] 王玉新,杨艳丽,朱殿华. 复杂功能、结构关系表达及其在概念设计中的应用. 机械工程学报,2004,40(6):49-54
[202] 王众托. 知识系统工程. 北京:科学出版社,2004:65-107
[203] 李道亮,傅泽田,田东. 智能系统:基础、方法及其在农业上的应用. 北京:清华大学出版社,2004:30-55
[204] Minsky M. The Society of Mind. New York: Simon and Schuster, 1988
[205] Holland J, Miller J H. Artificial adaptive agents in economic theory. American Economic Review, 1991, 81(2): 365-371
[206] Russell S, Novig P. Artificial Intelligence: A Modern Approach. Englewood Cliffs: Prentice Hall, 1995
[207] Wooldridge M. Reasoning about Rational Agents. Cambridge: MIT Press, 2000
[208] Macal C M, North M J. Tutorial on agent-based modeling and simulation Part 2: how to model with agents. Proceedings of the 2006 Winter Simulation Conference, 2006: 73-83
[209] Maher M L, Gero J S. Agent Models of 3D Virtual Worlds. Proceedings of ACADIA 2002, Pamona, California, 2002.
[210] http://155.69.254.10/users/risc/Pub/Conf/00-c- iccim-agent.pdf
[211] Wang Y, Shen W, Ghenniwa H. WebBlow: a web/agent based multidisciplinary design optimization environment. Computers in Industry, 2003, 52(1): 17-28
[212] http://www.architectureweek.com/2000/0531/tools_5-2.html
[213] Martin J L. Advanced Modelling and Virtual Product Simulation in the Design and Build of Warships—A Practical View, RTO AVT Symposium on Reduction of Military Vehicle Acquisition Time and Cost through Advanced Modelling and Virtual Simulation. Paris: RTO-MP-089, 2002: 1-11
[214] Ambrose D H. Developing Random Virtual Human Motions and Risky Work Behaviors for Studying Anthropotechnical Systems. USA: Centers for Disease Control and Prevention, 2004: 130
[215] Terninko J, Zusman A, Zlotin B. Systematic Innovation, an Introduction to TRIZ. Boca Raton: CRC Press Inc, 1988
[216] Daniel H. Pink, A Whole New Mind: Why Right-Brainers Will Rule the Future. Riverhead Trade, Rep Upd edition, 2006

[217] Gero J S, Kannengiesser U. The situated function-behaviour-structure framework. Design Studies, 2004(25), 373-391

[218] Helms M, Vattam S S, Goel A K. BioLogically inspired design: process and products. Design Studies, 2009, (30): 606-622

[219] http://rafal.kicinger.com/research.html

[220] http://www.bagley.msstate.edu/research/biomechanics-and-bio-inspired-design-group-b2dg

[221] http://wyss.harvard.edu/viewpage/about-us/about-us

[222] Jeong K H, Kim J, Lee L P. Biologically inspired artificial compound eyes. Science, 2006, 312, (5773): 557-561

[223] http://hub.aa.com/en/aw/biomimicry-guild-georgia-institute-of -technology-center-for-biologically-inspired-design-wersquore-mining-nature

[224] Yen J, Weissburg M. Perspectives on biologically inspired design: introduction to the collected contributions. Bioinspiration and Biomimetics, 2007, 2(4): 1

[225] Goel A K, McAdams, D A, Stone R B. Biologically Inspired Design, Computational Methods and Tools. Berlin: Springer, 2014

[226] Geim A K, Dubonos S V, Grigorieva I V, et al. Microfabricated adhesive mimicking gecko foot-hair. Nature Materials, 2003(2): 461-463

[227] http://inhabitat.com/building-modelled-on-termites-eastgate-centre-in-zimbabwe/

[228] von Neumann J. The general and logical theory of automata//Jeffress L A. Cerebral Mechanisms in Behavior—The Hixon Symposium. New York: John Wiley & Sons, 1995: 1-31

[229] Kicinger R, Arciszewski T. Breeding better buildings: civil engineers may be able to design more innovative and improved structures by borrowing from genetics. American Scientist, 2007, (95): 502-508

[230] Kicinger R, Arciszewski T, De Jong K A. Parameterized versus generative representations in structural design: an empirical comparison. GECCO, 2005: 2007-2014

[231] Wolfram S. A New Kind of Science. Wolfram Media, Champaign, IL USA, 2002

[232] Galle P. Philosophy of design: an editorial introduction. Design Studies, 2002, 23(3): 211-218

[233] Love T. Constructing a coherent crossdisciplinary body of theory about designing and designs: some philosophical issues. Design Studies, 2002, 23(3): 345-361

[234] Rosenman M A, Gero J S. Purpose and function in design: from the socio-cultural to the techno-physical. Design Studies, 1998, 19(2): 161-186

[235] Love T. Philosophy of design: a metatheoretical structure for design theory. Design Studies, 2000, 21(3): 293-313

[236] Liddament T. The computationalist paradigm in design research. Design Studies, 1999, 20 (1): 41-56

[237] Gero J S. Computational models of innovative and creative design process. Technological Forecasting and Social Change, 2000, 64(2): 183-196

[238] Kim H, Querin O M, Steven G P. On the development of structural optimisation and its

relevance in engineering design. Design Studies, 2002, 23(1): 85-102

[239] Sim S K, Duffy A H B. Evolving a model of learning in design. Research in Engineering Design, 2004, 15(1): 40-61

[240] Galle P. Design as intentional action: a conceptual analysis. Design Studies, 1999, 20(1): 57-81

[241] Bucciarelli L L. Between thought and object in engineering design school of engineering. Design Studies, 2002, 23(3): 219-231

[242] Gero J S. Computational models of creative designing based on situated cognition//Hewett T, Kavanagh T. Creativity and Cognition. New York: ACM Press, 2002: 3-10.

[243] Eekels, Roozenburg. A treatise on order in engineering design research. Research in Engineering Design, 2004, 15(3): 155-181

[244] http://classics. mit. edu/ Aristotle/metaphysics. html

[245] 亚里士多德. 形而上学卷. 苗力田, 译. 北京: 中国人民大学出版社, 2000: 1-606

[246] 苗力田. 古希腊哲学. 北京: 中国人民大学出版社, 1996: 1-530

[247] http://www. merriam-webster. com/info/copyright. htm

[248] Houghton M H, Thumb I. The American Heritage® Dictionary of the English Language. Fourth Edition. America: American Heritage, 2000

[249] Kroes P. Design methodology and the nature of technical artifacts. Design Studies, 2002, 23(3): 287-302

[250] Hedley B J. 科学与宗教. 苏贤贵, 译. 上海: 复旦大学出版社, 2000: 1-352

[251] Reichenbach H. 科学哲学的兴起. 伯尼, 译. 北京: 商务印书馆, 1983: 1-186

[252] Murawskil K, Arciszewski T, De Jong K. Evolutionary computation in structural design. Engineering with Computers, 2000, 16(3-4): 275-286

[253] Shi X, Gero J S. Design families and design individuals. Engineering with Computers, 2000, 16(3-4): 253-263

[254] Hou Y, Yang R, Zhang W, et al. A computer-based framework for creative synthesis of mechanical device//Proceedings of international conference of mechanical transmissions and mechanism (MTM'97). Beijing: China Machine Press, 1997: 115-119

[255] Bateson P. Design, development and decisions. Studies in History and Philosophy of Biological and Biomedical Sciences, 2001, 32(4): 635-646

[256] http://www. cals. ncsu. edu: 8050/course/ent425/tutorial/embryogenesis. html

[257] http://embryo. soad. umich. edu/

[258] http://www. visembryo. com/baby

[259] http://www. activision-life. com/stem_cells

[260] 张红卫. 发育生物学. 北京: 高等教育出版社, 2001: 1-280

[261] 靳德明. 现代生物学基础. 北京: 高等教育出版社, 2000: 1-160

[262] http://www. bioscience. org/atlases/embryoge/htm/large13. htm

[263] Slack J M W. From Egg to Embryo-Regional Specification in the Early Development. Sec-

ond Edition. Cambridge: Cambridge University Press,1997:1-280
[264] 童第周. 生物科学与哲学. 北京:中国社会科学出版社,1980:55-87
[265] http://www.xjjmw.com/wiki/index.php? doc-view-2913
[266] 刘广发. 现代生物科学概论. 北京:科学出版社,2001:298-307
[267] 顾德兴. 普通生物学. 北京:高等教育出版社,2000:103-143
[268] 蔡文琴. 发育神经生物学. 北京:科学出版社,1999:1-200
[269] 李继硕. 神经科学基础. 北京:高等教育出版社,2002:1-312
[270] 许绍芬. 神经生物学. 第二版. 上海:上海医科大学出版社,1999:351
[271] Palay S L. 神经元形态与功能,神经生理学手册(3). 黄世楷,毋望远,杨雄里,等,译. 上海:上海科学技术出版社,1985:1-195
[272] 何玉彬,李新忠. 神经网络控制技术及其应用. 北京:科学出版社,2000:1-121
[273] 史忠植. 神经计算. 北京:电子工业出版社,1993:27-31
[274] 克列斯托甫尼科夫 A H. 人体生理学. 北京:人民体育出版社,1956:1-53,154-203
[275] 陈守良. 动物生理学. 北京:北京大学出版社,1996:129-171
[276] Gero J S. Concept formation in design. Knowledge-Based System,1998,11(7-8): 361-368
[277] 黄炎. 工程弹性力学. 北京:清华大学出版社,1982. 354-357
[278] 徐芝纶. 弹性力学(下册). 第二版. 北京:高等教育出版社,1982:1-180
[279] 翁智远. 结构振动理论. 上海:同济大学出版社,1988:1-152
[280] 尹德芹,颜国正,颜德田,等. 压电陶瓷动态应用的新型驱动电源研究. 压电与声光,2000,22(2):86-89
[281] Joseph E S,Mischke C R. Mechanical Engineering Design. 北京:机械工业出版社,2002:1-236
[282] 张福学,王丽坤. 现代压电学. 北京:科学出版社,2001:1-180
[283] 周馨我. 功能材料学. 北京:北京理工大学出版社,2002:50-59
[284] Preumont A. Vibration Control of Active Structures. Boston: Kluwer Academic Publishers,2002:6-74
[285] Srinivasan A V,McFarland D M. Smart Structure: Analysis and Design. Cambridge: Cambridge University Press,2001: 7-25
[286] 徐丽娜. 神经网络技术. 哈尔滨:哈尔滨工业大学出版社,1999:1-122
[287] 王永骥,涂健. 神经元网络控制. 北京:机械工业出版社,1998:1-340
[288] 加卢什金 A H. 神经网络理论. 阎平凡,译. 北京:清华大学出版社,2002:1-60
[289] 许东,吴铮. 基于 matlab6. X 的系统分析与设计——神经网络. 西安:电子科技大学出版社,2002:1-237
[290] Sigmund O. A new class of extremal composites. Journal of the Mechanics and Physics of Solids,2000,48(2): 397-428
[291] 托马斯 L C. 对策论及其应用. 靳敏,王耀青,译. 北京:解放军出版社,1988:1-230
[292] 张盛开. 矩阵对策初步. 上海:上海教育出版社,1980:1-46
[293] 施锡铨. 博弈论. 上海:上海财经大学出版社,2000:1-200

[294] 平狄克,鲁宾费尔德. 微观经济学. 北京:人民大学出版社,1997:336-348
[295] 王建华. 对策论. 北京:清华大学出版社,1986:1-153
[296] Even S. Graph Algorithm. Maryland: Computer Science Press,1979:7-8
[297] Tucker A. Applied Combinatorics. New York: John Wiley & Sons Inc,1995:1-57
[298] 吴文泷. 图论基础及应用. 北京:中国铁道出版社,1984
[299]《运筹学》教材编写组. 运筹学. 修订版. 北京:清华大学出版社,1990:1-442
[300] 王永县. 运筹学——规划论及网络. 北京:清华大学出版社,1993:170-210
[301] Kingwell J. Better ways of getting. Space Policy,1999,15(1):33-39
[302] 金恂叔. 意大利的小卫星研制. 国际太空,2000,(3):6-7
[303] 美国宇航局预算. 国际太空,2000,(3):26
[304] 简讯. 导弹与航天运载技术,意大利 BPD 公司研制小型火箭,1995,(6),封底
[305] 王景泉. 小卫星发展中若干问题的辩证关系. 中国航天,1995,(8): 22-24
[306] 张祥根. 小卫星的现状、特点及发展方向. 电信快报,2000,(5):27-29
[307] Guelman M,Flohr I,Ortenberg F,et al. The Israell microsatellite TECHSAT for scientific and technological research: development and in-orbit testing. Acta Astronautic,2000,46(2-6)
[308] Addaim A,Kherras A,Zantou B. Design of low-cost telecommunications cubeSat-class spacecraft. Aerospace Technologies Advancements,2010
[309] 陈集丰. 导弹、航天器结构分析和设计. 西安:西北工业大学出版社,1995
[310] 郑荣跃. 航天工程学. 长沙:国防科技大学出版社,1999:66
[311] 王其政. 机构耦合动力学. 北京:宇航出版社,1999
[312] Carayannis E G. Davids vs Goliaths in the small industry: the role of technological innovation dynamics in firm competitiveness. Technovation,2000,20,(6): 287-297
[313] 高云国. 现代小卫星及其相关技术. 光学精密工程,1999,(5): 16-21
[314] 甄华生. 复合材料在航天器中的应用近况. 宇航材料工艺,1997,(4):14-16
[315] Ruffles P. Aerospace structural materials: present and future. Materials World, 1995, 3(10):469-470
[316] Wittenauer J,Norris B. Structural honeycomb materials for advanced aerospace designs. JOM,1990,42(3): 36-41
[317] 邱惠中,吴志红. 国外航天材料新进展. 宇航材料工艺,1997,(4): 5-13
[318] Keith K. Advanced smart structures flight experiments for precision spaceraft. Acta Astronautic,2000,47(2-9): 389-397
[319] Sunar M. Robust design of piezoelectric actuators for structural control. Computer Methods in Applied Mechanics and Engineering,2001,190(46-47): 6257-6270
[320] 吴德隆. 航天 Smart 结构与材料的开发与进展——21 世纪航天技术展望. 导弹与航天运载技术,1996,(41): 1-13
[321] Parkinson RC. The hidden costs of reliability and failure in launch systems. Acta Astronautical,1999,44(7-12): 419-424
[322] 王希季. 空间技术. 北京:中国科学技术出版社,1994:1-50

[323] Noor A K, Venneri S L, Paul D B, et al. Structures technology for future aerospace systems. Computers and Structures, 2000, 74(5): 507-519

[324] Jilla C D. Satellite design: past, present and future. International Journal of Small Satellite Engineering, 1997: 1-15

[325] 铁摩辛柯 S, 盖尔 J. 材料力学. 胡人礼, 译. 北京: 科学出版社, 1978: 221

[326] 杨大明. 空间飞行器姿态控制系统. 哈尔滨: 哈尔滨工业大学出版社, 2000: 1-158

[327] 黄圳圭. 航天器姿态动力学. 北京: 国防科技大学出版社, 1997: 1-237

[328] 严伟孙, 许鸿量. 自动控制基础. 北京: 高等教育出版社, 1987: 1-150

[329] 严伟孙, 许鸿量. 自动控制基础. 北京: 高等教育出版社, 1987: 2

[330] Speller T H, Whitney D, Crawley E, et al. Using shape grammar to derive cellular automata rule patterns. Complex Systems, 2007(17): 79-102

[331] Gips J. Shape Grammars and their Uses, Artificial Perception, Shape Generation and Computer Aesthetics. Basel und Stuttgart: Birkhäuser Verlag, 1975

[332] Hou Y, Ji L. Duality-based transformation of representation from behaviour to structure// Eyanrd Y, Ion. Global Design to Gain a Competitive Edge. London: Springer 2008: 31-40

[333] Hou Y, Ji L. Design assistant with neural networks. International Symposium on Computational Intelligence and Design, 2009, 2: 441-445

[334] Hou Y, Ji L. Partially autonomous concept development of MFS. International Journal of Computer Applications in Technology, 2011, 40(1/2): 13-22.

[335] Hou Y, Ji L. Computational developmental mechanisms in design: induction, gene transcription, and commitment. Proceedings of The TMCE 2010, Eighth International Symposium on Tools and Methods of Competitive Engineering, Ancona, Italy, 2010: 1895-1908

[336] Hou Y, Ji L. Enabling function-behavior-structure mapping with computational synthesis: using agents for commitment. The International Journal of Designed Objects, 2013, (6): 1-22

[337] Hou Y, Ji L. Synergetics approach to the structural development of artifacts. Proceedings of the 8th International Conference on Frontiers of Design and Manufacturing, Tianjin Universitiy Press, China, 2008: 1-6

[338] Hou Y, Ji L. Attribute-oriented designing: knowledge based engineering and synergetics approach. Proceedings of TMCE 2012, Karlsruhe, Germany, Delft University of Technology, 2012: 255-266

[339] Hou Y, Ji L. Control of designing. Proceedings of the 10th International Conference on Frontiers of Design and Manufacturing, Chongqing University Electronic & Audio-Visual Press, 2012: 1-6

[340] 余俊, 廖道训. 最优化方法及应用. 武汉: 华中工学院出版社, 1984: 51-55

附录 A　博弈论基本概念和术语

A.1　效　　用

效用理论基于几个简单的前提，有几套公理估算效用，主要有 von Neumann. Morgenstern 公理和 Savage 公理[293]。

(1) 无量纲效用理论公理(the axioms of unidimensional utility theory)[295]。

设 n 个设计方案，结果按大小可以表示为 $X_1 < X_2 < X_n$。

方案 A_k 达到预定结果 X_i 的概率为 p_{ki}。

离散：$p_{ki} \geqslant 0$ 且 $\sum_i p_{ki} = 1, k = 1, 2, \cdots, n$　　(A-1a)

连续：$f_k(X) \geqslant 0$ 且 $\int_i f(X) \mathrm{d}X = 1$　　(A-1b)

如果 $X_i > X_j$，$X_i \sim X_j$，则意味着

$u(X_i) > u(X_j)$，并且 $u(\alpha X_i + (1-\alpha) X_j) = \alpha u(X_i) + (1-\alpha) u(X_j)$　(A-1c)

(2) von Neumann-Morgenster 效用公理。

公理 1：结果完全有序，即所有结果可被比较和排序，任意两个结果存在优于、次于、无偏好三种关系，且偏好可传递。

1：a 如果 $X_i > X_j$，$X_i < X_j$，则 $X_i \sim X_j$。　　(A-2a)

1：b 如果 $X_i > X_j$，$X_j > X_k$，则 $X_i > X_k$。　　(A-2b)

公理 2：偏好连续，存在对偶形式。

2：a $X_i < X_j$，则有 $X_i < \alpha X_i + (1-\alpha) X_j$。　　(A-2c)

2：b $X_i > X_j$，则有 $X_i > \alpha X_i + (1-\alpha) X_j$。　　(A-2d)

2：c $X_i < X_j < X_k$，则存在 α 使 $\alpha X_i + (1-\alpha) X_k < X_j$。　　(A-2e)

2：d $X_i > X_j$，则有 $\alpha X_i + (1-\alpha) X_k < X_j$。　　(A-2f)

公理 3：无偏好的情况。

3：a $\alpha X_i + (1-\alpha) X_k \sim \alpha X_k + (1-\alpha) X_i$　　(A-2g)

3：b $\alpha(\beta X_i + (1-\beta) X_k) + (1-\alpha) X_k \sim \alpha\beta X_i + (1-\alpha\beta) X_k$　　(A-2h)

A.2　博弈论基本术语[291～295]

1) 策略

纯策略：局中人的选择集合，纯策略空间 $S_i(s_{i1}, s_{i2}, \cdots, s_{iki})$。

混合策略：局中人的一个混合策略是该局中人的纯策略空间 $S_i(s_{i1}, s_{i2}, \cdots, s_{ik_i})$ 上的概率分布，以 σ_i 表示。所有局中人各自采取的混合策略是统计独立的。混合策略构成策略剖面，即

$$\sigma = (\sigma_1, \sigma_2, \cdots, \sigma_I) \tag{A-3a}$$

局中人 i 在该策略剖面上的赢利是该剖面上所有可能的纯策略组合赢利的期望值。

期望赢利为

$$u_i(\sigma) = \sum_{j=1}^{k_i} \sigma_i(s_{ij}) u_i(s_{ij}) \tag{A-3b}$$

2）信息[292]

完全信息(full information)：局中人知道行动结果。

不完全信息：他方行动不确定。

完全信息与完美信息(perfect information)区别：前者指赢利函数和纯策略空间为博弈各方的共同知识，可以是完美的也可以是不完美的。

不完美信息：局中人在不知道另外的局中人前边行动的情况下决策。

完美回忆(perfect recall)：没有一个局中人在任何时候忘记他曾经知道的信息，且所有局中人都知道先前已经采取过的行动。

完全信息的有限博弈具有一个纯策略纳什均衡。

信息的代价：博弈的一方具有完全信息时博弈的收益与信息不完全时博弈的收益的差值。

3）均衡

(1) Pareto 最优均衡。

在不损害他人利益的前提下，局中人将不可能再增加自己的利益。

(2) 纳什均衡(Nash equilibrium)。

为了极大化自己的效用，每个局中人所采取的策略一定应该是关于其他局中人所取策略的最佳反应，因此，任一个局中人轻率地偏离这个策略组合都将使自己效用降低。

纳什均衡是非合作博弈平衡点，主要解决对策中如何假定对手的行为而决定自己的对策。二人博弈纳什均衡可以表述为：我所做的是给定你所做的我所能做的最好的；你所做的是给定我所做的你所能做的最好的，双方都没有改变决策的冲动。多方博弈纳什均衡可以简单表述为给定对手的行为各博弈方所做的是他所能做的最好的策略[292,293]。

完全信息静态博弈纳什均衡 σ_i^* 为[293]

$$u_i(\sigma_i^*, \sigma_{-i}^*) \geqslant u_i(s_{ij}, \sigma_{-i}^*) \quad \forall s_{ij} \in s_i \tag{A-4a}$$

局中人在混合策略剖面 (σ_1, σ_2) 上的赢利为

$$u_1(\sigma_1,\sigma_2)=pu_1(\sigma_1,s_{21})+(1-p)u_1(\sigma_1,s_{22}) \quad \text{(A-4b)}$$

含义:局中人1在混合策略剖面(σ_1,σ_2)上的赢利是其对手取纯策略时赢利函数的凸组合。

纳什均衡的多重性使信息完全程度成为关键。

(3) Coalition proof 均衡。

在多人博弈中任何R人联盟都不会发生背离现象的纳什均衡。

(4) 上策均衡。

我所做的是不管你做什么我所能做的最好的;你所做的是不管我做什么你所能做的最好的。上策均衡是纳什均衡的特例。

4) 博弈

子博弈完美均衡,对完全信息动态博弈,从某一阶段之后局中人的一系列对策与行动直至博弈结束的整个过程,存在每一步最优的结局,称为子博弈完美均衡[292,295]。

博弈分为合作和非合作博弈。

对策又分为零和和非零和对策,零和对策是对抗性的。

当信息不对称时,获得信息最多的一方将在博弈中获得最大利益。信息的代价是指博弈的一方具有完全信息时博弈的收益与信息不完全时博弈的收益的差值。

当信息具有不确定性时,属于风险决策问题,博弈各方追求最大的期望收益或无论发生什么期望损失最小的方案。当考虑设计中的不确定性时,各个博弈方的策略由决策者根据设计目标确定。

(1) 非合作博弈。

非合作博弈:局中人不合作,决策前局中人没有信息交换,没有任何约束性协议,各方仅仅寻求各自得益最大,平衡解通常不会使任意方获得最大得益,而是各方任意一方都不会通过改变决策获得收益[295]。

设I是局中人集合,S_i是局中人i的有限纯策略,P_i是相对S_i的支付。

$$r\equiv[I,\{S_i\},\{P_i\}],\quad I=\{1,2,\cdots,n\},\quad \{S_i\}=\{S_1,S_2,\cdots,S_n\},$$

$$\{P_i\}=\{P_1,P_2,\cdots,P_n\} \quad \text{(A-5a)}$$

$$S_i=\{s^{(i)}\}=\{s_1^{(i)},\cdots,s_{mi}^{(i)}\},\quad i=1,2,\cdots,n \quad \text{(A-5b)}$$

均衡点s^*是纳什均衡。

$$P_i(s^*||s(i))\leqslant P_i(s^*) \quad \text{(A-5c)}$$

纳什均衡存在的必要前提是博弈具有完全信息。

(2) 合作博弈。

在合作博弈中,局中人可以充分合作,谋取各方得益之和最大,达成协议重新分配终局后得益,因协议而获得了附加得益的局中人支付给其他博弈方因协议而损失的收益。支付规则是其他方最终得益刚好大于非合作博弈最大可能得益[240]。

合作博弈的每个局中人应当从联盟的收益中分得各自应得的份额,称为支付或转归。设转归 $x=(x_1,x_2,\cdots,x_q)$,则应满足以下两个条件。

满足个体合理性条件:

$$x_i \geqslant v(\{i\}), \quad i=1,2,\cdots,q \tag{A-6a}$$

以及集体合理性条件:

$$\sum_{i=1}^{n} x_i = v(I) \tag{A-6b}$$

设 $v(S)$ 为定义在 I 上的一切子集的集上的实值函数,并满足条件

$$v(I) \geqslant \sum_{i=1}^{q} v(\{i\}) \tag{A-6c}$$

$$v(S) = \max_{x \in X_s} \min_{y \in X_{I/S}} \sum_{i \in s} E_i(x,y) \tag{A-6d}$$

则 $\Gamma \equiv [I,v]$ 为合作博弈,$v(S)$ 是特征函数,E_i 为局中人 i 在混合策略下的期望支付。

附录B 图论基本术语

B.1 图论基本术语[296~300]

1）图和平面图

图：图 $G=(V,E)$ 是由一系列顶点 $V=\{v_1,v_2,\cdots\}$ 以及一系列边 $E=\{E_1,E_2,\cdots\}$ 组成的结构。每一条边 e 与有序顶点集合 $\{u,v\}$ 中的特定元素关联。

平面图：如果一个图 G 可以嵌入平面上，则称图 G 是可平面图（planar graph），已经嵌入平面上的图称为平面图。通俗地说，一个图是可平面的，如果其可表示为一个没有任何边交叉的平面图。

2）对偶图

定义：设 G 是平面图，如果 G 的两个面的边界至少有一条公共边，则称这两个面是相邻的。

设 G 是有 p 个顶点、q 条边和 f 个面的平面图，令 G 的 f 个面为 S_1、S_2、S_f。

定义：在图 G 的每个面 S_i 中放置一个顶点 v_i，如果 S_i 和 S_j 相邻，则用边 (v_i, v_j) 连接 v_i 和 v_j，使它与面 S_i、S_j 的公共边只相交一次，此时称 (v_i,v_j) 与所相交的边为对应，且与 G 的其他边无交点，这样得到的图 G^* 称为 G 的对偶图（f 个顶点 q 条边）。

定理：设 G^* 是 G 的对偶图，则 G 中的圈对应 G^* 中的割；反之亦然。

3）赋权图

赋权图：图 $G(V,E)$，对 G 中每一条边 (v_i,v_j) 相应地有一个数 w_{ij}，则称图为赋权图，称 w_{ij} 为对应边 (v_i,v_j) 上的权。

边点赋权图：图 $G(V,E)$，对 G 中每一条边 (v_i,v_j) 相应地有一个数 w_{ij}，w_{ij} 为对应边 (v_i,v_j) 上的权，对 G 中每一顶点 v_i。相应地有一个数 p_i，p_i 为对应顶点上的权，即顶点和边均有权值的图。

4）矩阵表述[299,300]

定义：设图 G 为 (n,p) 的图，表示 n 顶点 p 条边。

（1）关联矩阵。表征顶点与边的连接关系。

$$令\ c_{ij}=\begin{cases}0, & v_i \text{ 与 } e_j \text{ 不关联}\\ 1, & v_i \text{ 与 } e_j \text{ 关联}\end{cases}$$

则得到关联矩阵：

$$C=\{c_{ij}\}_{n\times p}。\tag{B-1}$$

(2) 邻接矩阵。表示顶点之间的邻接关系。

令 $d_{ij}=\begin{cases}0, & v_i \text{ 与 } v_j \text{ 无连接边} \\ N, & v_i \text{ 与 } v_j \text{ 之间有 } N \text{ 条边连接}\end{cases}$

则邻接矩阵:

$$D=\{d_{ij}\}_{n\times n}。 \quad \text{(B-2)}$$

5) 厚度

如果一个图 G 是非平面的,为了埋置一个非平面图 G,就要把 G 分成若干个平面的子图,分别埋置在几个平面上,而合成一个非平面图最少的平面子图数就叫做 G 的厚度[243]。

6) 树

定义:无圈的连通图称为树[299]。

枝:树中的边称为枝。

根:有向图 G 中可以到达图中任一顶点的顶点 u 称为根。

定义:图 G 一个树的充分必要条件是 G 不含圈且恰有 p-1 条边。

7) 集合[242]

$x\in B$:x 属于 B。

$x\notin B$:x 不属于 B。

$T\subseteq S$:意指 T 是 S 的子集。

$\varnothing$为空。μ 为所考虑的目标全体。

集的基本操作:

交:S 与 T 的交集, $S\cap T=[x\in\mu|x\in S \text{ 且 } x\in T]$。

合:S 与 T 的合集,$S\cup T=[x\in\mu|x\in S \text{ 或 } x\in T]$。

补:S 的补集, $\overline{S}=[x\in\mu|x\notin S]$。

差:S 与 T 的差集, $S-T=[x\in\mu|x\in S \text{ 且 } x\notin T]$。

B.2　平面性算法

D. M. P 算法[296]。

定义 1:平面图限定的各个区域称为面(face)。有界区域称为内部面,无界区域称为外部面。

定义 2:设 G 为平面图,如果存在任意两个互不邻接的顶点 u、v,使得 $G+(u,v)$成为不可平面图,则称图 G 是最大可成平面图(maximal planar graph)。

定义 3:所有顶点均不相同的途径称为道路(path)。一条闭道路称为圈(cycle)。

定义 4:设 H 是 G 的一个可平面子图,并设 $\widetilde{H}$ 是 H 的一个可平面嵌入,B 是

G 中 H 的任一片,如果 B 对 H 的所有附着点在 $\widetilde{H}$ 的同一个面的边界上,则称片 B 是可画的。

定义 5:设 H 是 G 的一个子图。在边集 $E(G)-E(H)$ 中定义一个关系,记作"～"(等价关系)。

①若 $e_1,e_2 \in E(G)-E(H)$,e_1,e_2 由一条不在 $E(H)$ 的边中组成的链 μ 相连接,且 e_1 是 μ 的最后一条边;②μ 的内部顶点不是 H 的顶点。

定义 6:由关系"～"确定的一个等价类诱导出的 $G-E(H)$ 的子图,称为 G 中 H 的片(piece)。片与 H 的公共顶点称为片的附着点(vertices of attachment)。

设 G 是一个 2-连通图,按下列步骤可将一个可平面图嵌入平面,若算法不能进行到底,则 G 是不可平面的。

(1) 设 G_1 是 G 中的一个圈,求 G_1 的平面嵌入 $\widetilde{G}_1$(若 G 无圈,则 G 必为平面图)。选一串联的单环闭环电路。

(2) 若 $E(G)-E(G_1)=\varnothing$,则停止;若 $E(G)-E(G_1)\neq\varnothing$,求出 G 中 G_1 的所有片 B。对每个片 B,在 $\widetilde{G}_1$ 中求出所有含 B 的全部附着点的面,记作 $F(B,\widetilde{G}_1)$。

若存在某一片 B,使 $F(B,\widetilde{G}_1)\neq\varnothing$(即 $\widetilde{G}_1$ 中没有任何一个面含有 B 的全部附着点),于是片 B 是不可画的,因而 G 是不可平面图,算法停止。

若有片 B 使 $|F(B,\widetilde{G}_1)|=1$,则取片 B 和面 $f\in F(B,\widetilde{G}_1)$。

若对每一片 B 均使 $|F(B,\widetilde{G}_1)|\geqslant 2$,则取片 B 和任一面 $f\in F(B,\widetilde{G}_1)$。

(3) 在选定的片 B 中取一连接 B 的两个附着点的道路 P_1,置 $G_2=G_1\cup P_1$。在取定的面 f 中画进 P_1,得 G_2 的一个平面嵌入 $\widetilde{G}_2$。

把 G_1 换成 G_2,重复上述步骤,直至对某个 i 有 $E(G)-E(G_i)\neq\varnothing$,得到 G 的一个平面嵌入,算法停止。

附录C 单纯形法

单纯形法(simplex method)是将 E_n 中的 $n+1$ 个点作为单纯形的顶点,并对各个点上的函数值进行比较,去掉其中最坏的点,代之以新点,从而构成一个新的单纯形。反复迭代逼近极小点。迭代过程包括四种运算:反射、延伸、收缩、缩小边长及测试[340]。

计算过程如下。

(1) 取 $n+1$ 个顶点形成初始单纯形。

$$x^{(0)}=[\alpha_1,\alpha_2,\cdots,\alpha_n]^{\mathrm{T}} \tag{C-1}$$

$$x^{(i)}=[\alpha_1+q_1,\alpha_2+q_2,\cdots,\alpha_n+q_n]^{\mathrm{T}} \tag{C-2}$$

$$q_k=\begin{cases}p, & k=i\\ q, & k\neq i\end{cases},\qquad i=1,2,\cdots,n \tag{C-3}$$

设任意单纯形任意两顶点的距离为 c,则 p、q 计算公式为

$$p=\frac{(\sqrt{n+1}+n-1)c}{n\sqrt{2}} \tag{C-4}$$

$$q=\frac{(\sqrt{n+1}-1)c}{n\sqrt{2}} \tag{C-5}$$

(2) 分别计算顶点函数值,并计算大小。

$$f(X^{(b)})=\max_{0\leqslant k\leqslant n}f(X^{(k)}) \tag{C-6}$$

$$f(X^{(t)})=\max_{\substack{0\leqslant k\leqslant n\\ k\neq b}}f(X^{(k)}) \tag{C-7}$$

$$f(X^{(g)})=\max_{0\leqslant k\leqslant n}f(X^{(k)}) \tag{C-8}$$

$$X^{(c)}=\frac{1}{n}\left(\sum_{k=0}^{n}X^{(k)}-X^{(b)}\right) \tag{C-9}$$

(3) 反射。

$$X^{(r)}=X^{(c)}+\alpha(X^{(c)}-X^{(b)}) \tag{C-10}$$

式中,α 为反射系数,通常 $\alpha=1$。

(4) 判断终止条件。

如果 $\sum\limits_{k=0}^{n}[f(X^{(k)})-f(X^{(g)})]^2\leqslant\varepsilon_1$,停止,否则继续。

(5) 延伸。

如果 $f(X^{(r)})<f(X^{(g)})$,$X^{(e)}=X^{(c)}+\gamma(X^{(r)}-X^{(c)})$,$\gamma$ 为反射系数,通常 $\gamma=2$。

如果 $f(X^{(e)})<f(X^{(g)})$,$X^{(b)}=X^{(c)}$,转第(2)步;否则 $X^{(b)}=X^{(r)}$,转第(2)步。

如果 $f(X^{(r)}\geqslant f(X^{(g)})$,则继续。

(6) 如果 $f(X^{(r)})>f(X^{(t)})$,继续;否则,$X^{(b)}=X^{(r)}$,转第(2)步。

(7) 收缩。

如果 $f(X^{(r)}\geqslant f(X^{(b)})$,计算新点 $X^{(s)}$;如果 $f(X^{(r)})<f(X^{(b)})$,则 $X^{(b)}=X^{(r)}$,然后计算 $X^{(s)}$,即

$$X^{(s)}=X^{(c)}+\beta(X^{(b)}-X^{(c)})$$

式中,β 为反射系数,通常 $\beta=0.5$。

如果 $f(X^{(s)})<f(X^{(b)})$,$X^{(b)}=X^{(s)}$,转第(2)步;否则继续。

(8) 缩小边长。

$X^{(h)}\Leftarrow X^{(g)}+\dfrac{1}{2}(X^{(k)}-X^{(g)})$,$k=0,1,\cdots,n$,转第(2)步。

附录 D　名词汉英对照

（按汉语拼音排序）

B

边权	weighted edge
贝叶斯正则化方法	Bayesian regularization
并行设计	concurrent design
博弈论	game theory
博弈设计	game based design
布局图	layout

C

参数化模型	parameter stage
次级神经胚胎形成	secondary neurulation
处理器单元	processing unit
创制科学	productive science (poieetikee episteemee)
创造性设计	creative design
传递函数	transfer function
传感初级神经胚胎性形成	primary neurulation
传感单元	sensor unit
传入神经元	input neuron

D

大脑	cerebrum
代理阶段	surrogate state
定型阶段	commitment model
点边赋权图	vertex-edge weighted graph
点边面赋权图	vertex-edge-faceweighted graph
点赋权图	vertex weighted graph
对偶图	dual graph
多能结构	pluripotent structure
多能细胞	pluripotent cell
多学科设计	multidisciplinary design
多学科协同优化	multidisciplinary collaborative optimization
多学科优化	multidisciplinary optimization

F

发育设计	developmental design
泛化能力	generalization ability
反射运动	reflective movement
反向传播算法	error back propagation
分化诱导	embryonic induction
非合作博弈	non-cooperative game
赋权图	weighted graph

G

概念设计	conceptual design
感受器	receptor
工程设计系统方法	systematic engineering design method
公理化设计	axiom design
功能分解	function decomposition
功能结构	functional structure
功能—行为—结构模型	function-behavior-structure framework
关联矩阵	incidence matrix
固有频率	natural frequency

H

合作博弈	cooperative game

J

基底核	basal nuclei
基本功能结构	primary functional structure
基因	gene
基因转录	gene transcription
基于知识的工程	knowledge based engineering
技术系统理论	the theory of technical systems
激励设计	infused design
结构级层	structural hierarchy
进化设计	evolutionary design
均匀化方法	homogenization method

K

开放设计	open design
科学分类	science classification
控制参量	control parameter
控制增益	control gain

L

邻接矩阵	adjacency matrix
鲁棒设计	robust design
卵裂	cleavage

M

面权	face weight

N

纳什均衡	Nash equilibrium
囊胚	blastula
内胚层	endoderm
能源部件	energy part
能量转换系数	energy transfer coefficient

P

胚胎发育	development of an embryo
胚胎发育	embryogenesis
平面性	planarity
胚胎孵化	fertilization
胚胎诱导	embryonic induction
平面图	planar graph

Q

器官形成	organogenesis
器官原基	primordial organ
丘脑	thalamus
驱动部件	drive part
驱动结构	drive structure
全能结构	totipotent structure
全能性细胞	totipotent cell

R

人工科学	the sciences of the artificial
人工制品	artifact
人工制品二重性	the dual nature of artifacts

S

4 回路神经网络	four loop neural network
随意运动	voluntary movements

设计表述	design representation
设计代理	design agent
设计的三重性	the triple nature of design
神经传递通路	neural pathway
神经反射弧	reflex arc
神经胚	neurulation
神经网络	neural network
神经网络学习	learning
神经网络训练	training
神经中枢	nerve centre
神经系统	nervous system
神经系统原基	neural fate
神经元	neuron
神经诱导	neural induction
生物激发的设计	biology inspired design
输送部件	transmission part
树突	dendrites
实践科学	practical science (praktikos episteemee)

T

体连接部件	volume connection part
调节型发育	regulative development
调速部件单元	speed regulator part unit
图厚度	thickness of a graph
图论	graph theory
TRIZ	triz theory of the solution of inventive problems

W

外胚层	ectoderm

X

细胞分化	cell differentiation
细胞决定	commitment
细胞自动机	cellar automate
系统进化理论	evolutionary systems theories
详细设计	detail design
小卫星	small satellite
效应器	effector

小脑	cerebellum
效用函数	utility function
镶嵌型发育	mosaic development
相似性	similarity
协同设计	collaborative design
协同学	synergetics
信号处理器转换系数	signal processor transform coefficient
信号传输单元	signal transmission unit
形态发生运动	morphogenetic movement
形状语法	shape grammar
序参量	order parameters
学习算法	learning algorithm
虚拟设计	virtual design
虚拟样机	virtual prototype
虚拟原型	virtual prototyping
旋转连接部件单元	rotation connection part
学习函数	learning function

Y

压电陶瓷	piezo electric ceramic transducer
亚里士多德	Aristotle
映射	mapping
遗传算法	genetic algorithm
诱导	induction
诱导因子	inductor
原基分布图	fate map
域理论	domain theory
原肠胚	gastrula
元部件结构	elementary part
元结构	elementary structure
元零件	elementary element
元器件	elementary component
移动连接单元	movement connection part unit
运动神经元	motor neuron

Z

子结构	substructure
自然科学	natural science (phusikos episteemee)
姿态控制	attitude control

专能结构	specialized structure
转决定	transdetermination
致动结构单元	actuator unit
致动器	actuator
知识表示	knowledge representation
中胚层	mesoderm
中间神经元	interneuron
轴突	axon
轴系连接	shaft connection part
专能稳定型分化	specialized cells
准牛顿反向传播算法	quasi-Newton backward progression algorithm

附录 E　名词英汉对照

（按英文字母排序）

A

actuator unit	致动结构单元
adjacency matrix	邻接矩阵
Aristotle	亚里士多德
artifact	人工制品
attitude control	姿态控制
axiom design	公理化设计
axon	轴突

B

Bayesian regularization	贝叶斯正则化方法
biology inspired design	生物激发的设计
basal nuclei	基底核
blastula	囊胚

C

cell differentiation	细胞分化
cellar automate	细胞自动机
cerebellum	小脑
cerebrum	大脑
cleavage	卵裂
collaborative design	协同设计
commitment	细胞决定
commitment model	定型阶段
conceptual design	概念设计
concurrent design	并行设计
control parameter	控制参量
control gain	控制增益
creative design	创造性设计
cooperative game	合作博弈

D

dendrites	树突
detail design	详细设计
developmental design	发育设计
development of an embryo	胚胎发育
design agent	设计代理
design representation	设计表述
drive part	驱动部件
drive structure	驱动结构
domain theory	域理论
dual graph	对偶图
the dual nature of artifacts	人工制品二重性

E

ectoderm	外胚层
effector	效应器
elementary component	元器件
elementary element	元零件
elementary part	元部件结构
elementary structure	元结构
embryogenesis	胚胎发育
embryonic induction	分化诱导
endoderm	内胚层
energy part	能源部件
energy transfer coefficient	能量转换系数
error back propagation	反向传播算法
evolutionary design	进化设计
evolutionary systems theories	系统进化理论

F

face weight	面权
fertilization	胚胎孵化
four loop neural network	4 回路神经网络
function decomposition	功能分解
functional structure	功能结构
function-behavior-structure framework	功能—行为—结构模型

G

game based design	博弈设计
game theory	博弈论
generalization ability	泛化能力
gene	基因
gene transcription	基因转录
genetic algorithm	遗传算法
graph theory	图论
gastrula	原肠胚

H

homogenization method	均匀化方法

I

incidence matrix	关联矩阵
induction	诱导
inductor	诱导因子
infused design	激励设计
input neuron	传入神经元
interneuron	中间神经元

K

knowledge based engineering	基于知识的工程
knowledge representation	知识表示

L

layout	布局图
learning algorithm	学习算法
learning function	学习函数

M

mapping	映射
mesoderm	中胚层
mosaic development	镶嵌型发育
morphogenetic movement	形态发生运动
motor neuron	运动神经元
movement connection part unit	移动连接单元
multidisciplinary design	多学科设计
multidisciplinary collaborative optimization	多学科协同优化
multidisciplinary optimization	多学科优化

N

Nash equilibrium	纳什均衡
natural science (phusikos episteemee)	自然科学
nerve centre	神经中枢
nervous system	神经系统
neural fate	神经系统原基
neural induction	神经诱导
neural network	神经网络
neural network learning	神经网络学习
neural network training	神经网络训练
neural pathway	神经传递通路
neuron	神经元
neurulation	神经胚
non-cooperative game	非合作博弈
natural frequency	固有频率

O

open design	开放设计
order parameters	序参量
organogenesis	器官形成

P

parameter stage	参数化模型
planarity	平面性
planar graph	平面图
practical science (praktikos episteemee)	实践科学
primary neurulation	初级神经胚胎性形成
primary functional structure	基本功能结构
primordial organ	器官原基
processing unit	处理器单元
productive science (poieetikee episteemee)	创制科学
pluripotent structure	多能结构
pluripotent cell	多能细胞
piezo electric ceramic transducer	压电陶瓷

Q

quasi-Newton backward progression algorithm	准牛顿反向传播算法

R

receptor	感受器
reflex arc	神经反射弧
reflective movement	反射运动
regulative development	调节型发育
robust design	鲁棒设计
rotation connection part	旋转连接部件单元

S

science classification	科学分类
the sciences of the artificial	人工科学
secondary neurulation	次级神经胚胎形成
sensor unit	传感单元
shaft connection part	轴系连接
shape grammar	形状语法
signal processor transform coefficient	信号处理器转换系数
signal transmission unit	信号传输单元
similarity	相似性
small satellite	小卫星
specialized cells	专能稳定型分化
specialized structure	专能结构
speed regulator part unit	调速部件单元
structural hierarchy	结构级层
surrogate state	代理阶段
systematic engineering design method	工程设计系统方法
substructure	子结构
synergetics	协同学

T

thalamus	丘脑
the thickness of a graph	图厚度
transfer function	传递函数
the theory of technical systems	技术系统理论
totipotent cell	全能性细胞
totipotent structure	全能结构
transdetermination	转决定
transmission part	输送部件

the triple nature of design	设计的三重性
triz theory of the solution of inventive problems	TRIZ

U

utility function	效用函数

V

vertex-edge weighted graph	点边赋权图
vertex-edge-face weighted graph	点边面赋权图
vertex weighted graph	点赋权图
volume connection part	体连接部件
virtual design	虚拟设计
virtual prototype	虚拟样机
virtual prototyping	虚拟原型
voluntary movements	随意运动

W

weighted edge	边权
weighted graph	赋权图